이제 요리를 시작해볼까요?

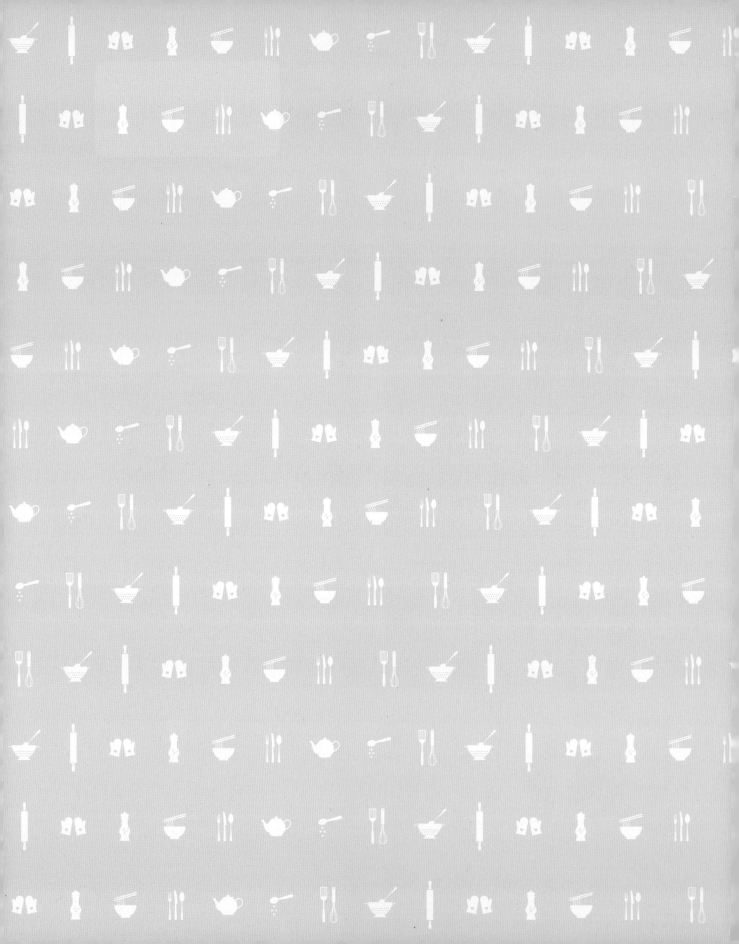

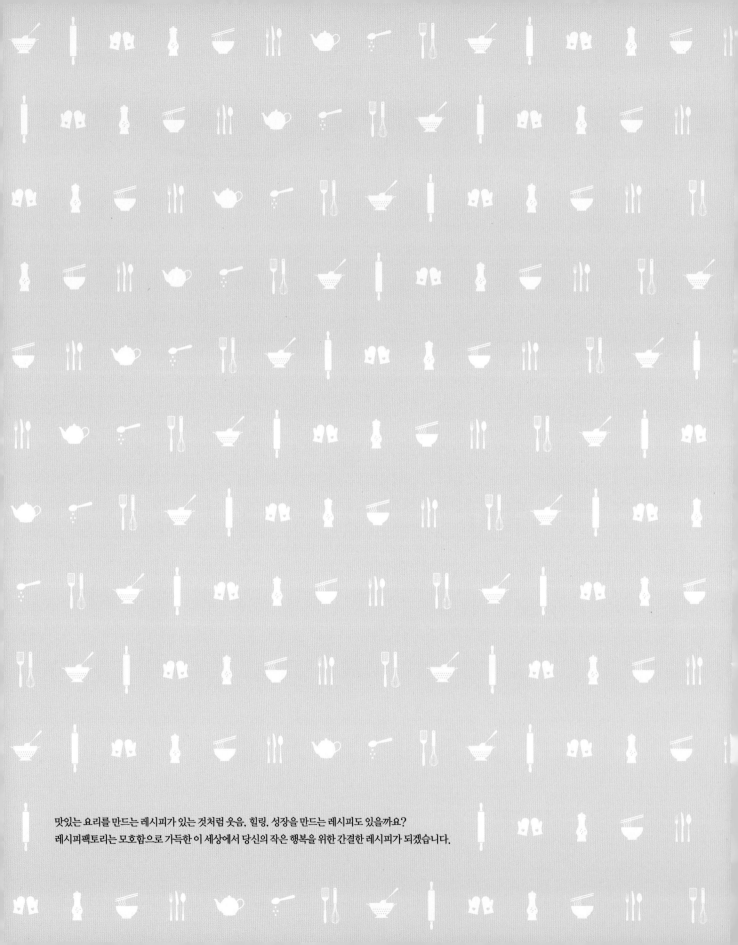

맛있는 요리를 만드는 레시피가 있는 것처럼 웃음, 힐링, 성장을 만드는 레시피도 있을까요?
레시피팩토리는 모호함으로 가득한 이 세상에서 당신의 작은 행복을 위한 간결한 레시피가 되겠습니다.

진짜
쉽~고

진짜
맛있고

진짜
정확한

기본 레시피 320개

진짜 기본 요리책

요리 왕초보에게도,
요리 고수에게도 인정받은
'진짜 국민 요리책'

저도 왕초보 시절에는 요리마다 실수 연발이었습니다

결혼 16년 차, 이제는 지인들에게 '요리 좀 하는 주부'라는 소리를 듣지만 저에게도 웃지 못할 실수 연발 초보 시절이 있었답니다. 닥치면 해내지 않을까 싶어 결혼할 때 별다른 배움 없이 요리책 한 권 달랑 산 것이 전부였는데, 막상 실전에 부딪히니 참 어렵더군요. 너무 데쳐서 떡처럼 한 덩어리가 된 시금치무침, 된장 푼 물이라는 남편의 가혹한 평가를 받았던 밍밍한 된장찌개, 숟가락으로 퍼먹어야 했던 잘게 부서진 감자볶음, 반죽 농도와 불 세기를 잘못 맞춰 겉은 타고 속은 안 익었던 두툼한 해물파전, 지금 생각하면 쉬운 기본 요리들인데 그때는 왜 그리 실수가 많았는지….

〈수퍼레시피〉를 만들며 왕초보 딱지를 뗐습니다

그러던 제가 초보 딱지를 확실하게 뗀 것은 2007년 12월, 〈수퍼레시피〉를 창간하면서부터였어요. 〈수퍼레시피〉는 '요리는 솜씨가 아니라 레시피다'를 모토로, 오늘 막 요리를 시작한 왕초보도 그대로 따라 하면 성공하는 레시피만을 엄선해 소개하는 요리잡지입니다. 모든 레시피는 회사 소속 테스트 쿡들이 수차례 테스트를 거쳐 개발하고 검증하지요. 또한 온라인 독자 카페나 SNS 등을 통해 독자들과 활발히 소통하며, 다양한 의견을 듣고 레시피 A/S까지 제공하고 있어요. 주방에 두고 따라 하는 생활미식 요리잡지 〈수퍼레시피〉. 많은 독자님들이 그러하듯, 저도 잡지가 출간되면 가족과 제 자신을 위해 열심히 따라 했습니다. 매월 15~35개 정도 만든 것 같아요. 활자로 정량화된 레시피를 공부하듯 따라 하다 보니 실력이 정말 부쩍부쩍 늘더군요. 물론 가족들의 밥상 만족도도 확실히 높아졌고요.

이제 국민 요리책이 된 〈수퍼레시피〉표 기본 요리책

〈수퍼레시피〉 독자님들 중에는 엄마 밥상에서 막 독립해 요리를 시작한 분들이 많은데요, 그 독자님들의 적극적인 제안으로 기획하게 된 책이 바로 〈진짜 기본 요리책〉이에요. 일상에서 가장 자주 하게 되는 기본 중의 기본 메뉴들을 〈수퍼레시피〉처럼 정밀한 요리책으로 출간해달라는 의견이었지요. 그 필요성, 저도 완전 동감했습니다. 그래서 왕초보 시절을 떠올리며 이 책에 넣고 싶은 메뉴와 정보를 〈수퍼레시피〉에서 고르고 골라 정리했어요. 카카오톡 플러스친구 '레시피팩토리everyday'를 통해 왕초보 패널 100분을 선정해 꼼꼼하게 설문 조사도 했습니다. 책에 실릴 모든 레시피는 '진짜 기본'이란 기준에 맞춰 철저히 재검증했고요.

드디어 2013년 1월, 〈수퍼레시피〉표 기본 요리책
〈진짜 기본 요리책〉이 탄생했습니다. 독자님들의 큰 사랑을 받으며
출간 즉시 모든 온라인 서점과 오프라인 대형서점 요리책 1위에 올랐고,
지금껏 20만 부 이상 판매되며 베스트 & 스테디셀러가 되었습니다.
중국, 대만 등에도 판권을 수출해 대한민국 대표 기본 요리책,
국민 요리책으로 인정받았지요.

**출간 5년, 부족함이 없도록 더 탄탄하게 채운
'완전 개정판'으로 태어났습니다**

〈진짜 기본 요리책〉이 출간 5주년을 맞아 그간 독자님들이 들려준
생생한 리뷰를 바탕으로, 보다 더 탄탄하게 보강해 '완전 개정판'을
내게 되었습니다. 이번 개정판에는 기존 레시피에 추가 레시피까지
320개의 기본 요리와 100여 개의 응용방법까지, 총 420여 개의
진짜 쉽고, 맛있고, 정확한 기본 레시피가 담겨 있어요. 독자님들에게
많이 칭찬받았던 칼 잡는 법, 밥 짓기, 계량법, 재료 보관법 등
기본 정보들은 더 알차게 보강했지요. 업그레이드된 요리 비주얼은
보는 즐거움은 물론 플레이팅 정보도 될 거예요.
이번 개정판 역시 100분의 독자 패널이 조사에 참여했는데요,
〈진짜 기본 요리책〉을 통해 요리 왕초보에서 확실히 탈출했다는
애독자님들이에요. 이분들 중에는 이제 요리 좀 하는 고수가 되었지만,
그래도 가장 많이 뒤적이는 책은 〈진짜 기본 요리책〉이라고
칭찬해주는 분들이 많으시답니다.
처음 〈진짜 기본 요리책〉을 만들 때 함께한 왕초보 패널들은 물론
이번 개정판에 아낌없는 조언을 준 애독자 패널까지,
총 194분에게 다시 한번 깊이 감사드립니다.
지독했던 무더위와 싸우며 좋은 책을 만들기 위해 끝까지
최선을 다한 〈수퍼레시피〉 팀에도 기립 박수를 보내고 싶습니다.
마지막으로, 혹 따라 하다가 궁금한 점이 있다면 무엇이든
애독자 온라인 카페(cafe.naver.com/superecipe)에 물어보세요!
〈수퍼레시피〉팀이 최대한 빨리, 자세한 답변으로
레시피 A/S까지 확실하게 책임지겠습니다.

발행인 박성주

〈진짜 기본 요리책〉을 함께 만든 194명의 애독자 패널

강가영	김후연	유은혜_1	전태화
강지영	남명진	유은혜_2	정묘수
강지윤	남민지	유지희	정미정
구교빈	남태임	유희연	정선희
구소라	노승희	윤민희	정정은
국민애	류현정	윤영아	정주용
권금미	문지희	윤주신	정지영
김경은	박미성	이가희	정지은
김나연	박미연	이경민	정한진
김나현	박민아	이경재	조민정
김남연	박서연	이꽃님	조성희
김명숙	박성혜	이미나	조수진
김미경	박승완	이미란	조안나
김미연	박아영	이미선	조용은
김민경	박은옥	이민선	조원진
김민서	박정은	이민정	조윤민
김민선	박주영	이민정	조은지
김민영	박찬미	이선영	조정희
김민하	박혜진	이선화	조주은
김민희	방정화	이소현	조현아_1
김민희	배고은	이시영	조현아_2
김보경	백민이	이신아	조혜민
김선미	백은영	이연숙	조혜진
김선화	서경옥	이영화	주지영
김소영	서고은	이용선	지미옥
김소현	서은혜	이유진	진보현
김솔지	성현미	이윤아	차은영
김수경	손선미	이은보라	채보미
김수정	손차영	이은지	최란정
김수현	송명진	이이슬	최서은
김아람	송수희	이인성	최선미
김원희	송주빈	이자현	최순영
김윤정	송지선	이정민	최윤정
김은혜	송지영	이지영	최진영
김재연	송해선	이지은	한소희
김정숙	신은섭	이지훈	한준미
김정아	심미경	이창소	한효주
김지은_1	안아연	이해은	함수진
김지은_2	안지훈	이현아	홍원경
김진경	안혜원	이현주	홍혜원
김청려	어지연	이혜정	황보명
김하이얀	엄정원	이효정_1	황보소미
김현숙	오광숙	이효정_2	황유리
김현아	오세나	임소아	황현영
김현정	오은미	임연두	
김현주	오은혜	임혜린	
김혜성	오진형	장은진	
김혜영	왕주희	장은진	
김혜진	유민아	장한나	
김효진	유수현	장현혜	

Contents

기본 가이드

나물

구이·전

국물 요리

Basic
guide

기본 가이드

미리 알아두면 아주 유용한 기초 지식을 만나보세요.
요리가 더욱 재미있고, 쉬워질 거예요.

이렇게 구성했어요 **〈진짜 기본 요리책〉활용법**

① 재료를 기준으로 메뉴 선정
사계절 내내 구할 수 있고, 왕초보에게 친근한
재료를 기준으로 메뉴를 선정했습니다.

② 기본부터 응용까지, 다양한 메뉴 구성
가장 기본부터 재료를
한두 개 추가하거나 양념을 달리한
응용 버전을 함께 담았습니다.

③ 과정 사진이 있는 자세한 재료 손질법
왕초보들이 가장 어려워하는 것이 바로 재료 손질.
공통 재료 손질법을 과정 사진과 함께 소개합니다.

④ 분량, 불 세기, 조리시간, 저장 기간 표시
대부분의 요리는 2~3인분 분량으로,
저장 기간은 냉장고에 두고 먹을 수 있는
기준으로 소개합니다.

⑤ 200% 활용 가능한 풍성한 tip
재료 대체법, 더 맛있게 즐기는 노하우,
재료 고르기, 냉동 보관법, 도구 대체법 등
여러 가지 부가 정보를 채웠습니다.

⑥ 실수 방지 노하우와 조리 원리
요리를 따라 하면서 바로 확인할 수 있는
실수 방지 노하우와 조리 이론을
각 과정 아래 담았습니다.

⑦ 계량도구뿐만 아니라 손대중, 눈대중량까지
누가 만들어도 똑같은 맛을 낼 수 있도록
계량도구를 기본으로 사용하되, 장 볼 때, 후다닥
요리할 때 활용할 수 있도록 손대중, 눈대중량을 함께
적었습니다(손대중·눈대중량 계량법 14쪽).

⑧ 기호에 따라 고를 수 있는 선택 양념
다양한 양념만 알고 있어도 만들 수 있는 요리가
몇 배나 많아진답니다. 같은 재료, 같은 조리법을
다채롭게 즐길 수 있도록 양념을 다양하게 소개했습니다.

계량도구 사용법

요리의 맛을 언제든 똑같이 낼 수 있어요 **계량도구 사용법**

● 계량컵 & 계량스푼

1컵 = 200㎖

1작은술 = 5㎖

1큰술 = 15㎖

tip

계량도구 대신 밥숟가락, 종이컵으로 계량하기

1큰술(15㎖) = 3작은술 = 밥숟가락 약 1과 1/2

1작은술(5㎖) = 밥숟가락 약 1/2

1컵(200㎖) = 종이컵 1컵

★ 밥숟가락은 집집마다 크기가 달라 맛에 오차가 생기기 쉬우니 가급적 계량도구를 사용하는 것을 추천한다.

● 종류별 계량하기

간장, 식초, 맛술 등 액체류

계량컵
평평한 곳에 올린 후 가장자리가 넘치지 않도록 찰랑찰랑 담는다.

계량스푼
가장자리가 넘치지 않을 정도로 찰랑찰랑 담는다.

설탕, 밀가루 등 가루류

계량컵 & 계량스푼
설탕, 소금 같이 입자가 큰 가루 가득 담은 후 젓가락으로 윗부분을 평평하게 깎는다.

밀가루 같이 입자가 고운 가루 체에 내린 후 꾹꾹 누르지 말고 가볍게 담는다. 젓가락으로 윗부분을 평평하게 깎는다.

★ 1/2큰술을 계량할 때는 1큰술을 담은 후 손가락으로 절반까지 밀어낸다.

된장, 고추장 등 장류

계량컵 & 계량스푼
재료를 바닥에 쳐 가며 가득 담은 후 윗부분을 평평하게 깎는다.

★ 동일한 1컵이라도 밀가루는 가볍고 고추장은 무겁다. 따라서 부피와 무게를 동일하게 계산해서는 안 된다.

콩, 견과류 등 알갱이류

계량컵 & 계량스푼
재료를 꾹꾹 눌러 가득 담은 후 윗부분을 깎는다.

계량도구가 없거나 장 볼 때 유용해요 손대중 · 눈대중량 계량법

소금 약간 (한 꼬집)

깻잎 1장(2g)

어린잎 채소 1줌(20g)

냉이 1줌(20g)

쑥갓 1줌(50g)

달래 1줌(50g)

부추 1줌(50g)

시금치 1줌(50g)

미나리 1줌(70g)

열무 1줌(100g)

마늘종 1줌(100g)

브로콜리 1개(300g)

알배기배추 1장
(손바닥 크기, 30g)

양배추 1장
(손바닥 크기, 30g)

콩나물 · 숙주 1줌(50g)

느타리버섯 1줌(50g)

소면 1줌(70g)

스파게티 1줌(80g)

당면 1줌(100g)

말린 실미역 1줌(5g)

진미채 1컵(50g)

잔멸치 1컵(50g)

떡국 떡 1컵(100g)

떡볶이 떡 1컵(150g)

굴 1컵(200g)

불 조절만 잘해도 요리의 반은 성공이에요 불 세기 조절 & 팬 달구기

● 불 세기 알아보기

가스레인지의 불꽃과 냄비(팬) 바닥 사이의 간격으로 불 세기를 조절하자. 집집마다 화력이 다르므로 잘 확인할 것

중약불

불꽃과 냄비의 간격이 중요해요!

1cm 가량

약한불

불꽃과 냄비 바닥 사이에
1cm 정도의 틈이 있는 정도

0.5cm 가량

중간불

불꽃과 냄비 바닥 사이에
0.5cm 정도의 틈이 있는 정도

센불

불꽃이 냄비 바닥까지
충분히 닿는 정도

● 팬을 잘 달구는 세 가지 방법

다음 중 가장 편한 방법을 활용한다. 단, 특별한 주의가 필요한 경우 레시피 상의 설명을 따른다.

28cm

방법 1

지름 28cm 팬 기준,
중간 불에서 1분 30초간 달군다.
팬의 두께에 따라
1~2분간 더 달궈도 좋다.

방법 2

팬에 손을 가까이 댔을 때
따뜻한 열기가 느껴질 때까지
중간 불에서 달군다.

방법 3

팬에 물 1~2방울 떨어뜨렸을 때
지지직 소리가 날 때까지
중간 불에서 달군다.

어렵지 않게 도전할 수 있어요 **튀김기름 사용법**

● 기름 온도 확인하기

1 튀김기름을 달군 후 긴 나무젓가락으로 저어 온도를 균일하게 맞춘다.

2 빵가루나 튀김 반죽을 떨어뜨려 원하는 온도를 확인한다.

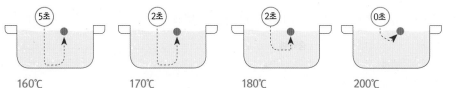

5초	2초	2초	0초
160℃ 튀김 반죽이 바닥까지 가라앉았다가 5초 후 천천히 떠오르는 정도	**170℃** 튀김 반죽이 바닥까지 가라앉았다가 2초 후 바로 떠오르는 정도	**180℃** 튀김 반죽이 중간까지 가라앉았다가 2초 후 바로 떠오르는 정도	**200℃** 튀김 반죽이 가라앉지 않고 바로 떠오르는 정도

tip

기름 온도가 너무 높다면
끓이지 않은 기름을 조금 넣어
온도를 낮춘다.

● 사용한 기름 처리하기

1 빈 우유팩에 신문지
(또는 키친타월이나 종이)를
구겨 넣고 완전히 식힌
기름을 부어 흡수시킨다.

2 다시 종이 → 기름 → 종이
순으로 반복해 넣고
입구를 테이프로 막아
일반쓰레기로 버린다.

● 튀김 깨끗하게 튀기기

튀기면서 생긴 반죽 부스러기는
쉽게 타 연기가 생기거나 새로운 튀김에
눌어붙을 수 있다. 따라서 기름에
떠돌아다니는 반죽 부스러기는 중간중간
물기가 없는 고운 체로 건져낸다.

상황에 따라 꼭 필요해요 **레시피 분량 늘리는 법**

**이 책에서는 대부분
2~3인분 기준으로 소개**
레시피 양을 늘릴 때는
간 조절이 가장 중요하다.
볶음, 조림, 무침 등은 양념에,
국물 요리는 물의 양에 신경쓴다.
이때, 상태를 확인하면서
조절하도록 하자.

양념
분량이 늘어나도
볼이나 팬 등 조리도구에 묻는
양념의 양은 비슷해
2배로 늘리면 짜다.
그러니 100% 늘리지 말고
90% 정도만 늘린다.

물
분량이 늘어나도 끓을 때
증발량은 비슷해
물의 양을 단순히 2배로 늘리면
싱거워진다.
그러니 100% 늘리지 말고
90% 정도만 늘린다.

tip

분량을 늘린 후 싱겁다면
마지막에 남은 양념을 넣어
부족한 간을 더한다.

방법만 알면 어깨, 팔이 아프지 않아요 **칼 사용법**

● **칼 잡기**

흔히 칼은 손잡이만 잡고 썬다고 생각하는데 실제로는 칼등과 손잡이를 함께 잡아야
손목에 무리가 가지 않고 칼날에도 힘이 골고루 분산되어 잘 썰 수 있다.

1 엄지손가락과 집게손가락으로 칼등을 가볍게 잡는다.

2 나머지 세 손가락으로 칼의 손잡이 부분을 감싸듯이 잡는다.

3 손목의 힘을 살짝 빼고 칼질을 해야 칼을 자유롭게 움직일 수 있다.

다양한 모양으로 썰어보세요 **재료 써는 법**

● **다지기**

마늘 2쪽(10g) = 다진 마늘 1큰술

생강 2톨(마늘 크기, 10g) = 다진 생강 1큰술

대파 5cm(흰 부분, 10g) = 다진 파 1큰술

양파 1/20개(10g) = 다진 양파 1큰술

[마늘 · 생강]

1 마늘 또는 생강은
  얇게 편 썬다.

2 겹쳐 가늘게 채 썬다.

3 채 썬 마늘 또는 생강을
  90° 방향으로 돌려 다진다.

[대파]

1 대파(흰 부분)의 끝을
  잡는다. 돌려가며 반대쪽에
  칼집을 수차례 낸다.

2 칼집 낸 부분을 잘게 썬다.

3 과정 ①~②를 반복한다.

[양파]

1 양파는 2등분한다.
  끝부분을 1cm 정도 남기고
  결대로 촘촘히 칼집을 낸다.

2 방향을 90° 돌린다.
  칼을 눕혀 수평하게
  다시 수차례 칼집을 낸다.

3 수직으로 잘게 썬다.

● 모양내 썰기

2등분하기

위쪽 길이로 2등분한다.
아래쪽 2등분한다.

양파 채 썰기

위쪽 채 썬다(0.5cm 두께).
아래쪽 가늘게 채 썬다(0.2~0.3cm 두께).

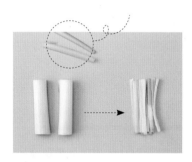

대파 채 썰기

4~5cm 길이로 썬다. 길이로 2등분한 후
가운데 두꺼운 부분을 없앤다.
납작하게 눌러 가늘게 채 썬다.

편 썰기

재료를 0.3cm 두께로 얇게 썬다.

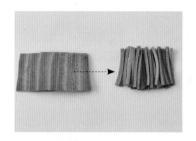

무 또는 당근 채 썰기

재료를 편 썬 후 다시 채 썬다.

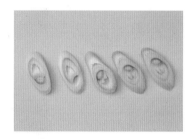

어슷 썰기

재료를 0.3cm 두께로 어슷 썬다.

동그랗게 썰기

재료를 일정한 두께로 모양대로 썬다.

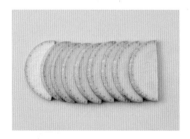

반달 썰기

재료를 길이로 2등분한 후 원하는 두께로 썬다.

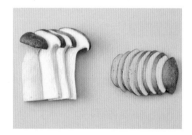

모양대로 썰기

새송이버섯이나 표고버섯은
밑동을 제거한 후 모양을 살려 썬다.

● 재료별 썰기

파프리카 · 피망

  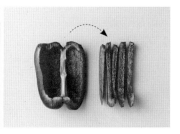

1 파프리카는 꼭지를 중심으로 2등분한다.

2 꼭지 부분을 바깥쪽으로 당겨 떼어낸다. 남아 있는 흰 부분, 씨를 없앤다.

3 안쪽이 보이도록 놓고 원하는 크기나 모양으로 썬다.

양배추

1 양배추는 4등분한 후 가운데 두꺼운 심 부분을 제거한다.

2 낱장으로 잎을 뗀다.

3 잎을 겹쳐 채 썰거나, 한 장씩 원하는 크기나 모양으로 썬다.

브로콜리

1 줄기를 잡고 송이를 하나씩 썬다.

2 남은 줄기는 돌려가며 껍질을 도려내며 없앤다.

3 **위쪽** 모양대로 0.5cm 두께로 썬다. **아래쪽** 1cm 두께로 편 썬다.

부엌에 항상 구비해두세요 **기본 양념과 대체 양념**

● 기본 양념

이 책에서 사용한 기본 양념
☑ 집에 있는지 체크해보자.

가루류
- ☐ 감자전분
- ☐ 고춧가루
- ☐ 들깻가루
- ☐ 밀가루
- ☐ 부침가루
- ☐ 설탕
- ☐ 소금
- ☐ 통깨
- ☐ 파마산 치즈가루
- ☐ 후춧가루

다진 것
- ☐ 다진 마늘
- ☐ 다진 생강
- ☐ 다진 파

액체류
- ☐ 국간장
- ☐ 레드와인
- ☐ 레몬즙
- ☐ 맛술
- ☐ 발사믹식초
- ☐ 식초
- ☐ 액젓(멸치 또는 까나리)
- ☐ 양조간장
- ☐ 청주

기름류
- ☐ 고추기름
- ☐ 들기름
- ☐ 식용유
- ☐ 올리브유
- ☐ 참기름

기타류
- ☐ 꿀
- ☐ 마요네즈
- ☐ 머스터드
- ☐ 매실청
- ☐ 새우젓
- ☐ 연겨자
- ☐ 올리고당
- ☐ 토마토케첩
- ☐ 통후추
- ☐ 홀그레인 머스터드
- ☐ 핫소스

장류
- ☐ 고추장
- ☐ 된장

● 기본 양념 대체하기

신맛

식초 1큰술 = 레몬즙 1과 1/2큰술

시큼한 맛을 기준으로 보면 레몬보다 식초가 더 시큼한 편.
특유의 향이 있는 레몬은 드레싱, 소스 등에 주로 사용한다.

단맛

설탕 1큰술 = 조청(쌀엿) 1큰술
= 올리고당(또는 물엿) 1과 1/2큰술 = 꿀 3/4큰술

설탕을 기준으로 했을 때 조청은 당도가 같고,
물엿이나 올리고당은 당도가 낮다. 단, 가루와 액체에 따라
완성 요리의 농도와 윤기가 달라질 수 있으니 이를 고려한다.

요리술

청주 1큰술 = 소주 1큰술 = 화이트와인 1큰술
맛술 1큰술 = 청주 1큰술 + 설탕 1작은술

동양 요리에는 청주와 소주를, 서양 요리에는 화이트와인을
주로 사용한다. 맛술은 단맛이 있는 조미술이므로 청주로 대체시
설탕을 더한다. 단, 청주의 대체로 맛술을 사용할 순 없다.

소금
이 책에서는 꽃소금을 사용

> **많이 사용하는 소금**

굵은소금
입자가 굵은 소금. 김치를 만들 때
채소 절임용으로 많이 사용한다.

꽃소금
재제염의 한 종류. 가장 다용도로 활용하기 좋다.

> **제조법에 따른 분류**

천일염
자연 방식(바람, 햇빛 등)으로 만든 것.
소량의 미네랄 성분을 갖고 있다.

재제염
천일염을 녹인 다음 다시 인공적으로
그 속에 있을 불순물을 제거해 만든 것이다.

정제염
바닷물을 가지고 화학적 가공으로 만든
가공 소금이다.

그 외 정제염에 L-글루타민산을 더해 만든
맛소금, 구워서 고소함을 살린 **구운 소금**,
대나무통에 소금을 넣고 구운 **죽염**,
다양한 부재료(허브, 후춧가루 등)를
더한 **양념 소금** 등이 있다.

> **Q&A**

Q 좋은 소금 고르는 방법을 알려주세요.
좋은 소금은 오염되지 않은 바다에서
생산되었는지, 바닷물 주변 환경이
깨끗한지, 생산 과정에서 바닷물이 가진
천연미네랄 성분이 잘 유지되었는지 등을
확인해야 합니다. 다만, 소비자 입장에서는
쉽게 파악하기 어려운 부분이므로
소금의 성분 표기를 확인하고
판매자의 정보도 꼼꼼히 살펴보세요.

Q 천일염이 좋은 소금인가요?
천일염이라고 해서 무조건 좋은 소금이라고
말하기는 어려워요. 간혹 중국산과 섞이는
경우도 있고, 위생상태가 좋지 않은
염전일 수도 있기 때문이지요. 따라서 생산지
(신안, 영광, 태안이 대표적)나 생산자,
성분 표기를 확인하고 구입하는 것이 좋아요.

Q '천일염 = 굵은소금'이 맞나요?
사실 천일염은 굵기에 따라 굵은소금이
될 수도 있고, 다른 소금이 될 수도 있지요.
즉, 천일염은 소금 자체의 종류가 아닌
제조 방식 중 하나라는 말. 다만 일반적으로
국내에서는 천일염을 주로 굵은소금으로
생산하다 보니 그러한 인식이 강해진
것이랍니다.

도움말 / 조천수(소금연가 대표, covenantofsalt.co.kr)

설탕

이 책에서는 백설탕을 사용

요리에 활용하는 설탕은 제조 과정에 따라
세 가지 종류로 나눌 수 있는데 이는
열이 가해지는 정도에 따라 색이 달라진 것이다.
황설탕, 흑설탕은 요리에 더할 경우
향과 색이 달라지게 되므로 깔끔한 맛을
내기에는 백설탕이 좋다.

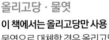

올리고당 · 물엿

이 책에서는 올리고당만 사용

물엿으로 대체할 경우 올리고당과 동량을 더하면
된다. 두 재료 모두 음식에 단맛을 더하며
동시에 윤기를 내는 역할을 한다.

올리고당
다른 당류에 비해 열량, 혈당 상승지수가 낮은 편.
요리에 윤기를 낼 때 사용하고 싶다면
다 조린 후 마지막에 넣는 것이 좋다. 최근에는
다양한 기능을 가진 올리고당이 출시되고 있다.

물엿
요리 마지막에 넣으면 광택이 살아 나고
깔끔한 단맛이 더해진다.

간장

이 책에서는 시판 양조간장, 국간장을 사용

양조간장 대신 진간장을 사용할 경우 동량을
더한다. 양조간장, 진간장은 국간장에 비해
색이 짙고 염도가 낮으며 단맛이 있어
국물을 제외한 요리에 두루두루 활용하기 적합하다.
국간장은 맛이 깔끔해 국물뿐만 아니라
나물 양념에 사용해도 잘 어울린다.

양조간장
미생물을 이용해 대두, 밀 등을 발효시킨 후
소금물을 섞어 6개월 이상 숙성시킨
'자연 간장'이다.

진간장
짧은 기간에 대량 생산하기 위해 양조간장에
산분해간장(숙성 없이 화학적으로 만든 간장)을
섞어 만든 '혼합 간장'으로, 가격은 산분해간장
비율이 높을수록 저렴하다. 요즘에는 진간장 중에도
짧게 숙성시킨 자연 간장(양조간장)이 있으니,
포장지를 보고 가급적 자연 간장을 사는 것이 좋다.

국간장
메주를 원료로 발효, 숙성시켜 만드는 옛날식
간장으로 '조선간장'이라고도 불린다.

고추장

이 책에서는 시판 고추장을 사용

집 고추장(재래 고추장)과는 매운맛, 감칠맛의
차이가 있는데, 시판 고추장이 감칠맛이 강한 편.
따라서 집 고추장을 사용할 경우 양조간장이나
새우젓, 액젓 등으로 부족한 감칠맛을 더해준다.

된장

이 책에서는 시판 된장을 사용

집 된장(재래 된장)은 시판 된장보다 염도가 높다.
된장을 사용한 레시피의 경우 시판 된장,
집 된장 모두의 분량을 적었으나 된장마다
차이가 있으므로 맛을 보며 조절한다.

다진 생강 · 다진 마늘 · 다진 파

다진 생강, 다진 마늘은 시판 제품으로도
판매한다. 단, 직접 다진 것보다는 향이 약한 편.
다진 파는 시판 제품이 없으므로
직접 다져서 사용한다(다지기 17쪽).
다진 생강 대신 시판 생강가루나 생강술
(소주 1병에 채 썬 생강 3톨을 편 썰어 넣은 것,
냉장 보관 1개월 가능)을 사용해도 좋다.
생강가루는 다진 생강의 1/5분량만 더하고,
생강술은 향이 약할 수 있으므로
다진 생강의 1.5~2배를 넣는다.
단, 생강술은 액체이므로 요리에 따라
대체가 어려울 수도 있다.

청주 · 맛술

요리에 많이 쓰이는 요리 술. 요리에 넣고
불 조리를 하게 되면 알코올이 날아가면서
재료의 잡내가 없어진다. 일반적으로 사용하는
종류는 청주, 소주, 맛술(미림 등)이 있다.
이중 맛술은 단맛이 나므로 요리에
사용 시 주의한다(대체하기 20쪽).

새우젓

액젓(멸치 또는 까나리)에 비해 비린내가 적다.
유통기한이 짧은 편인데 냉동시 꽁꽁
얼지 않으므로 병 그대로 냉동 보관하면
보관 기간을 늘릴 수 있다.

액젓

이 책에서는 까나리, 멸치 두 종류 사용
김치, 겉절이, 나물 무침, 국물의 감칠맛을
더할 때 활용하기 좋다. 까나리 액젓이
멸치 액젓보다 더 맑은 맛을 가졌으므로
가볍게 무칠 때는 까나리 액젓을,
진한 맛을 내고 싶을 때는 멸치 액젓을 사용한다.

식용유 · 올리브유

식용유
요리에 쓰이는 기름을 통칭해서 식용유라고 한다.
종류로는 콩기름, 포도씨유, 카놀라유 등이 있다.
대부분 발연점(기름을 가열했을 때 연기가 나는
온도)이 높아 불을 사용하는 요리에 활용하기 좋다.

올리브유
특유의 향이 있어 드레싱, 소스에 주로 활용한다.
엑스트라 버진부터 퓨어 등급으로 갈수록
저렴하고 향이 옅어지는데, 생으로 즐기는
드레싱이나 소스에는 엑스트라 버진이,
불을 사용하는 요리에는 퓨어가 적합하다.
다만, 발연점이 낮아 튀김처럼 높은 온도로
조리하는 요리보다 높지 않은 온도에서
재료를 볶을 때 사용하는 것이 좋다.

참기름 · 들기름

요리에 풍미를 더할 때 사용하는 기름.
요리의 마지막에 넣어야 고소한 맛과 향이
살아 난다. 생으로 먹거나, 불 조리시 발연점이
낮으므로 중간 불 이하에만 활용하는 것이 좋다.
두 기름의 가장 큰 차이는 '향'과 '보관법'.

참기름
깨를 볶아 압착한 기름으로 고소한 향이
강한 편. 일반적으로 나물이나 육류 요리에
감칠맛을 더해준다. 빛이 통하지 않는
짙은 병에 담아 그늘지고 서늘한 실온에 보관.
냉장 보관할 경우 굳게 되면서 향이 날아간다.

들기름
들깨 특유의 진한 향을 가지고 있다.
비린내가 있는 해산물과 함께 조리하면
비린내를 없애고, 느끼한 맛을 줄여준다. 참기름에
비해 쉽게 상하므로 빛이 통하지 않는 짙은 병에
담아 뚜껑을 꼭 닫고 냉장 보관한다.

해산물

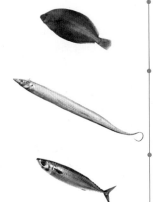

가자미(겨울)
비늘이 단단하게 붙어 있고
윤기가 흐르며, 뒤집었을 때
배가 하얗고 탄력 있는 것이 좋다.

갈치(겨울)
비늘이 은색으로 광택이 나며
상처가 적은 것이 좋다.
만졌을 때 살이 단단하고 눈동자는
검고 또렷한 것을 고른다.

고등어(가을)
크기가 크고 짙은 청록색을 띠는 것.
아가미가 붉고 눈동자가 선명한 것이
좋다. 국산은 등의 무늬가 은은하고
수입산은 무늬가 굵고 또렷한 편이다.

굴(겨울)
살은 전체적으로 우윳빛을 띠는지
확인한다. 껍데기는 깨지지 않고
알의 검은 테두리가 선명한 것이 좋다.
봉지굴은 물이 맑고
밀봉이 잘 된 것을 고른다.

꼬막(겨울)
껍데기의 물결무늬가 선명하고
윤기가 나는 것이 좋다.
냄새가 나지 않아야 신선한 것.

꽁치(가을)
등이 푸른빛을 띠며 배는 은백색의
광택이 나는 것, 꼬리와 주둥이 주변이
노르스름하고 눈이 선명하며 몸체에
탄력이 있는 것이 싱싱하다.

꽃게(봄 암게, 가을 수게)
들어봤을 때 묵직한 것이
살이 꽉 찬 것이다. 툭 쳐보아
활발히 움직이는 것이 싱싱하다.
★ 암게, 수게 고르기 276쪽

낙지(겨울)
머리는 회백색, 다리 안쪽은 흰색을 띠는
것을 고른다. 표면이 매끈하며 점액질이
없는 것이 좋고 빨판의 모양이 뚜렷하고
흡착력이 강한 것이 싱싱하다.

대하(가을)
전체적으로 투명하고 윤기가 나는 것,
껍질이 단단한 것을 고른다.
만졌을 때 탄력이 있는 것이 좋고,
냄새가 나거나 변색된 것은 피한다.

모시조개(봄)
껍데기가 단단하고 푸른빛을 띠는
것이 좋다. 입이 벌어지지 않고
광택이 나는 것을 고른다.

바지락(봄)
광택이 나며 손으로 건드렸을 때
입을 바로 닫는 것이 좋다.
껍데기에 구멍이 없는 것을 고른다.

삼치(겨울)
비늘이 촘촘하게 붙어 있으며
윤기가 나는 것이 싱싱하다.
만졌을 때 살이 단단하고 눈이 맑은
것을 고른다. 크기가 클수록
영양소가 풍부하다.

오징어(여름)
몸통이 통통하고 짙은 갈색을 띠며
살이 탄력 있는 것이 싱싱하다.
눈알이 투명한 것을 고른다.

주꾸미(봄)
신선한 주꾸미일수록 먹물을 머금고
있어 머리가 흑갈색을 띤다.
머리 아래 동그란 금테가 뚜렷한 것이
국산이다.

홍합(겨울)
껍데기의 크기가 크고 깨진 부분이
없으며 벌어지지 않은 것을 고른다.
바다향이 은은하게 나는 것이 좋다.

황태(겨울)
생선 본래의 모습을 잘 갖추고
있는 것이 좋다. 황금빛에 가까울수록
덕장에서 햇빛과 바람만으로
자연 건조한 것이다.

과일

귤(겨울)
눌렀을 때 탱탱하고 단단한 것이
좋다. 표면이 마르지 않고
껍질이 비교적 얇고 크기에 비해
무거운 것이 과즙이 풍부하다.

단감(가을)
꼭지가 황색으로 볼록하게
튀어나온 것일수록 씨가 고르게 박혀
있고 맛도 좋다. 껍질에 윤기가 있고
색이 짙은 것이 싱싱하다.

딸기(봄, 겨울)
색이 균일하게 빨갛고 표면이
오돌토돌한 것이 좋다. 꽃받침 끝이
위쪽으로 젖혀진 것이 싱싱하다.

레몬
연한 노란색을 띠며 향이 진한 것,
표면에 광택이 있고
무게감이 있는 것이 좋다.

바나나
바로 먹을 경우 갈색 반점이
고루 있는 것으로 고른다.
끝부분이 초록빛 또는
짙은 노란빛을 띠는 것은 실온에서
1~2일간 숙성 시켜 먹는다.

배(가을)
크기가 크고 동그란 것, 껍질이
매끄럽고 광택이 나는 것이 좋다.

복숭아(여름)
향이 진하고 곰팡이나 멍이 없는 것을
고른다. 황도는 속살이 노랗고
백도는 속살이 하얗다.

블루베리(여름)
푸른색이 선명하고 과육이 단단하며
표면에 은백색의 가루가 묻어 있는
것이 좋다. 탄력이 없고 물기가 많은
블루베리는 피한다.

사과(가을, 겨울)
짙은 붉은색을 띠는 것이
영양가가 높고 맛도 좋다.
묵직하며 단단한 것이 싱싱하다.

살구(여름)
노르스름한 색이 전체에 골고루
퍼져 있는 것을 골라야 과육이 단단하고
과즙이 풍부해 맛이 좋다.

수박(여름)
줄무늬 간격이 고르며
초록색이 짙고 선이 선명한 것,
꼭지가 달려 있는 것이 싱싱하다.
배꼽 부분은 작은 것이 좋다.

오렌지
모양이 둥글고 색이 균일하며
묵직한 것이 좋다. 표면에 윤기가 있지만
너무 매끈한 것보다 약간 오돌토돌한
것을 고른다.

자두(여름)
만졌을 때 단단하고 끝이 뾰족한 것이
좋다. 선명한 붉은빛에 윤기가 나며
골이 뚜렷한 것을 고른다.

참외(여름)
껍질의 노란색이 진하고 윤기가 흐르며
골이 선명한 것이 좋다. 참외 특유의
달콤한 향이 진한 것을 선택한다.

키위
껍질 표면이 깨끗하고 윤기가 나며
모양이 고른 것을 고른다.
딱딱한 것보다는 전체적으로
약간 무른 것이 맛있다.

포도(여름)
알이 퍼져있지 않고 알맹이가
빈틈없이 붙어 있는 것, 껍질 표면에
하얀 분이 많을수록 맛이 좋다.

가지(여름)
짙은 보라색으로 표면에 윤기가
흐르는 것이 좋다. 꼭지가 잘 붙어 있고
꼭지에 잔털이 많은 것을 선택한다.

감자(여름, 가을)
흠집이 없으며 단단하고 무거운 것,
흙이 묻은 것이 좋다. 싹이나 초록빛이
있다면 독성이 있으니 피한다.

고구마(여름, 가을)
흙을 털었을 때 표면에 윤기가 있고,
선명한 적자색을 띠는 것이 좋다. 검은
반점이나 흠집이 있는 것은 피한다.

근대(가을)
손바닥 기준으로 잎이 너무 크지 않은 것,
잎이 넓고 부드러운 것, 선명한 녹색을 띠며
광택이 있는 것이 좋다.

깻잎(여름)
잎과 줄기에 잔털이 고르게 있고
꼭지가 마르지 않은 것이 좋다.

냉이(봄)
뿌리가 지나치게 굵지 않고, 잎이
짙은 녹색을 띠며 향이 진한 것을 고른다.
대체로 잎이 많이 달리고 흙이 묻은 채로
판매하는 것이 싱싱하다.

느타리버섯(가을)
갓의 표면에 약간 회색빛이 도는 것,
갓 뒷면의 빗살 무늬가 뭉그러지지 않고
선명하며 흰빛을 띠는 것일수록 신선하다.

단호박(가을)
진한 녹색을 띠며 줄무늬가 선명한 것이 좋다.
껍질이 단단하고 들었을 때 묵직한 것,
꼭지 부분이 움푹 들어간 것이 싱싱하다.

달래(봄)
둥근 뿌리가 단단하고 겉껍질이 벗겨지지
않은 것이 좋다. 줄기가 진한 초록색이며
만졌을 때 부드럽고 촉촉한 것이 좋다.

당근(가을, 겨울)
색이 선명하고 모양과 표면이 매끄러우며
잔뿌리가 없는 것을 고른다. 꼭지 부분에 검은
테두리가 없고 만졌을 때 단단한 것이 좋다.
흙이 묻은 것이 더 싱싱하다.

대파(가을)
흰 부분과 초록 부분의 경계가 뚜렷하고
푸른 부분이 너무 단단하지 않고
부드러운 것이 좋다. 뿌리에 흙이
묻어 있는 것이 더 신선하다.

더덕(봄)
최소 3년 이상 자란 더덕이 맛있다.
잔뿌리가 적고 껍질째 흙이 묻어 있는 것이
싱싱하다. 자연산 더덕은 향이 짙고
주름이 많은 것이 특징.

도라지(봄)
국산 도라지는 수입산에 비해 가늘고 짧으며
굵은 뿌리가 2~3개로 갈라진 것이
대부분이고 잔뿌리가 많다.

마늘(봄, 여름)
껍질이 단단하고 들었을 때 무게감이 느껴지는
것이 좋다. 국산 마늘은 껍질에 붉은빛이
감돌고 긴 수염뿌리가 붙어 있다.

마늘종(봄)
신선한 것은 윗동이 푸르며 힘이 있다.
국산은 밑동이 연한 녹색을 띠는 반면,
중국산은 흰색을 띠니 원산지가 불분명할 때는
밑동을 확인한다.

무(가을)
가능한 푸른 잎이 붙어 있는 것을 고른다.
들었을 때 단단하고 묵직한 것,
휘지 않고 일자로 곧게 뻗은 것이 좋다.
푸른 부분 면적이 넓은 것이 맛있다.

미나리(봄)
잎은 연녹색을 띠면서 윤기가 있는 미나리가
연하고 맛있다. 줄기가 통통하고 마디 사이가
짧으며 특유의 향이 진한 것이 좋다.
★ 미나리 종류 62쪽

배추(가을, 겨울)
초록색 겉잎은 벌레가 먹지 않고, 파릇하며
힘이 있는 것이 좋다. 흰색 줄기는 두꺼워야
좋다. 배추를 들었을 때 묵직한 것이 신선하다.

부추(여름)
색이 선명하고 길이가 짧으며
굵고 곧게 뻗은 것이 좋다.
끝이 말라 있는 것은 피한다.
★ 부추 종류 158쪽

브로콜리(겨울)
녹색이 진할수록 영양적으로 우수하다.
전체적으로 봉오리가 작으며 송이가
빡빡하게 들어차고 단단한 것이 좋다.

상추
잎이 연하면서 도톰하고 표면에 윤기가
나는 것을 고른다. 잎에 검은 점이 있거나
찢어진 것은 피한다.

새송이버섯(가을)
대와 갓의 구분이 확실하며 기둥 표면이
매끄럽고 단단한 것이 좋다. 갓 모양이 고르고
뒷면의 주름이 촘촘한 것을 고른다.

생강(가을)
붙어 있는 알이 굵고, 굴곡이
적은 것이 좋다. 껍질이 얇은 것이
덜 맵고 수분이 많으며 연하다.

시금치(겨울)
뿌리 부분이 붉은빛을 띠면서 굵은 것이 좋고
한 뿌리에 잎이 많이 달려야 싱싱하다.
잎은 선명한 녹색으로 도톰한 것을 고른다.

쑥(봄)
잎 부분은 여리고 옅은 초록빛을 띠는 것이
좋다. 줄기 부분이 얇고 짧으며 하얀 솜털이
있는 것으로 고른다.

쑥갓(겨울)
잎이 푸르고 싱싱하며
향이 진하고 광택이 있는 것이 좋다.

아욱(가을)
잎은 짙은 연두색을 띠며 넓고 부드러운 것을
고른다. 줄기는 통통한 것이 싱싱하다.

애호박(봄, 여름)
맑은 연둣빛을 띠면서 윤기가 나는 것이
좋다. 크기에 비해 묵직한 것이
바람이 들지 않고 속이 실하며 싱싱하다.

양배추(여름)
윗부분이 완만하고 각이 지지 않은 것,
겉잎이 연한 초록색이고 들었을 때
묵직한 것이 알차다.

양상추(봄)
연녹색을 띠면서 손으로 눌러 보았을 때
단단한 것이 신선하고 맛있다.

양송이버섯(가을)
갓이 동글동글하고 줄기가 통통한 것,
상처가 없는 것이 싱싱하다.

양파(여름)
껍질에 광택이 있고 바삭하게 잘 말라 있는 것이
좋다. 단단하고 들었을 때 무게감이 느껴지는 것을
고른다.

연근(겨울)
너무 굵지 않은 중간 크기, 들었을 때 묵직하고
모양이 균일한 것이 좋다. 단면의 구멍이
크지 않고 일정한 것, 구멍 안쪽이 하얀 것이
싱싱하다.

열무(여름)
길이가 짧고 무 부분이 날씬한 것,
잎이 도톰하고 연한 연두색을 띠는 것이 좋다.
줄기를 부러뜨렸을 때 똑 소리가 나면 싱싱한 것.

오이(여름)
색이 선명하고 돌기가 무르지 않은 것,
단단하고 곧게 뻗은 것이 좋다.
★ 오이 종류 78쪽

옥수수(여름)
수염은 진한 갈색, 껍질은 선명한 녹색을
띠는 것이 좋다. 껍질과 속살이 들뜨지 않고
단단하며 묵직한 것을 고른다.

우엉(겨울)
껍질에 흠집이 없고 매끈한 것이 좋다.
굵은 부분을 잡고 흔들었을 때 휘청거리는 것이
싱싱하다. 국내산은 향이 강하고 흙이 많이
묻어 있는 것이 특징.

토마토(여름)
꼭지가 마르지 않고 짙은 녹색인 것,
색이 균일하고 선명하며 윤기가 나는 것,
단단하고 무거운 것이 싱싱하다.

표고버섯(가을)
갓이 적당히 퍼져 있고 갓 안쪽의 주름이
뭉개지지 않은 것이 좋다. 기둥이 길지 않고
통통한 것이 싱싱하다.

풋고추(여름)
표면이 짙은 녹색을 띨수록 햇볕을 많이
보고 자라 영양이 풍부하고 싱싱하다.
끝이 둥근 것이 맛이 부드럽다.

쇠고기

1 목심
불고기용으로 좋으며
오래 익히는 탕, 국거리
전골로도 가능하다.

1,5 척아이롤(등심+목심)
수입 쇠고기 중 가장 많이
먹는 부위. 한우의 등심과
목심에 해당한다.
스테이크나 볶음, 불고기,
찌개, 샤부샤부 등
다양하게 이용한다.

2~5 등심
등급이 높은 등심살
(살치살, 꽃등심 등)은
볶음이나 스테이크로
적합하다. 낮은 등급은
불고기, 너비아니,
산적으로 이용한다.

3 살치살(등심)
부위 중 마블링이 가장 좋고,
육즙이 풍부.
식감이 부드럽고
풍미가 뛰어나
구이에 적합하다.

4 꽃등심(등심)
풍미가 좋고 육즙이 풍부,
결도 부드럽고 연하다.
볶음이나 스테이크에 적합.
샤부샤부나 편채,
너비아니에도 좋다.

5 채끝(등심)
소 허리 뒷부분의 등심근으로
외국에서는 주로 스테이크로
이용한다. 우리나라는
산적, 구이, 샤부샤부, 불고기 등
다양하게 이용한다.

6 안심
부드럽고 연한 편.
지방이 많지 않아 오래 굽거나
삶으면 질겨진다.
볶음, 스테이크에 적합하다.

7 우둔
홍두깨살 역시 우둔의 한 종류.
양지머리, 사태와 함께
탕, 국거리로 쓰거나
장조림, 불고기, 샤부샤부 등
다양한 용도로 이용한다.

8 앞다릿살
장시간 익히는 요리에 적합.
국이나 불고기, 산적에도 좋다.

tip

쇠고기 고르는 법
냄새가 나지 않고 밝은 선홍색을 띠며 윤기가 나는 것이 좋다. 연하고 육즙이 많아야 맛있기 때문에
잘 숙성된 냉장육이 좋고, 냉동육은 최대한 육즙의 손실이 없도록 잘 해동해야 한다(해동하기 36쪽).
국내산 한우고기, 암젖소로 만든 젖소고기, 수젖소로 만든 육우고기, 수입산 쇠고기 등이 있다.

쇠고기 등급 선택하는 법
육질 등급 마블링, 즉 지방의 분포 정도에 따른 등급
육량 등급 고기 전체 무게 중 살코기의 비율로 나눈 등급

쇠고기를 선택할 때 꼭 확인해야 하는 것은 '육질 등급'으로 1++에 가까울수록 육질이 부드럽고 풍미가 좋아 구이, 샤부샤부
등에 적합하다. 하지만 지방 함량이 높은 고기를 구입할 필요가 없는 조림, 볶음, 불고기 등은 2, 3등급을 선택해도 좋다.

안심

9 제비추리
소 1마리 당 500g 미만
정도로 나오는 귀한 부위.
지방이 적어 담백하고 식감이
쫄깃해서 구이에 적합하다.

10 갈비
지방이 많으나 부드러운 편.
흰 서리 같은 부분이
많을수록 좋다. 갈비찜,
생갈비 구이, 갈비탕 등
다양한 요리에 활용한다.

11 안창살
조직이 단단하고 결이
거칠지만 육즙이 진하고
식감이 쫄깃쫄깃해
구이용으로 좋다.

12 설도
설깃, 도가니살, 보섭살로
구성되어 있다. 설깃은
찜이나 전골, 도가니살은
불고기나 국거리, 보섭살은
스테이크로 이용한다.

13 차돌박이
살코기 속에 하얀 지방이
박혀있는 부위. 쫀득하고
꼬들꼬들한 식감이 좋다.
얇게 썰어 샤부샤부나
구이용으로 이용한다.

14 양지머리
주로 국거리, 스튜,
수육에 이용한다.
결대로 잘 찢어지므로
장조림에도 좋다.

15 사태
앞사태, 뒷사태, 아롱사태
(뒷사태와 다리 연결 부근)로
구성되어 있다. 앞사태,
뒷사태는 국, 찜, 불고기에 좋고,
아롱사태는 구이, 육회, 물에
오래 삶는 요리에 적합하다.

1 목심(목살)
가장 돼지고기다운 맛을 가진
부위로 주로 구이용으로
이용하며 수육이나 보쌈을
만들어도 맛있다.

2 등심
육질이 부드럽고 지방이 없는
편이라 맛이 담백하다.
돈가스, 장조림, 스테이크,
잡채 등에 이용한다.

3 갈비
육질이 쫄깃하고 풍미가 좋다.
주로 생갈비 구이나
양념구이에 이용하며
바비큐립을 만들 때도 좋다.

4 항정살
지방이 골고루 퍼져 있어
돼지고기 부위 중에서
고소한 맛이 가장 좋다.

5 앞다릿살
주로 햄이나 소시지 등의
육가공 제품의 원재료로
이용되며, 불고기, 찌개,
국거리 등에 사용해도 좋다.

6 등갈비
주로 양념을 발라 굽는
구이용이나 장시간 푹 삶는
찜 요리에 적합하다.

7 삼겹살
육질이 부드럽고 풍미가
좋다. 외국에서는 가공하여
베이컨으로 이용하며
우리나라에서는 구이, 수육,
보쌈 등 다양하게 이용한다.

8 안심
육즙이 많고 육질이 부드러워
두껍게 썰어 요리하는 것이 좋다.
주로 돈가스, 장조림, 탕수육,
꼬치구이 등에 이용한다.

9 뒷다릿살
살집이 두텁고 지방이 적어
담백하다. 제육볶음에
많이 쓰이며, 불고기, 돈가스,
찌개, 수육 등으로도 이용한다.

tip

돼지고기 고르는 법
옅은 선홍색을 띠면서 윤기가 나는 것이 좋다. 지방은 색이 희고 만졌을 때 단단해야 육질이 연하고 향이 좋다.
지방이 지나치게 무르거나 노란색을 띠는 고기는 피한다.

닭고기

1 가슴살
대표적인 다이어트 식품.
열에 너무 오래 익히면
퍽퍽해지므로 주의한다.
샐러드, 냉채 등에 이용하며
조림, 볶음 등의 요리에도
적합하다.

2 안심
지방 함량이 매우 낮은 고단백
저칼로리 부위. 닭가슴살에 비해
부드러운 편. 튀김이나 볶음, 찜,
샐러드나 냉채에 적합하다.
단, 너무 오래 익히면
퍽퍽해지기 쉬우므로 주의한다.

3 어깨살 / 닭봉
육질이 쫄깃하고 맛이 좋다.
익혀도 부드러운 부위로
튀김이나 구이, 바비큐 등
다양하게 이용한다.

4 날개
그대로 요리하거나 뼈를
발라낸 후 모양을 살려
튀김 요리에 많이 이용한다.
날개 끝은 펙틴을 많이
함유하고 있어 국물을
우려내는 데 사용해도 좋다.

5 다릿살
육질이 쫄깃하고 맛있는 부위.
닭다리 껍질에는 지방이
많이 분포되어 있어
바비큐, 구이, 찜 등과 같이
기름이 나오면서 윤기가 나는
요리에 알맞다.

닭고기 고르는 법
닭고기는 육안으로 봤을 때 담황색을 띠고 윤기가 돌며 육질이 탄력 있는 것이 좋다.
껍질은 크림색으로 윤기가 돌고 털 구멍이 올록볼록하게 튀어나온 것이 신선하다.
눌러 봤을 때 촉촉한 정도의 수분이 느껴지고 살이 두툼해 폭신한 느낌을 주는 것을 고른다.

닭가슴살

조금만 신경쓰면 식재료 저장에 도움을 줘요 냉장고 사용법

위치별 온도

– 냉장실 문쪽 5~6℃
– 냉장실 채소칸 3~4℃
– 냉장실 안쪽 1~2℃
– 냉동실 문쪽 −10~−15℃
– 냉동실 안쪽 −18~−20℃

● 냉장고 10계명, 알아두세요!

1 식품 표시사항(보관 방법)을 확인한 후 보관한다.

2 냉장이나 냉동이 필요한 식품은 구입 후
   냉장실이나 냉동실에 바로 넣는다.

3 식재료에 라벨지를 붙이거나 냉장고 문에 종이를 붙여놓고
   재료 목록과 구입 날짜를 적어두면 식재료 관리에 효율적이다.

4 신문지의 인쇄 물질 혹은 다른 이물질이 식품에 묻을 수 있기
   때문에 되도록이면 키친타월, 위생팩, 지퍼백 등을 사용한다.

5 장기간 보존하는 것과 온도변화에 민감한 식품은
   안쪽 깊숙이 넣어둔다.

6 냉장고 안은 꽉 채우지 않고 70% 이하로 넣는다. 지나치게 채워
   넣으면 냉기의 순환이 원활하지 못해 음식이 쉽게 상할 수 있다.

7 뜨거운 것은 식힌 후에 보관한다. 많은 양의 뜨거운 식품을 넣으면
   냉장고 내부 온도가 상승하여 주변 식품에 영향을 주게 된다.

8 냉장고 안과 밖의 온도차로 인해 제 기능을 못할 수 있으므로
   문을 너무 자주 여닫지 않는다.

9 성에(수증기가 얼어붙은 것, 내부와 외부의 온도차에 의해
   생긴다)가 생기면 냉동 기능이 떨어지므로 수시로 없애준다.

10 항상 청결하게 관리한다.

냉동실

① 냉동실 위 칸

냉동실의 위 칸은 온도가 가장 낮은 편.
잘 보이지 않는 부분이므로 자주 사용하지 않는
음식물을 납작하게 얼려 넣어둔다.
많은 양의 마늘이나 생강을 다져
얼음 틀에 보관할 때 두기 좋다.

② 냉동실 중간 칸

문을 열었을 때 바로 보이고 손이 쉽게 닿기 때문에
빠른 시일 내에 먹을 식재료를 보관한다.
냄새가 나지 않는 곡물, 썰어서 얼린 파와 고추,
반찬과 냉동 레토르트 식품 등을 넣는다.
이 칸에는 언제든지 재료를 급속 냉동할 수 있도록
금속 쟁반을 눕혀 놓을 수 있는 여분의 공간을
마련해두는 것이 좋다.

③ 냉동실 아래 칸

장기간 냉동 보관할 육류나 어패류를
깨끗하게 손질해 한 번 먹을 분량씩 나눠
포장한 후 보관한다. 이때, 쉽게 찾을 수 있도록
투명한 밀폐용기에 담아둔다.

④ 냉동실 문

냉동실 내에서 온도가 가장 높고 온도의 변화가
심한 곳이니 변질의 우려가 덜한 가루, 곡물류,
고춧가루, 가쓰오부시나 북어, 멸치 등과 같은
건어물을 보관한다.

냉장실

⑤ 냉장실 위 칸

온도가 낮은 냉장실 위 칸에는
어묵, 소시지, 햄, 치즈, 버터 등의 유제품과
가공식품을 넣어둔다. 2~3일 내 먹을
고기나 생선을 잠깐 보관하기에도 좋다.

⑥ 냉장실 중간 칸

문을 열었을 때 내용물이 잘 보이고 손이 닿기
쉬운 칸. 유통기한이 짧거나 자주 먹는 음식을 넣기에
적합하다. 자주 먹는 반찬은 찾기 쉽도록 투명한
밀폐용기에 넣고 겹쳐 둬 공간 활용성을 높이도록 하자.

⑦ 냉장실 아래 칸

안이 잘 보이지 않고 허리를 숙여야 하는 불편함이 있어
매일 꺼내야 하는 식품보다는 1주일에 한두 번 꺼내는
장아찌, 피클류나 김치 등을 보관한다.
소스류를 보관하기도 좋다. 이 칸은 조리 도중
요리를 식힐 때, 샐러드 채소를 아삭하게 하기 위해
잠깐 넣어둘 때 등 언제든지 식품을 넣고 뺄 수 있도록
여분의 공간을 만들어두는 것이 좋다.

⑧ 채소 신선칸

온도에 민감한 채소, 과일을 보관하기 좋다.
이때 서로 포개어 두면 짓눌려 쉽게 상하므로 주의한다.

⑨ 냉장실 문

온도 변화가 심하고 비교적 온도가 높다. 빠른 시일 내
먹되, 변질의 우려가 적은 주류, 소스 등을 보관한다.
문을 열고 닫을 때 식품이 흔들릴 수 있으니
용기 뚜껑을 잘 닫아 보관한다.

홈바

열기 편리한 홈바 안쪽에는 자주 먹는 물,
주스, 우유, 먹다 남은 과자와 같은
작은 간식거리를 넣어두면 손쉽게 꺼낼 수 있다.

냉장 · 냉동 · 실온 보관법

가지 · 무 · 애호박
썬 단면으로부터 수분이 증발되면서
쉽게 마르게 된다. 따라서 썬 단면을
랩으로 밀착시킨 후 위생팩에
담는다. 가지, 애호박은 3~5일,
무는 10일간 보관 가능

고추
물기가 있으면 금방 물러지므로
꼭지를 떼지 않은 채
씻지 않고 지퍼팩에 담는다.
5일간 보관 가능

냉장 보관

깻잎 · 상추 · 쌈 채소
씻지 않고 키친타월로 감싸
지퍼팩에 담는다.
7일간 보관 가능

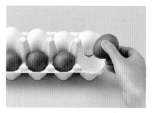

달걀
둥근 부분에는 숨을 쉬는
얇은 공기층이 있으므로
그 부분이 위를 향하도록 담는다.
유통기한까지 보관 가능

대파 · 쪽파
손질한 후 물기를 제거하고
밀폐용기의 길이에 맞춰 썬다.
키친타월을 깔고 담는다.
10~14일간 보관 가능

두부
밀폐용기에 두부, 잠길 만큼의
생수를 담는다. 바로 사용하지
않을 경우 매일 새로운 물로 갈아줘야
신선함을 오래 유지할 수 있다.
3일간 보관 가능

마늘
알알이 떼어낸 후 씻지 않고
실온에서 하루 동안 말린다.
밀폐용기에 키친타월을 깔고
담는다. 3개월간 보관 가능

버섯
씻지 않고 키친타월로 감싼 후
지퍼백에 담는다.
3~4일간 보관 가능

부추
씻지 않고 한 번 먹을 분량씩
키친타월로 감싸 지퍼백에 담는다.
7일간 보관 가능

숙주 · 콩나물
씻지 않고 키친타월로 감싸
지퍼백에 담는다.
3~5일간 보관 가능

알배기배추
씻지 않고 잎을 한 장씩 뗀 후
키친타월로 감싼다. 밑동 쪽이
아래를 향하도록 세워 보관한다.
7일간 보관 가능

파프리카 · 피망
통째로 또는 손질(19쪽)한 후
랩으로 감싼다.
3~5일간 보관 가능

푸른 잎채소(시금치, 열무 등)
씻지 않고 키친타월로 감싸
밑동 쪽이 아래를 향하도록 세워
보관한다. 3일간 보관 가능

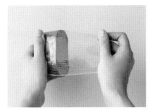

햄
썬 단면을 랩으로 감싸
위생팩에 담는다.
유통기한까지 보관 가능

실온 보관

감자 · 고구마
흙이 묻은 채로 하나씩 신문지(또는
키친타월)로 감싸 바람이 잘 통하는
서늘한 곳에 둔다. 사과 1~2개를
함께 넣어두면 싹이 잘 트지 않는다.
1개월간 보관 가능

다시마
5×5cm 크기로 잘라 밀폐용기에
담은 후 서늘한 곳에 둔다.
습기가 차지 않도록 주의하면
1년 정도 보관 가능

바나나
닿는 면적이 쉽게 무르기 때문에
양 끝이 바닥에 닿도록 세운다.
바나나의 익은 정도를 나타내는
검은 점(Sugar spot)이
많을수록 단맛은 증가하지만
보관 기간은 짧아진다.

쌀
밀폐용기에 담아 온도가 낮고(10℃
정도), 습기가 없으며 해가 들지 않는
곳에 둔다. 6개월 정도 보관 가능하나
시간이 지날수록 찰기가 없어지고
맛이 떨어지므로 빨리 먹는 것이 좋다.

● 냉동 보관 전, 알아두세요!

냉동 보관시 주의할 점

1 한 번 해동한 재료는 다시 냉동하지 않는다. 재냉동할 경우 얼었다 녹는 과정이 반복되면서 재료의 맛, 식감이 나빠지기 때문이다.

2 한 번 먹을 분량씩 나눠서 냉동해야 바로 꺼내서 요리에 활용하기 편하다.

3 재료가 무엇인지 한눈에 파악하기 위해서 투명한 위생팩, 지퍼백, 밀폐용기에 보관하는 것이 좋다.

4 냉동한 재료에 재료명, 냉동한 날짜를 적은 라벨지를 붙여두면 더 편리하게 관리할 수 있다.

5 재료는 최대한 납작하고 넓게 담는 것이 좋다. 그래야 해동도 빨리 되고, 냉동실의 수납도 더 용이하다.

6 냉동이라고 해서 보관이 무기한인 것은 아니다. 최대한 빨리 먹도록 하자.

냉동 보관 기본 방법

재료에 따라 조금씩 차이가 있으나 가장 기본이 되는 냉동 방법이다.

1 한입 크기로 썰거나 손질한다.
재료의 크기가 작을수록
해동 시간을 줄일 수 있다.

2 재료에 따라 데친 후 물기를 완전히
제거하고 냉동해도 좋다.
한번 데치면 재료 속의 수분이
줄어들면서 맛과 식감을
더 잘 지킬 수 있다.

3 열전도율이 높은 금속 쟁반에 재료끼리
닿지 않도록 담은 후 랩을 씌워 냉동.
언 재료를 다시 지퍼백에 옮겨 담는다.
이렇게 하면 냉동 상태에서
재료를 한 개씩 쉽게 떨어진다.

● 해동을 잘하는 것이 중요해요!

냉동 재료는 해동을 잘하는 것이 중요하다. 재료에 따라 적절한 방법으로 해동하자.
해동한 식품은 되도록 빠른 시간 내에 요리하거나 먹는 것이 좋다.

자연해동

실온 또는 냉장실에서 해동하는 방법.
해동 과정에서 물이 생길 수 있으니
그릇을 받쳐둔다.
실온에서 해동할 경우 그늘진 곳에 둔다.
단, 날씨가 습하거나 더울 때는
상할 수 있으니 주의할 것.
냉장실에서 해동한다면 하루 전날
미리 냉장실로 옮겨 둔다.

전자레인지 해동

빠른 시간에 해동을 해야 할 경우
편리한 방법이다.
단, 너무 오래 가열하면
재료가 익고, 수분이 많이
빠져나와 식감이
나빠질 수 있으니
시간 조절에 주의한다.

물에 담가 해동

전자레인지가 없을 때 빠르게 해동을
하려면 흐르는 물에 재료가 담긴
지퍼백이나 밀폐용기 그대로 담가둔다.
이때, 지퍼백이나 밀폐용기 안으로
물이 들어가지 않도록 주의한다.
냉동 생새우살이나
오징어와 같은 해산물은
재료를 물에 담가 해동하면 된다.

감자·당근

한입 크기로 썬 후 지퍼백에 담는다.
해동 없이 볶음, 카레 등에 활용

대파·쪽파

송송 썰거나 어슷 썰어서 지퍼백에
담는다. 해동 없이 국물, 조림에 활용

마늘·생강

곱게 다진 후 랩을 깐 얼음 틀에
채워 넣고 다시 랩으로 덮어
냉동한다. 완전히 얼면
지퍼백에 옮겨 담는다.

무

채 썬 후 한 번 먹을 분량씩
지퍼백에 담아 냉동한다.
해동 없이 국물에 활용

새송이 버섯

먹기 좋은 크기로 썰어
지퍼백에 담아 냉동한다.
해동 없이 볶음, 조림, 국물에 활용

시금치

손질(59쪽)한 후 데친 다음 물기를
없앤다. 한 번 먹을 분량씩 랩으로
감싼 후 지퍼백에 담아 냉동한다.
해동 없이 국물에 활용

애호박

길이로 2등분한 후 0.5cm 두께로
썰고 지퍼백에 담아 냉동한다.
해동 없이 볶음, 국물에 활용

양배추

먹기 좋은 크기로 썰어
지퍼백에 담아 냉동한다.
해동 없이 볶음, 국물에 활용

연근

손질(139쪽)한 후 0.5cm 두께로
썰고 지퍼백에 담아 냉동한다.
해동 없이 조림, 국물에 활용

열무

손질(225쪽)한 후 데친 다음
물기를 없앤다. 한 번 먹을 분량씩
랩으로 감싼 후 지퍼백에 담아
냉동한다. 해동 없이 조림에 활용

콩나물

손질(53쪽)한 후 삶은 다음 물기를
없앤다. 한 번에 먹을 분량씩 랩으로
감싼 후 위생팩에 담아 냉동한다.
국물에 활용

파프리카

한입 크기로 썰어(19쪽)
지퍼백에 담아 냉동한다.
해동 없이 볶음에 활용

갈치
손질(129쪽)한 후 한 토막씩 랩으로
감싸 지퍼백에 담아 냉동한다.
해동 없이 조림, 구이에 활용

고등어
손질(124쪽)한 후 한 토막씩 랩으로
감싸 지퍼백에 담아 냉동한다.
해동 없이 조림, 구이에 활용

김밥 김
공기와 닿으면 눅눅해져
맛과 형태가 변한다. 봉지에 담긴 채로
지퍼백에 담아 냉동한다.

꽃게
손질(277쪽)한 후 4등분한 다음
한 번 먹을 분량씩 지퍼백에 담는다.
해동 없이 국물에 활용

낙지·주꾸미
손질(198쪽)한 후 한입 크기로 썰어
지퍼백에 담아 냉동한다.
해동한 후 볶음, 국물에 활용

두절 건새우(건새우)
공기와 닿으면 눅눅해지거나
산패하여 좋지 않은 냄새가 난다.
밀폐용기 또는 지퍼백에 담아
냉동한다.

명란젓
한 토막씩 랩으로 감싼 후 지퍼백에
담아 냉동한다. 해동한 후 참기름,
고춧가루, 다진 파, 통깨로 양념을
해서 그대로 먹거나, 국물에 활용

새우
손질(329쪽)한 후 머리, 껍질을
모두 벗긴다. 살은 물기를 제거한 후
지퍼백에 담는다. 해동한 후
요리에 활용. 머리, 껍질은
따로 냉동했다가 국물에 활용

오징어
손질(195쪽)한 후 한입 크기로 썰어
한 번 먹을 분량씩 지퍼백에 담아
냉동한다. 해동한 후
볶음, 국물, 조림, 전에 활용

조개 방법 1
해감(234쪽)한 후 삶는다.
삶은 물과 살만 발라낸 조개를
각각 지퍼백에 담아 냉동한다.
삶은 물은 국물에 활용하고,
살은 국물, 볶음에 활용

조개 방법 2
해감(234쪽)한 후 삶는다.
삶은 물과 함께 한 번 먹을 분량씩
지퍼팩에 담아 냉동한다. 얼린 채로
위생팩에서 꺼내 국물에 활용

훈제연어
한 번 먹을 분량씩 종이 포일로
감싸 지퍼백에 담아 냉동한다.
해동한 후 그대로 먹거나
샐러드에 활용

육류

닭가슴살

우유에 20~30분간 재워 냄새를
제거하고 찬물에 헹군다. 키친타월로
물기를 완전히 없앤 후 랩으로 한
덩어리씩 감싸 지퍼백에 담아 냉동.
해동한 후 조림, 국물에 활용

닭안심

랩으로 한 덩어리씩 감싸
지퍼백에 담아 냉동한다.
해동한 후 조림, 국물에 활용

돼지고기 삼겹살

한 줄씩 랩으로 감싸 지퍼백에 담아
냉동한다. 그대로 구워 먹거나
해동한 후 국물에 활용

돼지고기 목살

한 번 먹을 분량씩 랩으로 감싸
지퍼백에 담아 냉동한다.
해동한 후 찌개나 볶음으로 활용

쇠고기 구이용

올리브유, 소금, 통후추 간 것을
앞뒤로 바른 후 한 덩어리씩
랩으로 감싸 지퍼백에 담아
냉동한다. 해동한 후 핏물을
제거하고 구이에 활용

쇠고기 국물용

한 번 넣을 분량씩 랩으로 감싸
지퍼백에 담아 냉동한다.
해동 없이 국물에 활용

쇠고기 다진 것

한 번 먹을 분량씩 랩으로 감싸
지퍼백에 담아 냉동한다.
해동한 후 볶음, 밥에 활용

쇠고기 등갈비

한 마디씩 썰어 지퍼백에 담어
냉동한다. 잠길 만큼의 물에 담가
해동한 후 찌개나 구이로 활용

기타

떡볶이 떡

한 번에 먹을 분량씩 위생팩에
담은 후 지퍼백에 담아 냉동한다.
실온에 두거나, 찬물에 담가
해동한 후 요리에 활용

밥

한 번 먹을 분량씩 위생팩에 담은 후
지퍼백에 넣어 냉동한다. 밥이 뜨거운
열기를 가졌을 때 냉동해야
해동 후에도 갓 지은 맛을 느낄 수 있다.
위생팩을 열고 약간의 물을 뿌린 다음
전자레인지에서 해동

생크림

얼음 틀에 부어 랩으로 덮은 후
냉동한다. 완전히 얼면 지퍼백에
옮겨 담는다. 냉동한 것은 거품이
생기지 않으므로 해동 없이
파스타의 크림 소스, 카레 등의
요리에만 활용

식빵

한 장씩 랩으로 감싸 지퍼백에 담아
냉동한다. 냄새를 쉽게 흡수하므로
꼭 한 장씩 감싼 후 보관한다.
해동 없이 바로 구워 먹거나
요리에 활용

남녀노소 누구나 좋아하는 단호박·감자·고구마·옥수수 익히는 법

단호박 1개(800g)

찌기

1 단호박은 4등분한 후 숟가락으로 씨를 없앤다.
2 찜기가 끓어오르면 단호박의 껍질이 위를
  향하도록 넣는다. ★ 껍질이 위를 향하도록
  넣어야 무르지 않게 익힐 수 있다.
3 뚜껑을 덮어 중간 불에서 15~20분간
  젓가락으로 찔렀을 때 쉽게 들어갈 때까지 찐다.

전자레인지로 익히기

1 단호박은 4등분한 후 숟가락으로 씨를 없앤다.
2 내열용기에 담고 뚜껑을 덮어 전자레인지에서
  5~7분간 젓가락으로 찔렀을 때
  쉽게 들어갈 때까지 익힌다.

감자 5개(중간 크기, 1kg)

삶기

1 냄비에 감자, 소금 약간, 잠길 만큼의 물을 넣는다.
2 뚜껑을 덮고 센 불에서 끓어오르면
  중간 불로 줄여 30~40분간 젓가락으로 찔렀을 때
  쉽게 들어갈 때까지 삶는다.

찌기

1 찜기가 끓어오르면 감자를 넣고
  뚜껑을 덮어 중간 불에서 25분간 끓인다.
2 물(1컵) + 소금(1큰술)을 섞어 감자에 붓는다.
3 뚜껑을 덮고 10~15분간 젓가락으로 찔렀을 때
  쉽게 들어갈 때까지 찐다.

오븐에 굽기

1 오븐은 200℃로 예열한다.
  감자는 쿠킹 포일로 한 개씩 감싼다.
2 예열한 오븐의 가운데 칸에서 50~60분간
  젓가락으로 찔렀을 때 쉽게 들어갈 때까지 굽는다.
  ★ 중간중간 뒤집어준다.

고구마 5개(중간 크기, 1kg)

삶기

1 냄비에 고구마, 잠길 만큼의 물을 넣는다.
2 센 불에서 끓어오르면 중간 불로 줄여
  뚜껑을 덮고 35~45분간 젓가락으로 찔렀을 때
  쉽게 들어갈 때까지 삶는다.

찌기

1 찜기가 끓어오르면 고구마를 넣고 뚜껑을 덮는다.
2 중간 불에서 40~45분간 젓가락으로
  찔렀을 때 쉽게 들어갈 때까지 찐다.

오븐에 굽기

1 오븐은 200℃로 예열한다.
  고구마는 쿠킹 포일로 한 개씩 감싼다.
2 오븐 팬에 고구마, 물 1/2컵(50㎖)을 올린다.
3 예열한 오븐의 가운데 칸에서 45~50분간
  젓가락으로 찔렀을 때 쉽게 들어갈 때까지 굽는다.
  ★ 중간중간 뒤집어준다.

옥수수 4~5개(750g)

삶기 1

1 냄비에 옥수수, 설탕 2큰술, 소금 1/2큰술,
  물 6컵(1.2ℓ)을 넣고 뚜껑을 덮는다.
2 센 불에서 끓어오르면 중간 불로 줄여
  35~45분간 옥수수 알이 투명해질 때까지 삶는다.

삶기 2

1 가스 압력밥솥에 옥수수, 설탕 2큰술, 소금 1/2큰술,
  물 6컵(1.2ℓ)을 넣고 뚜껑을 덮는다.
2 센 불에서 추가 흔들리고 소리가 나기 시작하면
  중간 불로 줄여 10~15분간 삶는다.
  불을 끄고 김이 빠질 때까지 그대로 둔다.

달걀 프라이

1 팬을 고른다. 달걀 1개는 지름 15cm 크기, 2개는 지름 18~24cm 크기를 추천.
한 번에 최대 2개까지 굽는 것이 좋다.
★ 달걀 양에 비해 팬이 지나치게 크면 수분이 증발하면서
가장자리가 필름처럼 얇고 딱딱해진다.

2 팬을 약한 불에서 달군다. 팬에 물을 한 방울
떨어뜨렸을 때 보글거리면서 금방 마르는 상태가 되면 잘 달궈진 것

3 식용유 1작은술(달걀 1개 기준)을 펴 바른다.
달걀을 최대한 팬 가까이에서 깨 넣는다.
★ 달걀을 팬 가까이에서 살살 넣어야 기포가 덜 생기고,
노른자가 깨지지 않는다.

4 숟가락 뒷면으로 달걀 노른자를 가운데로 살살 민 후 약한 불에서 15초간 굽는다.

5 물 1큰술을 달걀프라이 가장자리를 따라 넣은 후
뚜껑을 덮어 약한 불에서 1분 30초간 구우면 반숙 완성.
뒤집어 1분~1분 30초간 더 익히면 완숙 완성

스크램블 에그

1 볼에 달걀 3개, 우유 1/2컵(100㎖), 소금 1작은술, 후춧가루 약간을 넣고 잘 풀어준다.

2 달군 팬에 식용유 1큰술을 두른다. 달걀물을 붓고 중약 불에서 15초간 그대로 둔다.

3 아랫면이 살짝 익으면 젓가락으로 재빨리 휘저어 90% 정도 달걀이 익으면 불을 끈다.

삶은 달걀

1 냄비에 달걀, 완전히 푹 잠길 만큼의 물을 넣고 센 불에서 끓인다.
★ 달걀은 삶기 전에 실온에 20~30분 정도 두었다가 삶아야 깨지지 않는다.
★ 끓일 때 소금과 식초를 약간 넣으면 껍질이 단단해져 깨지는 것을 막아주고
달걀에 금이 갔을 때 빨리 굳도록 도와준다.

2 끓어오르면 중간 불로 줄여 노른자가 흘러내릴 정도는 5분, 반숙은 7분, 완숙은 12분간 삶는다.
★ 달걀의 크기, 불 세기에 따라 시간이 다를 수 있으므로 주의한다.

3 삶은 후 찬물에 바로 담가 완전히 식힌 후 껍질을 벗긴다.
★ 흐르는 물에서 껍질을 벗기면 더 잘 벗겨진다.

호로록~ 노른자가 흐르는 정도
5분

촉촉~ 보드라운 반숙
7분

포실포실 완숙
12분

한국인의 힘은 밥! 밥 짓는 법

● 밥 짓기 전, 알아두세요!

Q 어떤 쌀을 골라야 하나요?
이물질이 없고 광택이 나면서 투명하고 깨끗한 것이 좋아요. 깨진 부분이 있는 것은 피하고, 도정일자가 가장 최근인 것을 고르세요.

Q 쌀을 불리지 않고 밥을 하려면 어떻게 해야 할까요?
쌀을 불리면 밥이 좀 더 차지고 부드러워져요. 일반적으로 불린 쌀로 밥을 할 때 물의 비율은 쌀과 동량이지만, 쌀을 불리지 않았다면 쌀 : 물 = 1 : 1.2의 비율로 넣어야 해요. 되도록 쌀은 불리는 것을 추천합니다.

Q 어떻게 하면 쌀을 오래 두어도 신선할까요?
서늘하고 햇빛, 습기가 없는 곳에 잘 덮어두세요. 빛에 노출된 쌀은 갈라지고 그 사이로 전분이 나와서 변질되기 쉬워요. 또한 쌀은 냄새를 잘 흡수하므로 세제나 기름 등 냄새가 강한 물건 옆에 두지 마세요. 6개월 정도 둘 수 있으나 되도록 빨리 먹는 것이 좋아요.

Q 쌀에 쌀벌레가 생겨요
해가 없고 바람이 잘 통하는 그늘에 펴서 말리세요. 쌀벌레는 위로 올라오는 경우가 많기 때문에 몇 마리 안 되면 바로잡는 것이 좋아요. 쌀통에 마늘과 양파, 고추를 넣어두거나 마트에서 파는 쌀벌레 제거제를 함께 두세요.

Q 밥이 너무 되직하거나 질게 된 경우, 어떻게 하면 좋죠?
• **된밥** 팔팔 끓는 물을 밥에 넣고 섞은 후 5분 정도 보온 상태로 뒤뜸을 들입니다. 이때, 뜨거운 물의 양은 밥 3인분(쌀 3컵으로 밥 지었을 경우)에 1/3컵(약 70㎖) 정도로 맞추세요.

• **진밥** 되돌리기가 쉽지 않아요. 물을 더 붓고 다양한 재료를 넣어 죽을 끓이거나 밤, 감자 등을 넣어 영양밥을 만드는 것이 답입니다. 진밥은 식으면 덩어리지므로 따뜻할 때 먹으세요.

Q 밥통에 밥이 남아 누렇게 되었어요
• **누렇게 변한 밥** 밥의 향이 강해서 그냥 먹으면 맛이 없어요. 향이 강한 카레가루나 김치, 토마토케첩을 넣고 볶아 볶음밥이나 오므라이스를 만들어 먹으면 좋아요.

• **딱딱해진 밥** 밥을 팬에 넓게 펼친 후 물을 밥알에 촉촉할 정도로 뿌리고 약한 불에서 15분간 눌러가며 구워 누룽지로 즐기세요.

● 주물 냄비 · 돌솥으로 밥 짓기

🕐 25~30분(+ 쌀 불리기 30분) / 2~3인분

• 멥쌀 2컵(320g, 불린 후 400g)
• 물 2컵(400㎖)

1 멥쌀은 3~4번 가볍게 문질러 씻는다.
★ 부서질 수 있으므로 손에 힘을 빼고 씻는다. 다른 곡물을 섞었을 땐 조금 힘주어 씻어도 좋다.

2 볼에 멥쌀, 잠길 만큼의 물을 넣고 30분간 불린 후 체에 밭쳐 물기를 뺀다.
★ 묵은 쌀은 1시간 정도 불린다.

3 주물냄비 또는 돌솥에 멥쌀, 물 2컵(400㎖)을 넣고 뚜껑을 덮는다. 센 불에서 끓어오르면 주걱으로 위아래로 골고루 젓는다.
★ 쌀과 물은 동량을 넣는다. 단, 묵은 쌀이라면 물 1/4컵(50㎖)을 더 추가한다.

4 뚜껑을 덮어 약한 불에서 10분간 끓인다. 불을 끄고 10분간 그대로 뒤뜸을 들인 후 위아래로 골고루 섞는다.

● 잡곡 · 슈퍼곡물 더하기

1 불린 쌀과 불린 잡곡, 슈퍼곡물은 3~4 : 1 의 비율로 섞는 것이 좋다.

2 잡곡밥을 지을 때는 기존 물양에서 물 1/4컵(50㎖)을 더 넣는다.

멥쌀과 함께 불리거나 넣는 것

보리(통보리)
쌀과 함께 1시간 정도 불린 후 밥을 짓는다.

압맥 · 할맥(가공 보리의 종류)
압맥 : 보리에 수분과 열을 가하여 납작하게 누른 것.
할맥 : 보리를 세로로 2등분한 것.
이미 익힌 것이므로 씻어서 불린 쌀과 함께 밥을 짓는다.

흑미
쌀과 함께 불린 후 밥을 짓는다.

렌틸콩
불릴 필요 없이
불린 쌀과 함께 밥을 짓는다.

퀴노아
불릴 필요 없이 불린 쌀과 함께 밥을 짓는다.
단, 쌀 위에 올려야 타지 않는다.

쌀보다 오래 불려야 하는 것

콩
4시간 정도 불린 후 체에 밭쳐
물기를 빼고 불린 쌀과 함께 밥을 짓는다.

현미
물을 더디게 흡수하므로 6시간 이상
충분히 불린다. 일반 현미보다 찹쌀현미가
식감이 더 부드럽다.

귀리
3시간 이상 불린 후 불린 쌀과 함께 밥을 짓는다.

병아리콩
물을 많이 흡수하므로 볼에
병아리콩, 병아리콩 양의 3배의 물을 담고
6시간 이상 불린 다음 불린 쌀과 함께 밥을 짓는다.

삶아서 넣어야 하는 것

팥

1 냄비에 팥, 잠길 만큼의 물을 넣고 센 불에서
끓어오르면 1분간 데친 후 체에 밭쳐 물기를 뺀다.

2 냄비에 팥, 충분한 양의 물을 넣고 센 불에서
끓어오르면 뚜껑을 덮고 중약 불로 줄여
20~30분간 살짝 뭉개질 정도로 삶는다.
체에 밭쳐 팥과 삶은 물을 따로 둔다.

3 불린 쌀, 팥 삶은 물, 삶은 팥을 함께 넣고 밥을 짓는다.

주방도구 관리법

● 천연 주방세제 만들기

1 밀가루 : 소금 = 2 : 1
끈적이는 성질이 있어
냄비, 팬 등의 기름 제거에 특히 좋다.

2 구연산 : 베이킹소다 : 물 = 1 : 2 : 3
베이킹소다의 주요성분인
탄산수소나트륨이 구연산과 반응하면
구연산나트륨이 생성되는데,
비누와 비슷한 역할을 한다.
설거지 또는 주방 청소에 활용한다.

3 커피 찌꺼기
요즘 커피숍에서 무료로 나눠주는
커피 찌꺼기. 커피의 지방 성분이 찌든
기름때를 잘 닦아내고, 분쇄된 상태라
표면적이 넓어 오염물을 잘 흡착한다.

4 레몬 껍질 : 에탄올 = 1 : 3
깨끗하게 씻은 레몬 껍질을
소독용 에탄올에 담가 1일간 둔다.
레몬 껍질의 작은 구멍이 천연
오일샘이라 기름때를 잘 녹이고
에탄올과 만나 살균, 세척 효과가
뛰어나다.

● 도마

음식물이 직접 닿는 도마는 세균이 번식하기 딱 좋은 곳이다. 최소한 두세 개의 도마를
준비하고 채소 및 일반적인 용도, 육류용, 어패류용으로 구분해서 사용하는 것이 좋다.

세척 · 관리

1 물로 적신 다음 수세미에 천연 주방세제(또는 일반 세제)를 묻혀 씻는다.
　육류용 도마 뜨거운 물로 먼저 씻으면 단백질이 응고되어 표면에 남게 되므로
　찬물로 먼저 헹군 후 천연 주방세제(또는 일반 세제)를 사용해 세척한다.
　어패류용 도마 소금으로 문질러 씻은 후 찬물로 헹군다.
　★ 도마에 생긴 흠집 사이로 잔여 세제가 남을 가능성이 크므로
　천연 주방세제를 사용하는 것이 좋다.
2 뜨거운 물을 부어 마무리한다.

보관

해가 잘 들고 바람이 통하는 곳에 세워 바짝 말린 후 겹치지 않게 세워둔다.
아무리 관리를 철저히 해도 영구적으로 사용할 수 없으니 주기적으로 교체한다.
★ 사용 빈도에 따라 다르나 최대 12개월 이상 사용하지 않는다.

● 칼

모든 음식 손질에 같은 칼을 이용하면 미생물이 쉽게 증식하게 된다.
채소 및 일반적인 용도, 육류 및 어패류용 등 두세 가지로 구분해 사용한다.

세척 · 관리

1 물로 적신 다음 수세미에 천연 주방세제(또는 일반 세제)를 묻혀 씻는다.
2 뜨거운 물로 헹군 후 마른 행주로 물기를 닦는다.
　★ 칼날과 손잡이 연결 부분은 치약을 칫솔에 묻혀 씻으면 꼼꼼히 닦을 수 있다.
　칼에 생선 및 육류 냄새가 배었다면 식초로 적신 수세미로 닦으면 냄새 제거에 좋다.

보관

물이 묻은 상태로 보관하면 녹이 슬고 얼룩이 생기므로 물기를 바로 닦는다.
손잡이가 나무인 도마는 미생물 증식이 쉬우므로 씻은 후 완전히 말려 넣는다.

행주

찌든 때가 잘 보일 수 있도록 밝은 색의 면 소재가 좋다.
싱크대용, 조리도구용, 식탁용 등으로 나눠 사용한다.

세척 · 관리

1 사용 후 바로 빤 후 바람이 잘 통하는 곳에서 완전히 말린다.
2 일주일에 1번 정도 삶는 것이 좋다. 냄비에 물 5컵(1ℓ), 베이킹소다 1큰술을 넣고 녹인 다음
　행주를 넣어 10분간 삶는다. 불을 끄고 15분간 그대로 둔 후 헹궈 햇볕에 완전히 말린다.
　★ 행주를 삶을 때 양은냄비는 녹을 수 있으므로 사용하지 않는다.

보관

완전히 말린 후 차곡차곡 개어둔다.
★ 사용 빈도에 따라 다르나 최대 1개월 이상 사용하지 않는다.

수세미

스펀지, 망사, 아크릴 등 종류가 다양하므로 자신에게 맞는 수세미를 선택하여 사용한다.

세척 · 관리

1 사용 후 표면에 붙은 찌꺼기를 없앤 다음 천연 주방세제(또는 일반 세제)로 씻는다.
2 소독을 해주는 것도 좋다. 내열용기에 수세미, 잠길 만큼의 물, 소금 1작은술, 식초 1작은술을 넣고
　전자레인지에서 2분간 돌리면 된다. 단, 수세미를 꼭 젖은 상태로 넣되, 화재의 위험이 있으므로
　반드시 물에 담가 짧은 시간 동안만 살균한다. 또한 아크릴 수세미는 열에 약하기 때문에 삶지 않는다.

보관

바람이 잘 통하는 곳에 걸어둔다.
★ 사용 빈도에 따라 다르나 최대 1개월 이상 사용하지 않는다.

팬

스테인리스 팬은 유해물질 걱정이 없는 반면 코팅 팬은 스테인리스 팬에 비해 음식이 덜 눌어붙어 편하다.
코팅 팬은 유해성 물질이 포함되지 않음을 표기한 'PFOA Free', 'PFOA 無' 등이 적힌 제품을 구입하는 것이 좋다.

세척 · 관리

세척
1 코팅 팬은 부드러운 스펀지나 키친타월 등을 이용해 세척한다.
2 스테인리스 팬은 부드러운 스펀지를 이용해 세척하고 팬을 태웠거나 얼룩이 생겼다면
　뜨거운 물을 부어 불린 후 베이킹소다를 뿌려 세척한다.

관리
1 사용 후 바로 찬물에 담그면 코팅이 쉽게 갈라지고 벗겨지므로 주의한다.
2 조리시 표면에 흠집이 생기지 않도록 나무나 실리콘 도구를 사용한다.
3 사용 전에 팬 종류에 따라 알맞은 방법으로 예열한다.

스테인리스 팬 중간 불에서 2분간 예열한 후 약한 불로 줄여 열이 팬 전체에 골고루 퍼지도록 한다.
너무 센 불로 가열하면 얼룩이 생기니 주의한다.

코팅 팬 중간 불 또는 약한 불에서 1분 정도 예열한다. 빈 팬을 오래 달구면 코팅이 깨질 수 있으니 주의한다.

보관

세척 후에는 물기를 없앤 후 건조한 곳에 보관한다.
다른 냄비나 팬과 겹쳐 두지 말고, 벽에 걸거나 옆으로 세워둔다.

도움말 / 최은정(과학교육연구소 소장)

실패 없이 요리하기! 진짜 기본 Q&A

나물

Q 나물을 무쳤는데, 너무 짜요.
다시 간을 조절할 수 있을까요?

나물이 너무 짤 때는 생수에 한 번 헹궈 물기를 꼭 짠 후
참기름, 통깨만 다시 넣어 무치면 새것처럼 됩니다.
또는, 채 썬 양파나 버섯, 으깬 두부를 더해보세요.

Q 무친 나물을 접시에 담으려고 보니 물이 너무 많이 나왔어요.
양념이 흘러 싱겁지 않을까 싶은데, 어떻게 할까요?

나물을 바로 먹을 것이라면 물을 제거하고 맛을 본 후
싱거우면 양조간장으로 다시 간을 해주세요. 소금보다 금방
흡수되어 간을 맞출 때 좋습니다. 또한 나물을 보관할 때도
국물을 없애야 좀 더 오래 보관할 수 있지요.

Q 초무침을 했는데, 너무 셔요.
간을 어떻게 다시 조절하면 되나요?

설탕을 약간 더 넣으세요. 상큼한 맛을 더하고 싶을 땐
매실청도 좋고요. 단맛을 넣어도 복구가 안 된다면
식초를 제외한 양념과 재료를 1/2분량만 더해 다시 무칩니다.

조림·밑반찬

Q 익히는 도중 재료가 자꾸 눌어붙어요. 어떻게 해야 하나요?

냄비나 팬에서 재료를 재빨리 건져내세요. 건져내지 않으면
눌어붙은 것이 타면서 위에 있는 재료에도 탄 냄새가
밴답니다. 다른 냄비로 옮겨 담고 물이나 옅은 간장물을 붓고
마저 익혀주세요. 단백질이나 탄수화물이 풍부한 육류나
감자 등의 재료들은 눌어붙기 쉬운 재료예요. 그러니 수분이 많은
양파나 대파 같은 채소를 깔고 조림을 하면 좋습니다.

Q 양념이 이미 다 졸았는데 아래만 양념이 배고
위는 충분히 배지 않았어요. 어떻게 해야 하나요?

조림을 할 때는 냄비나 팬의 뚜껑을 덮고 익히는 것이 중요해요.
그래야 양념이 골고루 배기 때문이죠. 간이 고르지 못한 조림은
일단 재료를 한 번 뒤섞어 주고 양념을 조금 더 만들어 부은 후
다시 조려주세요. 조림은 특히 냄비나 팬이 중요한데, 높이가 낮고
밑면이 넓은 것(재료가 겹치지 않게 펼쳐 담을 정도)이 좋아요.
그래야 양념에 재료가 푹 잠겨 골고루 밸 수 있기 때문이죠.

Q 생선 조림을 만든 다음 날 먹으면 짜고 비린내가 나요.
다시 맛있게 먹으려면 어떻게 해야할까요?

비린내가 강할 때는 마지막에 향이 강한 채소(깻잎, 대파, 쑥갓)를
넣거나 맛술을 더하세요. 맛술은 비린맛을 없애주고,
단맛이 있어 짠맛도 완화시켜주며 감칠맛도 살려 줍니다.
국물이 너무 없을 때는 따뜻한 물 1/2컵(100㎖)~1컵(200㎖)
정도를 넣고 끓여주세요.

구이·전

Q 팬에 전을 올리자마자 전에 입힌 달걀물이 막 부풀어 올라요.
이럴 땐 어떻게 하죠? 전을 예쁘게 부치는 비법이 있나요?

팬이 너무 달궈지면 달걀물이 부풀어 올라요. 그럴 때는
불을 약하게 줄인 후 전을 부치면 됩니다. 또는 기름의 양이 많아도
달걀물이 부풀 수 있어요. 기름이 너무 많다면 키친타월로
제거해주세요. 전을 예쁘게 부치려면 먼저 팬을 달군 후
기름을 두르고 키친타월로 골고루 팬에 발라줍니다.
그다음 약한 불로 줄여 전을 부치면 예쁘게 부칠 수 있답니다.

Q 해물파전이나 부추전 등 큼직한 전을 뒤집었는데 찢어졌어요.

전이 찢어졌다면 당황하지 말고 남은 반죽을 얹어 이어주세요.
전의 반죽이 묽거나, 건더기의 양이 많을 때 잘 찢어진답니다.
반죽의 농도가 묽을 때는 부침가루나 밀가루를 넣어
농도를 조절하고, 건더기가 많으면 밀가루 반죽이나
달걀물을 더 넣어주는 것이 좋답니다.

Q 고기 누린내가 많이 나요. 누린내를 제거하는 방법이 있나요?

누린내의 가장 큰 원인은 핏물이에요. 구입 당일에는
키친타월로 감싸 핏물을 없앤 후 청주 1~2큰술과 버무려 사용해요.
오래 된 고기는 물에 씻거나 쌀뜨물이나 다진 생강 + 청주를 넣은 물에
10분간 담가 사용해도 좋아요. 또는 양념에 후춧가루, 카레가루를
듬뿍 넣는 것도 방법입니다.

Q 팬이 너무 달궈졌는지 재료가 막 타요.
속이 아직 안 익었는데 불을 끌 수도 없고, 어떻게 할까요?

재료들을 재빨리 꺼내주세요. 그다음 팬을 뒤집어
물을 한 번 뿌려주면 팬의 열이 내려갑니다. 그 후에 다시 약한 불로
팬을 달궈 다시 재료들을 올려 익히면 돼요.

볶음·찜

Q **볶음을 했는데, 너무 짜요. 간을 조절할 방법이 없을까요?**

이럴 때는 수분이 많은 양파나 버섯을 손질해서 더 넣어주면
재료에서 수분이 나와 간이 살짝 싱거워집니다. 또한 국물이
자작한 볶음이라면 녹말물을 풀어서 약간만 넣어 버무려주세요.
그러면 국물에 농도도 생기고 짠맛도 살짝 줄어든답니다.

장아찌·김치

Q **김치가 너무 많이 익어 신맛이 심해요.**
어떻게 사용해야 될까요?

신김치는 물에 한 번 헹궈 주세요. 김치 소를 털어내야
신맛이 줄어들거든요. 또한 요리 시 약간의 설탕을 넣어주면
신맛을 줄일 수 있지요.

Q **장아찌에 곰팡이가 생겼어요. 어떻게 해야 할까요?**

장아찌에 곰팡이가 생겼다면 곰팡이 부분을 걷어내고
국물만 다시 한 번 끓인 후 식혀서 장아찌에 부어주세요.
그리고 보관할 때는 햇빛이 들지 않는 시원한 곳에 두는 것이
좋아요. 서늘한 곳이라도 햇빛이 들면 곰팡이가 생기거나
상할 수 있으니 주의하세요. 수분이 많이 나오는 재료들은
여름철에는 더 시어질 수 있으니 국물만 다시 한 번 끓였다가
식혀서 장아찌에 부어 보관해주세요.

국물 요리

Q **국물이 너무 짜요. 그냥 물만 더 넣으면 되는 건가요?**

찬물을 넣어주면 다시 끓일 때까지 시간이 오래 걸리니
뜨거운 물을 넣어주세요. 물뿐만 아니라 소금, 후춧가루,
다진 마늘을 더하면 훨씬 맛이 좋아진답니다.

Q **국물 맛이 싱거워 소금을 더 넣었더니**
짠맛만 더해지고 좀 밍밍해요.

국의 간을 맞출 때는 감칠맛이 있는 국간장이나 액젓을 넣어
주면 좋아요. 간장맛이 싫거나 국물이 너무 시커멓다면
끓는 물에 굵은소금 약간을 넣어 소금물은 만든 후 넣어주세요.
꽃소금보다 깊은 맛을 느낄 수 있어요.

Q **건더기에 비해 국물이 너무 부족해요. 물을 넣으면**
맛이 밍밍해질 것 같은데 어떻게 해야 할까요?

뜨거운 물에 소금, 후춧가루, 다시마 5×5cm 1장, 다진 마늘을
넣어 5분 정도 둔 후 넣으면 간도 맞고 감칠맛도 더해져요.
또한 국물의 양념에 따라 간장, 된장, 고추장을 넣거나,
마른 재료들을 갈아만든 천연 조미료를 더하세요.

Q **찌개를 끓였는데 국물이 너무 많아졌어요.**
남는 국물을 그냥 버려야 할까요?
아니면 건더기 재료를 더 넣으면 될까요?

국물이 너무 많다면 넘치는 국물은 따로 덜어서
통에 담아 놓았다가 다른 국이나 찌개를 끓일 때
밑국물로 사용하세요. 건더기 재료들을 더 넣으면
또 간을 해야 하고 양이 많아지기 때문에
가족 수가 적은 가정에는 추천하지 않아요.

Q **국물을 끓일 때 거품이 계속 나요,**
걷어내는 것이 맞는 건가요?

육류나 해산물(주로 생선)을 넣어 끓인 국물일 경우
거품을 제거합니다. 거품을 제거해야 불순물을
없앨 수 있고 국물도 맑아져요. 특히 처음에 생기는 거품을
제대로 걷어내야 합니다. 채소 국물의 경우 거품이 별로
생기지 않으니 걱정하지 마세요.

chapter

1

나물

저마다의 나물이 가진 고유의 향과 식감을 잘 살릴 수 있는
조리법을 선택하는 것이 중요해요.

① 나물 맛있게 하는 요령

1 푸른 잎채소는 싱싱할수록 맛과 향이 살아 있고
영양가도 높다. 반면 뿌리 나물은 보관했다가 요리를 해도
맛에 크게 영향이 없다.

2 시금치, 부추, 쪽파 등은 물에 10~15분 정도 담가
뿌리 쪽의 흙이나 불순물을 불린 후 씻는 것이 좋다.

3 나물 요리법

> **생채** 익히지 않은 나물을 양념에 무치는 방법
> - 재료의 물기를 최대한 없앤 후 양념과 무쳐야
>   간이 잘 배고, 맛이 흐려지지 않는다.
> - 무처럼 단단한 뿌리 나물은 소금에 절여 부드럽게 한후
>   무쳐야 양념이 잘 밴다. 또한 손 전체를 사용해
>   조물조물 무치면 손바닥의 열에 의해 소금도 잘 녹고
>   나물에 양념이 더 잘 밴다.
> - 푸른 잎채소는 양념을 넣은 후 젓가락으로 가볍게
>   버무리거나 손끝으로 살살 버무려야 풋내가 나지 않는다.

> **숙채** 익힌 나물을 양념에 무치는 방법
> - 레시피의 데치는 물의 분량, 소금의 양, 조리시간을
>   지켜야 영양소 파괴를 최소화하고 아삭한 식감과 향을
>   살릴 수 있다.
> - 콩나물, 숙주는 삶을 때 소금을 넣어야 머리까지 간이 배고
>   비린내가 나지 않는다. 또한 삶은 후 물에 헹구면
>   나중에 물이 많이 생기니 헹구지 않고 펼쳐 식힌다.
> - 푸른 잎채소는 재료가 잠길 만큼의 물에 소금을 넣고
>   데쳐야 선명한 녹색을 띤다. 데친 후 바로 찬물에 헹궈야
>   아삭한 식감과 색감을 살릴 수 있다.

> **볶는 나물** 나물을 기름에 볶는 방법
> - 오래 볶으면 나물에서 수분이 많이 나와 질겨지므로
>   달군 팬에서 짧은 시간 볶는 것이 좋다.
> - 달군 팬에 다진 마늘이나 파를 먼저 넣어 향을 낸 후
>   볶아도 좋다.

4 나물을 무쳤을 때 간이 잘 배지 않았거나 맛이 밋밋할 경우
국간장을 조금 더하면 감칠맛이 생긴다.

② 나물에 어울리는 양념

1 소금 양념
콩나물 또는 숙주나물 4줌(데치기 전, 200g) 기준

통깨 1/2큰술 + 소금 1/3작은술 + 참기름 1작은술

2 매콤 양념
상추, 쌈채소 100g 기준

고춧가루 2큰술 + 통깨 1작은술 + 다진 마늘 1작은술 +
양조간장 2작은술 + 매실청 2작은술 + 참기름 1작은술

3 초고추장 양념
시금치 6줌(데치기 전, 300g) 기준

다진 파 1큰술 + 고추장 2큰술 + 통깨 1작은술 + 설탕 1작은술 +
고춧가루 1작은술 + 다진 마늘 1작은술 + 식초 2작은술 + 참기름 1작은술

4 된장 양념
시금치 6줌(데치기 전, 300g) 기준

다진 파 1큰술 + 된장 1큰술 (집 된장의 경우 2작은술) + 통깨 1작은술 +
다진 마늘 1작은술 + 올리고당 1작은술 + 참기름 2작은술

남은 나물 보관하기

1 되도록 한 번에 먹을 만큼만 만들어 바로 먹는다.

2 먹을 만큼만 덜어 먹는다.

3 남은 나물은 종류별로 따로 담아 냉장(2~3일)

남은 나물 색다르게 즐기기

1 비빔밥
나물과 밥, 달걀 프라이를 고추장이나 약고추장(204쪽),
참기름과 비빈다.

2 볶음밥
나물, 양파, 김치 등을 잘게 썬다.
양파, 김치를 먼저 볶은 후 밥과 나물을 넣어 볶는다.

3 주먹밥
나물, 밥을 섞은 후 소금으로 간한다.
참기름을 손에 발라가며 모양을 만든다.
스크램블 에그(41쪽)나 밑반찬(잔멸치볶음 130쪽,
진미채 고추장무침 132쪽 등)을 함께 섞어도 좋다.

4 김밥, 롤
김밥 재료 대신 나물을 넣어 돌돌 만 후 한입 크기로 썬다.
롤은 랩을 깔고 밥을 펼친 후 김밥 김, 나물을 올려 돌돌 만다.
랩을 벗기고 통깨를 입히면 완성.

5 면
삶은 소면(소면 삶기 311쪽)에 나물, 초고추장, 참기름 등을
넣고 비빈다. 또는 쫄면에 콩나물무침(52쪽)을 넣어도
맛있게 즐길 수 있다.

콩나물무침

- 기본 콩나물무침
- 매콤 콩나물무침
- 콩나물 김무침

콩나물 김무침

매콤 콩나물무침

기본 콩나물무침

콩나물 비린내 없도록 삶기
콩나물을 삶을 때 뚜껑을 계속 열거나
계속 덮어야 비린내가 나지 않는다.

콩나물 삶기

1 큰 볼에 콩나물, 잠길 만큼의 물을 담고 흔들어 씻은 후 체에 받쳐 물기를 뺀다.
★ 콩껍질이 있다면 없앤다.

2 냄비에 콩나물, 물(2컵) + 소금(1작은술)을 넣고 뒤섞는다. 뚜껑을 덮고 센 불에서 김이 차오르면 4분간 삶는다.
★ 삶는 동안 뚜껑을 계속 열거나 덮어야 비린내가 나지 않는다.

3 체에 펼쳐 한 김 식힌다.

기본 콩나물무침 · 매콤 콩나물무침

1 큰 볼에 원하는 양념을 섞는다.

2 삶은 콩나물을 ①의 양념에 넣고 무친다.

콩나물 김무침

1 달군 팬에 김을 1장씩 올려 센 불에서 앞뒤로 각각 5초씩 굽는다. ★ 팬이 많이 달궈진 경우에는 불을 끄고 남은 열로 김을 구워도 좋다.

2 위생팩에 김을 넣고 부순다.

3 큰 볼에 양념을 섞는다. 삶은 콩나물을 넣고 무친 후 김가루를 넣고 버무린다.

기본 콩나물무침
매콤 콩나물무침

⏱ 10~15분 / 2인분
🔲 냉장 3일

• 콩나물 4줌(200g)

선택 1_ 기본 양념
• 통깨 1/2큰술
• 소금 1/3작은술
• 참기름 1작은술

선택 2_ 매콤 양념
• 고춧가루 2작은술
• 통깨 1작은술
• 소금 1/2작은술
• 다진 파 1작은술
• 다진 마늘 1/2작은술
• 양조간장 1작은술
• 참기름 1작은술

콩나물 김무침

⏱ 10~15분 / 2인분
🔲 냉장 3일

• 콩나물 4줌(200g)
• 김밥 김 5장

양념
• 고춧가루 1/2큰술
• 맛술 1큰술
• 양조간장 1큰술
• 참기름 1큰술
• 통깨 1작은술
• 다진 파 1작은술
• 다진 마늘 1/2작은술

콩나물볶음

- 기본 콩나물볶음
- 콩나물 베이컨볶음
- 콩나물 어묵볶음

기본 콩나물볶음

콩나물 베이컨볶음

콩나물 어묵볶음

더 건강하게 즐기기

베이컨, 어묵을 체에 담고
끓는 물을 부어 기름기를 제거하면
더 건강하게 즐길 수 있다.

콩나물 고르기
어린 콩나물
길이가 짧고 줄기가 얇아
무침이나 국물 요리에 추천
일자 콩나물, 찜용 콩나물
길이가 길고 줄기가 통통해
찜이나 볶음에 적합

기본 콩나물볶음

1 큰 볼에 콩나물, 잠길 만큼의
물을 담고 흔들어 씻은 후
체에 밭쳐 물기를 뺀다.
작은 볼에 양념을 섞는다.
★ 콩껍질이 있다면 없앤다.

2 달군 팬에 식용유, 콩나물을
넣고 센 불에서 1분,
물 1큰술을 넣고 1분간 볶는다.

3 양념을 넣고 중간 불에서
3분간 볶은 후
참기름을 넣고 섞는다.

콩나물 베이컨볶음

1 콩나물은 씻어 체에 밭쳐
물기를 뺀다. 대파는 송송 썰고,
베이컨은 2cm 두께로 썬다.

2 달군 팬에 식용유, 다진 마늘,
베이컨을 넣어 중약 불에서
2분간 볶는다.

3 콩나물, 대파를 넣고 중간 불에서
콩나물의 숨이 죽을 때까지
3분간 볶는다. 통깨, 소금,
참기름을 넣어 가볍게 섞는다.

콩나물 어묵볶음

1 콩나물은 씻어 체에 밭쳐
물기를 뺀다.
어묵은 1×5cm 크기로 썬다.
작은 볼에 양념을 섞는다.

2 달군 팬에 식용유, 다진 마늘,
어묵을 넣어 중간 불에서
1분간 볶는다.

3 콩나물, 양념을 넣고
3분간 볶는다.

기본 콩나물볶음

⏱ 10~15분 / 2인분
🧊 냉장 1~2일

- 콩나물 4줌(200g)
- 물 1큰술
- 식용유 1큰술
- 참기름 1작은술

양념
- 다진 마늘 1/2큰술
- 물 3큰술
- 고춧가루 2작은술
- 소금 1/2작은술
  (기호에 따라 가감)
- 양조간장 1작은술

콩나물 베이컨볶음

⏱ 10~15분 / 2인분
🧊 냉장 1~2일

- 콩나물 4줌(200g)
- 베이컨 5장(70g)
- 대파 15cm
- 식용유 1큰술
- 다진 마늘 1/2큰술
- 통깨 1작은술
- 소금 1/2작은술
  (기호에 따라 가감)
- 참기름 1/2작은술

콩나물 어묵볶음

⏱ 10~15분 / 2인분
🧊 냉장 1~2일

- 콩나물 4줌(200g)
- 사각 어묵 1장
  (또는 다른 어묵, 50g)
- 식용유 1큰술
- 다진 마늘 1작은술

양념
- 물 3큰술
- 양조간장 1과 1/2큰술
- 설탕 1작은술
- 후춧가루 약간

숙주나물

- 기본 숙주무침
- 숙주 미나리초무침
- 숙주볶음

기본 숙주무침

숙주 미나리초무침

숙주볶음

기본 숙주무침에 쑥갓 더하기
쑥갓 1/2줌(25g)은 5cm 길이로 썬다.
과정 ②에서 숙주와 함께 삶은 후 무친다.

숙주 보관하기
숙주는 빨리 시들기 때문에
먹을 만큼만 구입하는 것이 좋다.
보관시 쉽게 색이 변하므로
키친타월로 감싸 지퍼백에 담아
냉장(3~5일)

기본 숙주무침

1 큰 볼에 숙주, 잠길 만큼의 물을 담고 흔들어 씻은 후 체에 밭쳐 물기를 뺀다.

2 끓는 물(6컵)+소금(1작은술)에 숙주를 넣고 센 불에서 1분간 삶는다. 체에 밭쳐 한 김 식힌다.

3 큰 볼에 양념을 섞고 숙주를 넣어 무친다.

숙주 미나리초무침

1 큰 볼에 숙주, 잠길 만큼의 물을 담고 흔들어 씻은 후 체에 밭쳐 물기를 뺀다.

2 미나리는 5cm 길이로 썬다.

3 큰 볼에 양념을 섞는다.

4 끓는 물(6컵)+소금(1작은술)에 숙주를 넣고 센 불에서 30초간 삶는다.

5 ④의 끓는 물에 미나리를 넣고 30초간 더 삶은 후 체에 밭쳐 한 김 식힌다.

6 ③의 양념에 넣고 무친다.

숙주볶음

1 큰 볼에 숙주, 잠길 만큼의 물을 담고 흔들어 씻은 후 체에 밭쳐 물기를 뺀다. 대파는 송송 썰고, 작은 볼에 양념을 섞는다.

2 달군 팬에 식용유, 대파, 숙주를 넣어 센 불에서 1분간 볶는다.

3 양념을 넣고 1분간 볶는다.

기본 숙주무침

⏱ 10~15분 / 2인분
❄ 냉장 2~3일

- 숙주 4줌(200g)

양념
- 통깨 1/2큰술
- 참기름 1/2큰술
- 소금 1작은술
- 다진 마늘 1/2작은술

숙주 미나리초무침

⏱ 15~20분 / 2인분
❄ 냉장 2~3일

- 숙주 4줌(200g)
- 미나리 1줌(50g)

양념
- 식초 1큰술
- 설탕 2작은술
- 소금 1작은술
- 다진 마늘 1/2작은술
- 양조간장 1작은술

숙주볶음

⏱ 10~15분 / 2인분
❄ 냉장 2~3일

- 숙주 4줌(200g)
- 대파 10cm
- 식용유 1큰술

양념
- 양조간장 1큰술
- 설탕 1작은술
- 통깨 1작은술
- 다진 마늘 1작은술
- 참기름 1작은술
- 소금 약간

기본 시금치무침

시금치 초고추장무침

시금치나물

- 기본 시금치무침
- 시금치 초고추장무침
- 시금치 된장무침

시금치 된장무침

 tip

시금치에 따라 당도 조절하기

시금치는 제철 겨울이 되면
단맛을 많이 가지므로
양념의 설탕, 올리고당의 양을 줄여도
좋다. 만약 제철이 아니라면
설탕이나 올리고당을 마지막에
조금씩 더하며 단맛을 조절한다.

1 시든 잎은 떼어낸다.
뿌리의 흙을 칼로 살살
긁어 없앤다.

2 큰 볼에 시금치, 잠길 만큼의
물을 담고 흔들어 씻는다.
이 과정을 3~4번 반복한다.
★ 뿌리 쪽에 흙이 많다면
물에 10분간 담가둬도 좋다.

3 큰 것은 뿌리 쪽에 열십(+)자로
칼집을 내 4등분한다.

4 끓는 물(7컵) + 소금(1큰술)에
시금치를 넣고 30초간 데친다.

5 헹군 후 손으로 물기를 꼭 짠다.
★ 찬물에 헹궈야 초록색을
유지할 수 있다.
★ 물기를 꼭 짜지 않으면
간이 싱거워질 수 있다.

6 덩어리째 열십(+)자로 썬다.

7 큰 볼에 원하는 양념을 섞는다.
시금치를 넣어 무친다.
★ 무친 후 10분간 두면
양념이 배어 더 맛있다.

- 기본 시금치무침
- 시금치 초고추장무침
- 시금치 된장무침

🕐 30~35분 / 2인분
🔲 냉장 2~3일

• 시금치 6줌(300g)

선택 1_ 기본 양념
• 통깨 1작은술
• 소금 1작은술
• 다진 마늘 1/2작은술
• 참기름 2작은술

선택 2_ 초고추장 양념
• 다진 파 1큰술
• 고추장 2큰술
• 통깨 1작은술
• 설탕 1작은술
• 고춧가루 1작은술
• 다진 마늘 1작은술
• 식초 2작은술
• 참기름 1작은술

선택 3_ 된장 양념
• 다진 파 1큰술
• 된장 1큰술
  (집 된장의 경우 2작은술)
• 통깨 1작은술
• 다진 마늘 1작은술
• 올리고당 1작은술
• 참기름 2작은술

시금치 반찬

- 시금치겉절이
- 시금치 달걀볶음

시금치 달걀볶음

시금치겉절이

tip

시금치 더 건강하게 즐기기

시금치를 생으로 먹으면 데쳐서 먹을 때보다 엽산과 비타민 C의 흡수율이 높다. 또한 시금치의 베타카로틴은 기름과 같이 섭취할 경우 흡수율이 높아지기 때문에 기름에 살짝 볶아 먹는 것도 좋다.

시금치겉절이

1 양파는 0.3cm 두께로 채 썬다.
★ 채 썬 양파를 찬물에 10분간 담가 매운맛을 빼도 좋다. 이때, 키친타월로 감싸 물기를 완전히 없애야 싱거워지지 않는다.

2 손질한 시금치는 한입 크기로 썬다.
★ 시금치 손질하기 59쪽

3 큰 볼에 양념을 섞고 시금치, 양파를 넣어 가볍게 버무린다.
★ 먹기 직전에 버무려야 시금치의 숨이 죽지 않는다.

시금치 달걀볶음

1 손질한 시금치는 1cm 두께로 썬다. ★ 시금치 손질하기 59쪽

2 볼에 달걀물을 섞는다.

3 달군 팬에 식용유, 시금치, 소금을 넣어 중간 불에서 1분간 볶는다.

4 달걀물을 넣고 젓가락으로 저어가며 중간 불에서 2분간 볶는다.

시금치겉절이

🕐 15~20분 / 2인분
🔲 냉장 1~2일

• 시금치 3줌(150g)
• 양파 1/4개(50g)

양념
• 고춧가루 1/2큰술
• 양조간장 1큰술
• 매실청 1큰술
• 다진 마늘 1작은술
• 소금 약간

시금치 달걀볶음

🕐 15~20분 / 2인분
🔲 냉장 1~2일

• 시금치 3줌(150g)
• 식용유 1큰술
• 소금 약간

달걀물
• 달걀 3개
• 소금 1/2작은술
 (기호에 따라 가감)
• 다진 마늘 1/2작은술
• 후춧가루 약간

미나리 반찬

- 미나리 초고추장무침
- 미나리볶음

미나리 초고추장무침

미나리볶음

tip

미나리 고르기

논미나리
습한 논에서 수확하는 미나리.
키가 크고 줄기의 색이 진하지 않으며
마디가 굵어 무침이나 김치에 적합
돌미나리
밭에서 수확하는 미나리로 잎이
연하고 줄기가 짧으며, 향이 강한 편

미나리 초고추장무침

1 미나리는 물(3컵) +
식초(1작은술)에 10분간
담가둔다. 시든 잎을 떼고
씻은 후 5cm 길이로 썬다.

2 끓는 물(6컵) + 소금(1작은술)에
미나리를 넣고 15~30초간
데친다. 찬물에 헹군 후
손으로 물기를 꼭 짠다.
★ 미나리의 굵기에 따라 데치는
시간을 조절하되, 오래 데치면
질겨지므로 30초를 넘기지 않는다.

3 큰 볼에 양념을 섞고
미나리를 넣어 무친다.

미나리볶음

1 미나리는 물(3컵) +
식초(1작은술)에 10분간
담가둔다. 시든 잎을 떼고
씻은 후 5cm 길이로 썬다.

2 홍고추는 어슷 썬다.

3 달군 팬에 들기름, 다진 마늘,
다진 파를 넣어
약한 불에서 30초간 볶는다.
★ 다진 마늘, 다진 파는
타기 쉬우므로 불 세기에 주의한다.

4 미나리, 홍고추를 넣고
센 불에서 1분, 국간장을 넣고
30초간 볶는다.

5 들깻가루를 넣고
약한 불에서 30초간 볶는다.

미나리 초고추장무침

⏱ 15~20분 / 2인분
🧊 냉장 2~3일

- 미나리 2줌(140g)

양념
- 다진 파 1큰술
- 고추장 2큰술
- 통깨 1작은술
- 설탕 1작은술
- 고춧가루 1작은술
- 다진 마늘 1작은술
- 식초 2작은술
- 참기름 1작은술

미나리볶음

⏱ 20~25분 / 2인분
🧊 냉장 2~3일

- 미나리 2줌(140g)
- 홍고추 1개(생략 가능)
- 들기름 1큰술
- 다진 마늘 1/2큰술
- 다진 파 1작은술
- 국간장 1작은술
- 들깻가루 1큰술
  (기호에 따라 가감)

고구마줄기 반찬

- 고구마줄기볶음
- 매콤 고구마줄기볶음
- 고구마줄기 된장찜

고구마줄기볶음

매콤 고구마줄기볶음

고구마줄기 된장찜

 tip

삶은 고구마줄기 구입하기
마트의 나물 코너에서 판매하는
삶은 고구마줄기를 구입한다.

말린 고구마줄기 구입 & 손질하기
말린 고구마줄기는 다음과 같이
손질한 후 사용한다.
1 잠길 만큼의 물에 담가
  12시간 이상 불린다.
2 끓는 물(5컵)＋소금(1작은술)에
  10분간 삶는다.
3 잠길 만큼의 찬물에
  1시간 이상 담가둔다.
4 5cm 길이로 썬 후 끓는 물(5컵)＋
  소금(1작은술)에 1분간 삶는다.

생 고구마줄기 구입 & 손질하기
제철인 여름에만 마트, 시장에서
구입할 수 있다. 다음과 같이
손질한 후 사용한다.
1 생 고구마줄기 300g을 준비한다.
  줄기 끝을 꺾어 투명한 실 같은
  섬유질을 수차례 벗겨낸다.
2 끓는 물(6컵)＋소금(1/2큰술)에
  10분간 부드러울 때까지 삶는다.
3 헹궈 체에 밭쳐 물기를 뺀다.

삶은 고구마줄기 손질하기

1 삶은 고구마줄기는
5cm 길이로 썬다.

2 끓는 물(5컵) + 소금(1작은술)에
넣고 1분간 데친다.
헹군 후 체에 밭쳐 물기를 뺀다.

고구마줄기볶음 · 매콤 고구마줄기볶음

기본 양념   매콤 양념

1 작은 볼에 원하는 양념을 섞는다.
삶은 고구마줄기는 손질한다.

2 달군 팬에 식용유,
삶은 고구마줄기를 넣어
중간 불에서 1분간 볶는다.

3 원하는 양념을 넣고 약한 불에서
2분, 들깻가루, 물 1/4컵(50㎖)을
넣고 4~5분간 볶는다.
불을 끄고 들기름을 섞는다.

고구마줄기 된장찜

1 홍고추는 어슷 썬다.
삶은 고구마줄기는 손질한다.

2 달군 냄비에 잔멸치, 청주를 넣고
약한 불에서 1분간 볶는다.

3 다진 마늘, 들기름,
삶은 고구마줄기를 넣고
중간 불에서 2분간 볶는다.

4 된장, 물 1컵(200㎖)을 넣고
중약 불에서 국물이 자작해질
때까지 15분간 끓인다. 들깻가루,
홍고추를 넣고 2분간 끓인다.

★ 눌어붙지 않도록 중간중간 저어준다.
★ 들깻가루를 들기름 1작은술로
대체해도 좋다.

— 고구마줄기볶음
— 매콤 고구마줄기볶음

🕐 20~25분 / 2인분
🔚 냉장 3~4일

• 삶은 고구마줄기 2컵(200g)
• 식용유 1큰술
• 들깻가루 2큰술
• 물 1/4컵(50㎖)
• 들기름 1작은술

선택 1_ 기본 양념
• 국간장 1큰술
• 설탕 1/2작은술
• 다진 마늘 1작은술

선택 2_ 매콤 양념
• 고춧가루 1/2큰술
• 물 1큰술
• 국간장 1큰술
• 설탕 1/2작은술
• 다진 마늘 1작은술

— 고구마줄기 된장찜

🕐 30~35분 / 2인분
🔚 냉장 3~4일

• 삶은 고구마줄기
1과 1/2컵(150g)
• 잔멸치 1/2컵(25g)
• 홍고추(또는 다른 고추) 1개
• 청주 1큰술
• 다진 마늘 1큰술
• 들기름 1큰술
• 된장 1과 1/2큰술
(집 된장의 경우 1큰술)
• 물 1컵(200㎖)
• 들깻가루 2큰술

마늘종 반찬

- 마늘종 고추장무침
- 마늘종 어묵볶음
- 마늘종 건새우 고추장볶음

마늘종 고추장무침

마늘종 어묵볶음

마늘종 건새우 고추장볶음

tip

두절 건새우
머리가 없는 말린 새우.
볶음, 국물 요리에 활용.

마늘종 어묵볶음의 어묵을
다른 재료로 대체하기
베이컨 7줄(100g) 또는 게맛살 4개
(짧은 것, 80g)로 대체해도 좋다.

마늘종 데치기

1 마늘종은 4~5cm 길이로 썬다.

2 끓는 물(3컵) + 소금(1/2큰술)에 넣고 30초간 데친다. 체에 밭쳐 헹군 후 물기를 뺀다.

마늘종 고추장무침

1 큰 볼에 양념을 섞는다.

2 ①의 양념에 데친 마늘종을 넣고 무친다.

마늘종 어묵볶음

1 어묵은 1×5cm 크기로 썬다. 작은 볼에 양념을 섞는다.

2 달군 팬에 식용유, 다진 마늘, 데친 마늘종, 소금을 넣어 중약 불에서 1분간 볶는다.

3 어묵을 넣어 1분, 양념을 넣어 1분간 볶은 후 불을 끈다. 통깨, 참기름을 섞는다.

마늘종 건새우 고추장볶음

1 작은 볼에 양념을 섞는다.

2 달군 팬에 식용유, 다진 마늘, 건새우를 넣고 중약 불에서 1분간 볶는다.

3 양념, 데친 마늘종을 넣고 중약 불에서 1~2분간 볶는다.

마늘종 고추장무침

🕐 10~15분 / 2인분
🧊 냉장 4~5일

- 마늘종 1과 1/2줌(150g)

양념
- 고추장 1큰술
- 설탕 2작은술
- 고춧가루 2작은술
- 소금 1작은술
- 통깨 1작은술
- 올리고당 2작은술
- 참기름 2작은술

마늘종 어묵볶음

🕐 15~20분 / 2인분
🧊 냉장 4~5일

- 마늘종 1과 1/2줌(150g)
- 사각 어묵 2장
  (또는 다른 어묵, 100g)
- 식용유 1/2큰술
- 다진 마늘 1작은술
- 통깨 1작은술
- 참기름 1작은술
- 소금 약간

양념
- 물 1큰술
- 양조간장 1큰술
- 올리고당 1큰술
- 고춧가루 1/2작은술

마늘종 건새우 고추장볶음

🕐 15~20분 / 2인분
🧊 냉장 4~5일

- 마늘종 1과 1/2줌(150g)
- 두절 건새우 1컵(30g)
- 식용유 1큰술
- 다진 마늘 1작은술

양념
- 설탕 1큰술
- 물 1큰술
- 청주 1큰술
- 양조간장 1/2큰술
- 고추장 2큰술
- 참기름 1큰술
- 통깨 1작은술

겉절이

- 쌈 채소 겉절이
- 파절이
- 부추겉절이

쌈 채소 겉절이

파절이

부추겉절이

 tip

겉절이 더 맛있게 만들기

1 채소는 먹기 직전에
   무쳐야 숨이 죽지 않는다.
2 양념은 2/3분량을 먼저 넣어
   무친 후 간을 보고 조절해도 좋다.
3 채소의 물기를 최대한 없애야
   양념이 겉돌지 않는다.
4 살살 버무려야 채소의 풋내가
   나지 않는다.

대파 채 썰기

18쪽에서 확인한다.

쌈 채소 겉절이

1 쌈 채소는 씻은 후 한입 크기로
뜬다. 체에 밭쳐 물기를 뺀다.

2 큰 볼에 양념을 섞는다. 먹기 직전에
쌈 채소를 넣어 살살 버무린다.
★ 먹기 직전에 무쳐야
쌈 채소의 숨이 죽지 않는다.

파절이

1 대파채는 잠길 만큼의 물에 담가
바락바락 주물러 2~3번 씻는다.
★ 대파를 물에 주물러 씻으면
점액질이 없어져
더 깔끔하게 즐길 수 있다.

2 체에 밭쳐 물기를 완전히 뺀다.
★ 길이가 길다면 한입 크기로
썰어도 좋다.

3 큰 볼에 양념을 섞는다.
먹기 직전에 대파채를 넣어
살살 버무린다.

부추겉절이

1 부추는 5cm 길이로 썬다.

2 양파는 0.3cm 두께로 채 썬다.
★ 채 썬 양파를 찬물에 10분간
담가 매운맛을 빼도 좋다.
이때, 키친타월로 감싸 물기를
완전히 없애야 싱거워지지 않는다.

3 큰 볼에 양념을 섞는다.
먹기 직전에 부추, 양파를 넣어
살살 버무린다.

— 쌈 채소 겉절이

⏱ 10~15분 / 2인분

• 쌈 채소 100g

양념
• 고춧가루 2큰술
• 통깨 1작은술
• 다진 마늘 1작은술
• 양조간장 2작은술
• 매실청 2작은술
• 참기름 1작은술

— 파절이

⏱ 10~15분 / 2인분
🧊 냉장 1일

• 시판 대파채 100g

양념
• 설탕 1/2큰술
• 식초 1큰술
• 고춧가루 1과 1/2작은술
  (기호에 따라 가감)
• 소금 1/2작은술
• 참기름 1작은술

— 부추겉절이

⏱ 10~15분 / 2인분
🧊 냉장 1일

• 부추 1과 1/2줌(75g)
• 양파 1/4개(50g)

양념
• 설탕 1/2큰술
• 고춧가루 1/2큰술
• 양조간장 1큰술
• 식초 1/2큰술
• 참기름 1/2큰술

깻잎 반찬

- 깻잎나물
- 깻잎찜
- 깻잎 간장절임

깻잎나물

깻잎찜

깻잎 간장절임

깻잎 보관하기

깻잎은 공기에 닿으면
끝부터 거무스름하게 변한다.
씻지 않은 채로 키친타월로 감싼 후
다시 지퍼백에 담아 냉장(7일)

깻잎나물

1 깻잎은 한 장씩 씻는다.
꼭지 부분을 잡고 턴 다음
체에 밭쳐 물기를 없앤다.

2 꼭지를 떼고 길이로 2등분한 후
3cm 두께로 썬다.

3 끓는 물(5컵) + 소금(1작은술)에
깻잎을 넣고 20초간 데친 후
헹궈 물기를 꼭 짠다.

4 작은 볼에 양념을 섞는다.

5 달군 팬에 깻잎, 양념을 넣고
중약 불에서 5분간 볶는다.
불을 끄고 통깨, 참기름을 섞는다.

깻잎찜

1 깻잎은 한 장씩 씻는다.
꼭지 부분을 잡고 턴 다음
체에 밭쳐 물기를 없앤다.

2 홍고추, 대파는 송송 썬다.

3 작은 볼에 양념을 섞는다.

4 깊이가 있는 넓은 내열용기에
깻잎 2장 → ③의 양념
1/2작은술을 반복해서 바르며
겹겹이 쌓는다. ★ 깻잎 꼭지가
엇갈리도록 돌려가며 쌓으면
먹을 때 쉽게 떼어낼 수 있다.

5 김이 오른 찜기에 ④를 내열용기
그대로 넣고 뚜껑을 덮어
중간 불에서 1분 30초간 찐다.
불을 끄고 2분간 둔다.

깻잎나물

⏱ 20~25분 / 2인분
🔒 냉장 4~5일

- 깻잎 60장(또는 깻잎순, 120g)
- 통깨 1큰술
- 참기름 1/2큰술

양념
- 물 2큰술
- 설탕 1/3작은술
- 다진 파 1과 1/2작은술
- 다진 마늘 1작은술
- 국간장 1과 1/2작은술
- 식용유 1큰술

깻잎찜

⏱ 20~25분 / 2인분
🔒 냉장 4~5일

- 깻잎 30장(60g)

양념
- 대파(흰 부분) 10cm
- 홍고추(또는 다른 고추) 1개
- 설탕 1/2큰술
- 고춧가루 1/2큰술
- 다진 마늘 1/2큰술
- 양조간장 2큰술
- 물 1큰술
- 맛술 1큰술
- 들기름(또는 참기름) 1큰술
- 올리고당 1/2큰술
- 소금 약간

깻잎 간장절임

⏱ 20~25분
(+절이기 6시간)
/ 2인분
🗄 냉장 5일

• 깻잎 30장(60g)

양념
• 다진 파 1큰술
• 다진 마늘 1/2큰술
• 생수 3큰술
• 양조간장 2큰술
• 올리고당 1큰술
• 참기름 1/2큰술
• 통깨 1/2작은술

1 깻잎은 한 장씩 씻는다.
꼭지 부분을 잡고 턴 다음
체에 밭쳐 물기를 없앤다.

2 작은 볼에 양념을 섞는다.

3 평평한 그릇에 깻잎 2장 →
②의 양념 2/3큰술을 펴 바른다.
★ 한 장씩 양념장을 바르면
너무 짜므로 깻잎을 2~3장씩
겹쳐서 양념을 바른다.

4 ③의 과정을 반복한다. 실온에서
6시간 정도 절인 후 먹는다.
★ 깻잎 꼭지가 엇갈리도록
돌려가며 쌓으면 먹을 때
쉽게 떼어낼 수 있다.

브로콜리 반찬

브로콜리 토장무침

브로콜리 마늘볶음

브로콜리 참치볶음

브로콜리 씻기

위생팩에 한입 크기로 썬 브로콜리,
잠길 만큼의 물, 식초 2~3방울을 넣고
주물러가며 흔들어 씻는다.

전자레인지에 데치기

1 손질한 브로콜리 1/2개(150g)를
   한입 크기로 썬다.
2 내열용기에 브로콜리,
   물(1큰술)+소금(1/2작은술)을
   넣고 뚜껑을 덮는다.
3 전자레인지에서
   2분~2분 30초간 익힌다.

★공통 재료 손질 브로콜리 데치기

1 브로콜리는 줄기를 잡고 송이를 하나씩 썬다.

2 남은 줄기는 돌려가며 껍질을 도려내며 없앤다.

3 줄기는 원하는 모양으로 0.5~1cm 두께로 썬다.
★ 줄기는 아삭하고 단맛이 있으므로 버리지 말고 얇게 썰어 사용한다.

4 끓는 물(5컵) + 소금(1작은술)에 넣고 1분간 데친다.

5 체에 밭쳐 헹군 후 물기를 완전히 뺀다.
★ 헹군 후 물기가 완전히 없어야 싱거워지지 않는다.
★ 키친타월로 감싸면 물기를 더 잘 없앨 수 있다.

브로콜리 토장무침

1 양파는 0.3cm 두께로 채 썬다.
★ 채 썬 양파를 찬물에 10분간 담가 매운맛을 빼도 좋다.
이때, 키친타월로 감싸 물기를 완전히 없애야 싱거워지지 않는다.

2 큰 볼에 양념을 섞는다.

3 ②의 양념에 데친 브로콜리, 양파를 넣고 무친다.

브로콜리 마늘볶음

1 마늘은 편 썬다.

2 작은 볼에 양념을 섞는다.

3 달군 팬에 식용유, 마늘을 넣어 중간 불에서 3분, 데친 브로콜리를 넣어 1분, 양념을 넣어 1분간 볶는다.

브로콜리 참치볶음

1 참치는 체에 밭쳐 기름을 뺀다.

2 달군 팬에 식용유, 다진 마늘, 다진 파를 넣어 중간 불에서 30초간 볶는다.

3 데친 브로콜리, 소금을 넣어 1분간 볶는다.

4 참치, 맛술을 넣어 30초간 볶은 후 후춧가루를 섞는다.

브로콜리 마늘볶음

⏱ 15~20분 / 2인분
🔲 냉장 2~3일

- 브로콜리 1개(300g)
- 마늘 10쪽(50g)
- 식용유 2큰술

양념
- 설탕 1/2큰술
- 양조간장 1큰술
- 통깨 약간
- 후춧가루 약간

브로콜리 참치볶음

⏱ 15~20분 / 2인분
🔲 냉장 2~3일

- 브로콜리 1개(300g)
- 통조림 참치 1캔(작은 것, 100g)
- 식용유 2큰술
- 다진 마늘 1큰술
- 다진 파 1큰술
- 맛술 1큰술
- 소금 1/3작은술
- 후춧가루 약간

오이무침

- 기본 오이무침
- 오이 초간장무침
- 오이 초고추장무침
- 오이 된장무침

기본 오이무침

오이 초간장무침

오이 초고추장무침

오이 된장무침

 tip

오이무침에 양파 더하기

양파 1/4개(50g)를 가늘게 채 썬 후
찬물에 담가 매운맛을 뺀다. 체에 밭쳐
물기를 뺀 후 마지막에 함께 무친다.

오이 초고추장무침에 오징어 더하기

1 손질 오징어 1마리(270g, 손질 후
  180g)를 끓는 물(3컵) +
  청주(1큰술)에 넣고 1분간 삶는다.
  ★ 오징어 손질하기 256쪽
2 오징어를 가늘게 채 썬다.
3 완성된 오이 초고추장무침에
  오징어, 식초 1작은술, 양조간장
  1작은술, 참기름 1작은술을 더한다.

**오이 초고추장무침에
황태채나 진미채 더하기**

황태채 2컵(40g)이나
진미채 1컵(50g)을 뜨거운 물에
5분간 불린 후 물기를 꼭 짠다.
먹기 좋은 크기로 자른 후
마지막에 함께 무친다.

오이 손질하기

1 오이는 칼로 튀어나온 돌기를 긁어낸 후 씻는다.

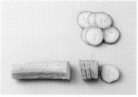

2 양 끝은 썰어내고 0.3cm 두께로 썬다.
★ 오이 양 끝은 쓴맛이 나므로 먹지 않는 것이 좋다.

기본 오이무침 · 오이 초간장무침 · 오이 초고추장무침

1 볼에 오이, 소금(1작은술)을 넣고 섞어 10분간 절인다. 체에 밭쳐 물기를 없앤 후 손으로 물기를 꼭 짠다. ★ 오래 절이면 아삭한 식감이 없어지므로 레시피의 시간을 확인한다.

2 큰 볼에 원하는 양념을 섞는다.

3 ②의 양념에 오이를 넣고 무친다. 2~3분간 뒤 간이 배도록 한 후 먹는다. ★ 오이에서 수분이 나와 싱거워질 수 있으므로 그릇에 담을 때는 한번 더 무친 후 볼에 남은 양념까지 다 붓는다.

오이 된장무침

1 부추는 2cm 길이로 썬다.

2 큰 볼에 양념을 섞고 오이를 넣어 무친 후 부추를 넣고 가볍게 버무린다. ★ 부추를 넣고 세게 버무리면 풋내가 나므로 가볍게 섞는다.

기본 오이무침
오이 초간장무침
오이 초고추장무침

🕐 10~15분
(+ 오이 절이기 10분)
/ 2인분
🔲 냉장 1~2일

• 오이 1개(200g)

선택 1_ 기본 양념
• 설탕 2작은술
• 고춧가루 2작은술
• 통깨 1작은술
• 식초 2작은술
• 소금 약간

선택 2_ 초간장 양념
• 통깨 1작은술
• 설탕 1작은술
• 식초 1작은술
• 양조간장 1작은술
  (기호에 따라 가감)

선택 3_ 초고추장 양념
• 설탕 1/2큰술
• 다진 파 1큰술
• 고추장 2큰술
• 통깨 1작은술
• 고춧가루 1작은술
• 다진 마늘 1작은술
• 식초 2작은술
• 참기름 1작은술

오이 된장무침

🕐 15~20분 / 2인분
🔲 냉장 1일

• 오이 1개(200g)
• 부추 1줌(50g)

양념
• 통깨 1큰술
• 매실청(또는 올리고당) 1큰술
• 된장 1과 1/2큰술
  (집 된장의 경우 1큰술)
• 참기름 1큰술
• 다진 마늘 1작은술

오이볶음

- 기본 오이볶음
- 오이 표고버섯볶음
- 오이 쇠고기볶음

기본 오이볶음

오이 표고버섯볶음

오이 쇠고기볶음

오이 고르기

가시오이
짙은 초록색을 띠며, 껍질이 얇고
가시가 많다. 아삭하고 단맛이
좋은 편. 반찬에 주로 활용한다.

백오이
백다다기오이, 조선오이라고도
불린다. 연녹색을 띠며, 아삭한
식감이 좋고 쓴맛이 적은 편.
생채에 주로 쓰이나 오이지,
오이소박이, 피클 등
저장 요리에도 제격이다.

청오이
짙은 초록색을 띠며, 볶음이나
무침, 냉채에 많이 쓰인다.

오이 절이기

1 오이는 칼로 튀어나온 돌기를
긁어낸 후 씻는다.

2 양 끝을 썰어낸다.
길이로 2등분한 후
0.5cm 두께로 어슷 썬다.

3 볼에 오이, 소금(1작은술)을 넣고
10분간 절인다. 체에 밭쳐 물기를
없앤 후 손으로 물기를 꼭 짠다.

기본 오이볶음

1 달군 팬에 식용유, 다진 마늘을
넣어 중약 불에서 30초간 볶는다.

2 절인 오이를 넣고 중간 불에서
1분 30초간 볶는다.

3 불을 끄고 통깨, 참기름을 섞는다.

오이 표고버섯볶음

1 표고버섯은 밑동을 제거하고
0.5cm 두께로 썬다.
작은 볼에 양념을 섞는다.

2 달군 팬에 식용유, 표고버섯을
넣어 중간 불에서 1분,
양념을 넣고 30초간 볶는다.

3 절인 오이를 넣고 센 불에서
1분간 볶은 후 불을 끈다.
통깨, 참기름을 섞는다.

오이 쇠고기볶음

1 볼에 다진 쇠고기, 양념을 섞는다.

2 달군 팬에 식용유, ①의 쇠고기를
넣어 중간 불에서 1분간
풀어가며 볶는다. ★ 풀어가며
볶아야 뭉치지 않는다.

3 절인 오이를 넣고 1분간 볶은 후
불을 끈다. 통깨, 참기름을 섞는다.

기본 오이볶음

⏱ 10~15분
(+ 오이 절이기 10분)
/ 2인분

❄ 냉장 2~3일

- 오이 1개(200g)
- 식용유 1큰술
- 다진 마늘 1작은술
- 통깨 1작은술
- 참기름 1/2작은술

오이 표고버섯볶음

⏱ 20~25분
(+ 오이 절이기 10분)
/ 2인분

❄ 냉장 2~3일

- 오이 1개(200g)
- 표고버섯 4개(100g)
- 식용유 1큰술
- 통깨 1작은술
- 참기름 1작은술

양념
- 설탕 1/2큰술
- 양조간장 1큰술
- 다진 마늘 1작은술
- 물 1/4컵(50㎖)
- 후춧가루 약간

오이 쇠고기볶음

⏱ 20~25분
(+ 오이 절이기 10분)
/ 2인분

❄ 냉장 2~3일

- 오이 1개(200g)
- 다진 쇠고기 100g
- 식용유 1큰술
- 통깨 1작은술
- 참기름 1/2작은술

양념
- 양조간장 1큰술
- 설탕 1과 1/2작은술
- 다진 마늘 1/2작은술
- 참기름 1작은술
- 후춧가루 약간

애호박 반찬

- 애호박볶음
- 구운 애호박무침

애호박볶음

구운 애호박무침

tip

애호박볶음에 두절 건새우나 버섯 더하기

1 모둠 버섯 100g을 한입 크기로 썬다.
2 과정 ⑤에서 두절 건새우 2컵(60g)
  또는 모둠 버섯을 애호박과 함께
  넣고 볶는다. 소금으로 부족한
  간을 더한다.

비빔밥으로 만들기

밥 1공기(200g)에 애호박볶음이나
구운 애호박무침을 더한다. 달걀 프라이,
고추장, 김가루를 더해도 좋다.

애호박볶음

1 애호박은 길이로 2등분한 후 0.5cm 두께로 썬다.

2 양파는 0.3cm 두께로 채 썬다.

3 큰 볼에 애호박, 소금(1/2작은술)을 넣고 10분간 절인다. 키친타월로 감싸 물기를 없앤다.

4 팬에 식용유, 양파를 넣어 중간 불에서 1분간 볶는다.

5 애호박을 넣고 2분, 양조간장, 올리고당을 넣고 1분간 볶는다.

6 통깨, 참기름을 섞는다.

구운 애호박무침

1 애호박은 0.5cm 두께로 썬다.

2 볼에 애호박, 소금(1/2작은술)을 넣고 10분간 절인다. 키친타월로 감싸 물기를 없앤다.

3 큰 볼에 양념을 섞는다.

4 달군 팬에 들기름, 애호박을 넣고 중간 불에서 3분간 뒤집어가며 노릇하게 굽는다.

5 한 김 식힌 후 ③의 양념에 넣고 무친다.

애호박볶음

🕐 15~20분
(+ 애호박 절이기 10분)
／2인분

🧊 냉장 2~3일

- 애호박 1개(270g)
- 양파 1/2개(100g)
- 식용유 1큰술
- 양조간장 1큰술
- 올리고당 1큰술
- 통깨 1작은술
- 참기름 1/3작은술

구운 애호박무침

🕐 15~20분
(+ 애호박 절이기 10분)
／2인분

🧊 냉장 2~3일

- 애호박 1개(270g)
- 들기름(또는 참기름) 1큰술

양념
- 고춧가루 1/2작은술
- 통깨 1/3작은술
- 다진 파 1/2작은술
- 다진 마늘 1/2작은술
- 양조간장 2작은술
- 참기름 1작은술

가지무침

- 기본 가지무침
- 매콤 가지무침

기본 가지무침

매콤 가지무침

가지 고르기 & 보관하기

보랏빛이 선명하면서 단단하고,
윤기가 나는 것이 좋다. 낮은 온도에
보관할 경우 색과 윤기가 옅어지므로
키친타월로 감싸 실온(2일).
또는 썬 단면을 랩으로 밀착시킨 후
위생팩에 넣어 냉장(3~5일)

★공통 재료 손질 가지 익히기

[방법 1_ 찜기]

1 가지는 꼭지 부분을 없앤다.
길이로 2등분한 후 다시 반으로
썬다. 끝부분 2cm 정도만
남기고 0.7cm 간격으로 길게
칼집을 낸다.

2 김이 오른 찜기에 껍질이
바닥에 닿도록 넣고 뚜껑을 덮어
중약 불에서 4분간 찐다.
★ 껍질이 바닥에 닿도록 넣어야
가지의 식감이 살아 있다.

3 펼쳐 한 김 식힌다.
칼집대로 찢는다.

[방법 2_ 전자레인지]

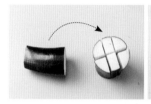  

1 가지는 5cm 두께로 썬 후
길이로 6등분한다.

2 평평한 내열용기에
키친타월을 깐다. 껍질이 바닥에
닿도록 펼쳐 담고 랩을 씌워
전자레인지에서 3분 30초간
익힌다. ★ 익으면서 껍질의
보라색이 용기에 묻으므로
키친타월을 까는 것이 좋다.

3 펼쳐 한 김 식힌다.

기본 가지무침 · 매콤 가지무침

1 큰 볼에 원하는 양념을 섞는다. **2** ①의 양념에 익힌 가지를 넣고 무친다.

━ 기본 가지무침
━ 매콤 가지무침

🕐 15~20분 / 2인분
📦 냉장 2~3일

• 가지 1개(150g)

선택 1_ 기본 양념
• 통깨 1작은술
• 설탕 1/2작은술
• 국간장 2작은술
 (기호에 따라 가감)
• 참기름 1과 1/2작은술

선택 2_ 매콤 양념
• 통깨 1작은술
• 고춧가루 1작은술
• 설탕 1/2작은술
• 다진 파 1작은술
• 다진 마늘 1작은술
• 식초 1작은술
• 국간장 1작은술
 (기호에 따라 가감)
• 참기름 1과 1/2작은술

가지볶음

- 기본 가지볶음
- 가지 고추장볶음

기본 가지볶음

가지 고추장볶음

기본 가지볶음

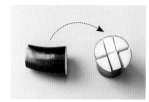

1 가지는 5cm 두께로 썬 후 길이로 6등분한다.

2 작은 볼에 양념을 섞는다.

3 달군 팬에 가지, 소금을 넣고 중약 불에서 2분간 볶는다.

4 ③의 팬에 식용유를 두르고 1분, 양념을 넣고 1분간 볶는다.
★ 가지를 먼저 볶은 후 식용유를 넣어야 골고루 스며든다.

가지 고추장볶음

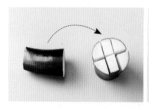

1 가지는 5cm 두께로 썬 후 길이로 6등분한다.

2 대파는 송송 썬다.

3 작은 볼에 양념을 섞는다.

4 달군 팬에 가지, 소금을 넣고 중약 불에서 2분간 볶는다.

5 ④의 팬에 식용유, 대파를 넣고 1분, 양념을 넣고 1분간 볶은 후 통깨, 참기름를 섞는다.

기본 가지볶음

🕐 10~15분 / 2인분
🔲 냉장 3~4일

- 가지 2개(300g)
- 식용유 2큰술
- 소금 약간

양념
- 다진 파 1큰술
- 양조간장 1과 1/2큰술
- 통깨 1작은술
- 설탕 1작은술
- 다진 마늘 1작은술
- 참기름 1작은술

가지 고추장볶음

🕐 10~15분 / 2인분
🔲 냉장 3~4일

- 가지 2개(300g)
- 대파(흰 부분) 15cm
- 식용유 3큰술
- 통깨 1작은술
- 참기름 1작은술
- 소금 약간

양념
- 맛술 1큰술
- 양조간장 1큰술
- 고추장 1큰술
- 설탕 1작은술
- 다진 마늘1작은술

무 무침

- 무생채
- 무 초무침

무생채

무 초무침

무에 따라 양념 조절하기

무의 제철은 겨울. 그 외의 계절에는
무의 단맛, 수분이 적어 맛이 떨어지는
편이다. 따라서 무의 상태에 따라
양념을 조절하는 것이 좋다.

무생채

1 무는 0.5cm 두께로 썬 후
다시 0.5cm 두께로 채 썬다.

2 볼에 무, 소금(1작은술)을 넣고
10분간 절인다. 헹군 후
손으로 물기를 꼭 짠다.
★ 무를 구부렸을 때 부러지지
않고 휘어지면 잘 절여진 것이다.

3 큰 볼에 양념을 섞고
절인 무를 넣어 무친다.
★ 무친 후 10분간 두면
양념이 배어 더 맛있다.

무 초무침

1 무는 0.5cm 두께로 썬 후
다시 0.5cm 두께로 채 썬다.

2 볼에 무, 설탕(2작은술),
소금(1작은술)을 넣고
섞어 10분간 절인다.
헹군 후 손으로 물기를 꼭 짠다.

★ 무를 구부렸을 때 부러지지
않고 휘어지면 잘 절여진 것이다.

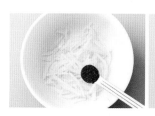 

3 볼에 절인 무, 고춧가루를 넣고
버무린다.
★ 무와 고춧가루를 먼저 섞으면
붉은색을 물들일 수 있다.

4 양념을 넣고 무친다.
소금으로 부족한 간을 더한다.

무생채
🕐 15~20분
　(+ 무 절이기 10분)
　/ 2인분
🗄 냉장 2~3일

• 무 지름 10cm, 두께 2cm(200g)
양념
• 다진 파 1큰술
• 고춧가루 2작은술
• 설탕 1작은술
• 소금 1/2작은술
• 다진 마늘 1작은술

무 초무침
🕐 15~20분
　(+ 무 절이기 10분)
　/ 2인분
🗄 냉장 2~3일

• 무 지름 10cm, 두께 3cm(300g)
• 고춧가루 1작은술
• 소금 약간
양념
• 다진 파 1/2작은술
• 다진 마늘 1/2작은술
• 식초 2작은술
• 통깨 약간

무 반찬

- 무나물
- 들깨버섯 무나물

무나물

들깨버섯 무나물

무 사용하기

초록색의 윗부분
단맛이 강하므로 생채, 초절임 등
생으로 먹는 요리에 적합

흰색의 아랫부분
국이나 조림에 추천

무청
비타민 C가 많은 편.
볶음이나 조림에 활용하거나
말려서 국물에 사용

무나물에 감칠맛 더하기
재료의 국간장, 소금 대신
새우젓 1/2작은술을 더한다.

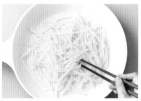

1 무는 0.5cm 두께로 썬 후
다시 0.5cm 두께로 채 썬다.

2 달군 팬에 들기름 1큰술,
다진 마늘, 무를 넣어
중약 불에서 2분간 볶는다.

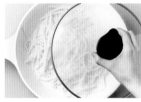

3 물 5큰술을 넣고 뚜껑을 덮어
5분간 익힌다. 설탕, 국간장,
소금을 넣어 1분간 볶는다.

4 불을 끄고 통깨, 들기름
1작은술을 넣는다.

무나물

🕐 20~25분 / 2인분
📦 냉장 3~4일

- 무 지름 10cm, 두께 2cm(200g)
- 들기름 1큰술 + 1작은술
- 다진 마늘 1작은술
- 물 5큰술
- 설탕 1/3작은술
- 통깨 1/2작은술
- 국간장 1/2작은술
- 소금 약간

들깨버섯 무나물

🕐 20~25분 / 2인분
📦 냉장 3~4일

- 무 지름 10cm, 두께 2cm(200g)
- 느타리버섯 4줌(200g)
- 들기름 1큰술
- 다진 파 1큰술
- 다진 마늘 1/2큰술
- 물 3큰술
- 국간장 2작은술
- 들깻가루 3큰술
- 소금 약간

들깨버섯 무나물

1 무는 0.5cm 두께로 썬 후
다시 0.5cm 두께로 채 썬다.

2 느타리버섯은 가닥가닥
뜯는다.

3 달군 팬에 들기름, 다진 파,
다진 마늘, 무를 넣어 중약 불에서
2분간 볶는다.

4 느타리버섯, 물 3큰술,
국간장을 넣고 뚜껑을 덮어
5분간 익힌다.

5 뚜껑을 열고 수분이 거의
없을 때까지 1분간 볶은 후
불을 끈다. 들깻가루를 섞는다.
소금으로 부족한 간을 더한다.

감자채볶음

tip

감자채 볶을 때 주의할 점
감자는 팬에 눌어붙기 쉬우므로
코팅이 잘 된 팬을 사용하는 것이
좋다. 볶는 도중 눌어붙는다면
물 1큰술을 더한다.

감자채볶음에 베이컨 더하기
베이컨 4줄(약 60g)을 1cm 두께로
썬 후 과정 ⑤에서 감자와 함께 볶는다.

1 감자는 필러로 껍질을 벗긴다.
싹이 난 부분을 도려낸다.
★ 감자의 싹에는 독성 성분이
있으므로 깊게 도려내는 것이 좋다.

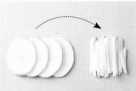

2 0.5cm 두께로 썬 후 0.5cm
두께로 채 썬 다음 헹군다.
★ 감자를 헹구면 전분이 없어져
볶을 때 팬에 눌어붙지 않는다.

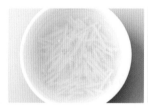

3 볼에 감자, 물(2컵) +
소금(1큰술)을 넣고 10분간 둔 후
체에 밭쳐 물기를 완전히 없앤다.
★ 소금물에 담가두면 감자에 간이
배고 단단해져 쉽게 부서지지 않는다.

4 양파, 피망은 0.5cm 두께로
채 썬다.

5 달군 팬에 식용유, 감자를
넣어 중간 불에서 1분,
물 2큰술을 넣고 중약 불로
줄여 3분간 볶는다.

6 물 2큰술, 양파, 피망, 소금을
넣고 2~3분간 볶는다.

🕐 20~25분 / 2인분
🄖 냉장 3~4일

- 감자 1개(200g)
- 양파 1/4개(50g)
- 피망 1/2개
  (또는 파프리카 1/4개, 50g)
- 식용유 1과 1/2큰술
- 물 2큰술 + 2큰술
- 소금 1/4작은술
  (기호에 따라 가감)

별미 감자볶음

- 감자 참치볶음
- 감자 쇠고기볶음

감자 참치볶음

감자 쇠고기볶음

 tip

감자 고르기
흠집이 없고 단단한 것, 흙이 묻은 것이
신선하다. 싹이 있거나 초록빛이
너무 많이 도는 것은 독성이 있으니
무조건 피한다. 빛을 받으면 싹이
잘 나므로 흙이 묻은 채로 신문지로
하나씩 감싸 박스에 담아
그늘지고 서늘한 곳(1개월)

감자 참치볶음

1 감자는 필러로 껍질을 벗긴다.
싹이 난 부분을 도려낸다.
★ 감자의 싹에는 독성 성분이
있으므로 깊게 도려내는 것이 좋다.

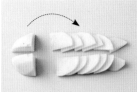

2 열십(+)자로 4등분한 다음
0.5cm 두께로 썬다.

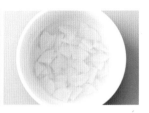

3 볼에 감자, 물(2컵) + 소금(1큰술)을
담는다. 10분간 둔 후 체에 밭쳐
물기를 뺀다.

4 고추는 송송 썰고,
참치는 체에 밭쳐 기름을 뺀다.
작은 볼에 양념을 섞는다.

5 달군 팬에 식용유, 다진 파,
다진 마늘을 넣어 약한 불에서
30초간 볶는다.

6 감자를 넣고 중간 불에서 3분,
양념을 넣고 1분간 볶는다.
참치, 고추를 넣고 1~2분간 볶는다.

감자 쇠고기볶음

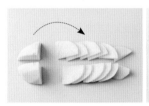

1 감자는 필러로 껍질을 벗긴다.
열십(+)자로 4등분한 다음
0.5cm 두께로 썬다.

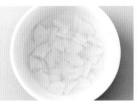

2 볼에 감자, 물(2컵) +
소금(1큰술)을 담는다.
10분간 둔 후 체에 밭쳐
물기를 뺀다.

3 큰 볼에 쇠고기, 밑간을 넣고
버무린다.

4 작은 볼에 양념을 섞는다.

5 달군 팬에 식용유, 쇠고기를 넣고
중간 불에서 1분간 볶는다.

6 감자를 넣고 1분, 양념을 넣고 감자가
투명해질 때까지 3~4분간 볶는다.

감자 참치볶음

🕐 25~30분 / 2인분
🔲 냉장 3~4일

- 감자 1개(200g)
- 통조림 참치 1캔
  (작은 것, 100g)
- 고추 2개(생략 가능)
- 식용유 2큰술
- 다진 파 2작은술
- 다진 마늘 1작은술

양념
- 양조간장 1큰술
- 올리고당 1/2큰술
- 소금 약간
- 후춧가루 약간

감자 쇠고기볶음

🕐 25~30분 / 2인분
🔲 냉장 3~4일

- 감자 1개(200g)
- 다진 쇠고기 100g
- 식용유 1큰술

밑간
- 청주 1큰술
- 소금 약간
- 후춧가루 약간

양념
- 설탕 1/2큰술
- 다진 파 1/2큰술
- 양조간장 1큰술
- 다진 마늘 1작은술
- 참기름 1/2작은술
- 물 1/4컵(50㎖)

도라지 반찬

- 도라지무침
- 도라지볶음

도라지무침

도라지볶음

 tip

껍질 통도라지 손질하기

잔뿌리를 제거하고 씻은 후
작은 칼로 껍질을 돌려가며 벗긴다.

도라지무침에 오징어 더하기

1 손질 오징어 1마리(270g,
  손질 후 180g)를 끓는 물(3컵) +
  청주(1큰술)에 넣고
  센 불에서 1분간 삶는다.
  ★ 오징어 손질하기 256쪽
2 삶은 오징어를 가늘게 채 썬다.
3 완성된 도라지무침에 오징어,
  식초 1작은술, 양조간장 1작은술,
  참기름 1작은술을 더한다.

도라지무침에 황태채나 진미채 더하기

황태채 2컵(40g)이나
진미채 1컵(50g)을 뜨거운 물에
5분간 불린 후 물기를 꼭 짠다.
먹기 좋은 크기로 자른 후 마지막에
함께 무친다.

도라지무침에 무 더하기

1 무 지름 10cm, 두께 0.5cm(50g)를
  0.3cm 두께로 채 썰어
  설탕 1/2작은술 + 소금 1작은술에
  15분간 절인다.
2 헹군 후 물기를 꼭 짠다.
  마지막에 함께 무친다.

★ 공통 재료 손질 도라지 손질하기

1 도라지의 두꺼운 끝부분에
0.5cm 두께로 길게 칼집을 넣는다.
4cm 길이로 썬다.

2 볼에 도라지, 소금(2큰술)을 넣고
2분간 바락바락 주물러 씻은 후
찬물에 2~3번 헹군다.

3 볼에 도라지, 잠길 만큼의
물을 붓고 1시간 이상 둬 쓴맛을 뺀다.
체에 밭쳐 물기를 뺀다.
★ 하루 전날 물에 담가
냉장실에 넣어둬도 좋다.

도라지무침

1 끓는 물(4컵) + 소금(1큰술)에
손질한 도라지를 넣고 끓어오르면
30초간 데친다. 찬물에 헹군 후
손으로 물기를 꼭 짠다.

2 큰 볼에 양념을 섞는다.

3 ②의 볼에 손질한 도라지를 넣고
무친다.

도라지볶음

1 끓는 물(4컵) + 소금(1큰술)에
손질한 도라지를 넣고 끓어오르면
30초간 데친다. 찬물에 헹군 후
손으로 물기를 꼭 짠다.

2 큰 볼에 양념을 섞고
도라지를 넣어 무친다.

3 달군 팬에 식용유, 도라지를 넣어
약한 불에서 2분간 볶는다.

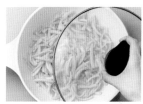 

4 물 3큰술을 넣고 뚜껑을 덮어 2분,
뚜껑을 열고 중간 불에서
1분 30초간 볶는다.

5 불을 끄고 한 김 식힌 후
참기름, 통깨를 섞는다.

— 도라지무침

⏱ 10~15분
(+ 도라지 손질하기 1시간 이상)
/ 2인분

🧊 냉장 2~3일

• 도라지 2줌
(껍질 벗긴 것, 200g)

양념
• 설탕 1큰술
• 다진 파 1큰술
• 고추장 2큰술
• 통깨 1작은술
• 고춧가루 1작은술
• 다진 마늘 1/2작은술
• 식초 2작은술
• 참기름 1작은술

— 도라지볶음

⏱ 20~25분
(+ 도라지 손질하기 1시간 이상)
/ 2인분

🧊 냉장 2~3일

• 도라지 2줌
(껍질 벗긴 것, 200g)
• 식용유(또는 들기름) 1큰술
• 물 3큰술
• 참기름 1큰술
• 통깨 1작은술

양념
• 소금 1작은술
• 설탕 1/3작은술
• 다진 파 2작은술
• 다진 마늘 1/2작은술
• 국간장 1/2작은술

버섯볶음

- 느타리버섯볶음
- 매콤 표고버섯볶음
- 버섯주물럭

느타리버섯볶음

매콤 표고버섯볶음

버섯주물럭

tip

버섯 손질하기

버섯은 농약을 거의 쓰지 않고
키우기 때문에 젖은 행주로 가볍게
닦아내거나 눈에 보이는 이물질만
제거한다. 물에 씻으면 버섯이
물을 흡수해 물러질 뿐만 아니라
양념을 흡수하지 못해 맛이 떨어진다.

느타리버섯볶음

1 느타리버섯은 가닥가닥 뜯는다. 끓는 물(3컵)에 1분간 데친 후 헹궈 물기를 꼭 짠다.

2 큰 볼에 양념을 섞고 느타리버섯을 넣어 무친다.

3 달군 팬에 식용유, 느타리버섯을 넣고 중약 불에서 5분간 볶는다.

매콤 표고버섯볶음

1 표고버섯은 밑동을 제거하고 0.5cm 두께로 썬다.

2 대파는 송송 썬다. 작은 볼에 양념을 섞는다.

3 달군 팬에 식용유, 버섯을 넣어 중간 불에서 3분, 약한 불로 줄여 대파, 양념을 넣고 2분간 볶는다.

버섯주물럭

1 표고버섯은 0.5cm 두께로 썰고, 느타리버섯은 밑동을 없앤 후 가닥가닥 뜯는다.

2 양파는 0.5cm 두께로 채 썰고, 쪽파는 송송 썬다.

3 큰 볼에 양념을 섞고 버섯을 넣어 무친다.

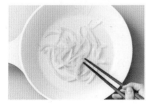 

4 달군 팬에 식용유, 양파를 넣어 중간 불에서 1분간 볶는다.

5 ③의 버섯을 넣고 4분간 볶는다. 불을 끄고 쪽파, 참기름을 섞는다.

느타리버섯볶음

🕐 15~20분 / 2인분
🧊 냉장 2일

- 느타리버섯 5줌
  (또는 다른 버섯, 250g)
- 식용유 1작은술

양념
- 다진 파 1큰술
- 소금 1/3작은술
- 다진 마늘 1작은술
- 참기름 1작은술

매콤 표고버섯볶음

🕐 15~20분 / 2인분
🧊 냉장 2일

- 표고버섯 8개
  (또는 다른 버섯, 200g)
- 대파 10cm
- 식용유 1큰술

양념
- 다진 파 1큰술
- 다진 마늘 1/2큰술
- 양조간장 1큰술
- 올리고당 1과 1/2큰술
- 고추장 1큰술
- 들기름 1작은술

버섯주물럭

🕐 20~25분 / 2인분
🧊 냉장 2일

- 표고버섯 4개(100g)
- 느타리버섯 4줌(200g)
- 양파 1/4개(50g)
- 쪽파 2줄기(16g, 생략 가능)
- 식용유 1큰술
- 참기름 1작은술

양념
- 고춧가루 1큰술
- 설탕 1/2큰술
- 맛술 1/2큰술
- 양조간장 1/2큰술
- 고추장 1큰술
- 소금 1/3작은술
- 다진 마늘 1/2작은술

김 반찬

- 김자반
- 김무침
- 김구이와 부추장

김자반

김무침

김구이와 부추장

 tip

김자반 & 김무침 보관하기
김밥 김에 함께 들어 있는 습기제거제를
김자반, 김무침과 함께 밀폐용기에
넣어둔다.

**부추장의 부추를
달래, 쪽파로 대체하기**
동량(25g)의 달래 1/2줌이나
쪽파 1/2줌으로 대체해도 좋다.

98

김자반

1 큰 볼에 양념을 섞는다.

2 위생팩에 김을 넣고 부순다.
①의 양념에 넣어 버무린다.
★ 김이 오래되어 눅눅하다면
달군 팬에 넣고 중약 불에서
앞뒤로 3~5초간 구운 후 부순다.

3 달군 팬에 ②의 김을 넣고
중간 불에서 2~3분간 볶는다.

김무침

1 달군 팬에 김을 1장씩 올려
센 불에서 앞뒤로 각각 10초씩
굽는다. ★ 팬이 많이 달궈진
경우에는 불을 끄고 남은 열로
김을 구워도 좋다.

2 위생팩에 김을 넣고 부순다.

★ 김이 오래되어 눅눅하다면
달군 팬에 넣고 중약 불에서
앞뒤로 3~5초간 구운 후 부순다.

3 쪽파는 송송 썬다.
작은 볼에 양념을 섞는다.

4 큰 볼에 김, 참기름, 통깨를 넣고
무친다. 쪽파, 양념을 넣고 버무린다.

김구이와 부추장

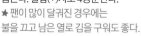

1 달군 팬에 김을 1장씩 올려
센 불에서 앞뒤로 각각 5초씩
굽는다. 열십(+)자로 4등분한다.
★ 팬이 많이 달궈진 경우에는
불을 끄고 남은 열로 김을 구워도 좋다.

2 부추는 송송 썬다.

3 부추장을 섞은 후
구운 김에 곁들인다.

김자반

⏱ 10~15분 / 2인분
🔄 냉장 3~4일

• 김밥 김 5장

양념
• 참기름 1과 1/2큰술
• 설탕 1과 1/3작은술
• 통깨 1작은술
• 소금 2/3작은술

김무침

⏱ 10~15분 / 2인분
🔄 냉장 2일

• 김밥 김 15장
• 쪽파 1/2줌(25g)
• 참기름 1큰술
• 통깨 1/2작은술

양념
• 맛술 2큰술
• 생수 3큰술
• 양조간장 1큰술
• 올리고당 1과 1/2큰술
• 소금 1/4작은술
• 다진 마늘 1작은술

김구이와 부추장

⏱ 10~15분 / 2인분
🔄 냉장 2~3일

• 김밥 김 5장

부추장
• 부추 1/2줌(25g)
• 생수 2큰술
• 양조간장 2큰술
• 통깨 1작은술
• 설탕 1작은술
• 고춧가루 1/2작은술
• 참기름 2작은술

미역 반찬

- 미역 오이초무침
- 미역 새송이버섯무침
- 미역줄기볶음

미역 오이초무침

미역 새송이버섯무침

미역줄기볶음

미역줄기 비린내 제거하기

과정 ①에서 미역줄기를 찬물에 담가
소금기를 뺄 때, 물을 중간중간
여러 번 갈아주면 비린내나 나쁜 맛이
대부분 사라진다.

말린 실미역 데치기

1 큰 볼에 실미역, 잠길 만큼 물을 담고 15분간 불린다.

2 끓는 물(6컵)에 불린 미역을 넣고 30초간 데친다.

3 찬물에 담가 주물러 거품이 나오지 않을 때까지 헹군 후 물기를 꼭 짠다.

미역 오이초무침

1 큰 볼에 양념을 섞은 후 데친 미역을 넣고 버무려 10분간 둔다.

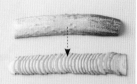

2 오이는 길이로 2등분한 후 0.3cm 두께로 썬다. 볼에 오이, 물(1큰술), 소금(1/2작은술)을 넣어 5분간 절인 후 가볍게 물기를 짠다. ★ 오이 손질하기 77쪽

3 ①의 미역에 오이를 넣고 가볍게 무친다.

미역 새송이버섯무침

1 새송이버섯은 길이로 2등분한 후 0.5cm 두께로 어슷 썬다. 양파는 0.3cm 두께로 채 썰고, 홍고추는 송송 썬다.

2 끓는 물(2컵)에 새송이버섯을 넣고 중간 불에서 1분간 데친 후 헹궈 물기를 꼭 짠다.

3 큰 볼에 양념을 섞고 데친 미역, 새송이버섯, 양파, 홍고추를 넣어 무친다.

미역줄기볶음

1 미역줄기는 주물러 2~3번 씻는다. 볼에 잠길 만큼의 물과 함께 담가 물을 갈아주며 2시간 이상 둬 소금기를 뺀 후 씻는다. 5cm 길이로 썬다.

2 달군 팬에 식용유, 다진 마늘, 미역줄기를 넣고 중약 불에서 5분간 볶는다.

3 참기름을 넣고 2분간 볶는다. ★ 통깨 간 것이나 들깻가루를 넣어도 좋다.

미역 오이초무침

🕐 20~25분
(+ 말린 실미역 데치기, 절이기 30분)
/ 2인분
🧊 냉장 1~2일

- 말린 실미역 2줌
  (10g, 또는 생미역 100g)
- 오이 1/2개(100g)

양념
- 설탕 1큰술
- 식초 2큰술
- 소금 1작은술
- 다진 마늘 1/2작은술

미역 새송이버섯무침

🕐 20~25분
(+ 말린 실미역 데치기 20분)
/ 2인분
🧊 냉장 1~2일

- 말린 실미역 2줌
  (10g, 또는 생미역 100g)
- 새송이버섯 1개(80g)
- 양파 1/4개(50g)
- 홍고추 1개

양념
- 식초 3큰술
- 올리고당 1/2큰술
- 고추장 3큰술
- 설탕 2작은술
- 다진 마늘 1/2작은술

미역줄기볶음

🕐 20~25분
(+ 말린 실미역줄기 손질하기
2시간 이상) / 2인분
🧊 냉장 1~2일

- 염장 미역줄기 150g
- 식용유 2큰술
- 다진 마늘 1작은술
- 참기름 2작은술

묵 무침

- 청포묵 미나리무침
- 도토리묵무침

청포묵 미나리무침

도토리묵무침

 tip

남은 묵 보관하기
밀폐용기에 묵, 잠길 만큼의 물을
담는다. 또는 물에 적신 면보로
묵을 감싸 밀폐용기에 담아 냉장
(유통기한까지). 다시 사용할 때는
묵을 4등분한 후 속까지 따뜻할 정도로
살짝 데쳐서 활용한다.

청포묵무침 만들기
청포묵 미나리무침에서
재료의 미나리를 생략한다.

도토리묵무침 더 고소하게 즐기기
들깻가루 1큰술을 양념에 더한다.

미나리 씻기
미나리는 물(3컵) + 식초(1작은술)에
10분간 담갔다가 씻어도 좋다.

청포묵 미나리무침

1 미나리는 5cm 길이로 썬다.

2 청포묵은 7cm 길이로 썬다. 끓는 물(5컵)에 넣고 투명해질 때까지 센 불에서 30초간 데친다.

3 청포묵은 체로 건져 물기를 뺀다. 뜨거울 때 참기름을 섞는다. 이때, 청포묵 데친 물은 그대로 둔다.

4 청포묵 데친 물에 미나리를 넣고 15~30초간 데친 후 헹궈 물기를 꼭 짠다. ★ 미나리의 굵기에 따라 데치는 시간을 조절하되, 오래 데치면 질겨지므로 30초를 넘기지 않는다.

5 큰 볼에 모든 재료를 넣고 무친다.

도토리묵무침

1 도토리묵은 한입 크기로 썬다.

2 오이는 길이로 2등분한 후 0.3cm 두께로 얇게 어슷 썬다.
★ 오이 손질하기 77쪽

3 양파는 0.3cm 두께로 채 썬다. 쑥갓은 4cm 길이로 썰고, 깻잎은 길이로 2등분한 후 2cm 두께로 썬다.

4 큰 볼에 양념을 섞는다. 먹기 직전에 모든 재료를 넣어 살살 무친다.

청포묵 미나리무침

⏱ 10~15분 / 2인분
🔒 냉장 1~2일

- 청포묵(또는 동부묵) 350g
- 미나리 1줌(70g)
- 김가루 1~2큰술
- 참기름 1큰술
- 통깨 1작은술
- 소금 1/2작은술
  (기호에 따라 가감)

도토리묵무침

⏱ 10~15분 / 2인분
🔒 냉장 1~2일

- 도토리묵 1모(400g)
- 오이 1/2개(100g)
- 양파 1/4개(50g)
- 쑥갓 1/2줌(또는 깻잎 20장, 25g)
- 깻잎 5장(10g)

양념
- 고춧가루 1과 1/2큰술
- 설탕 1큰술
- 다진 파 1큰술
- 다진 마늘 1/3큰술
- 양조간장 3큰술
- 들기름(또는 참기름) 2큰술

봄에 먹으면 참 좋은 대표 봄나물 **달래, 냉이, 봄동, 참나물**

달래

고르기
- 둥근 뿌리가 무르지 않고 단단한 것
- 줄기의 색이 진하고 마르지 않은 것, 만졌을 때 촉촉한 것
- 둥근 뿌리가 너무 크면 맛과 향이 약하다.

손질하기
1 둥근 뿌리 부분을 감싸고 있는 껍질을 벗긴다.
2 검은 부분을 떼어낸 후 가볍게 씻는다.
　★ 조직이 약하므로 살살 씻어야 무르지 않는다.

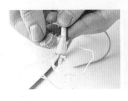

보관하기
- 흙이 묻은 채로 키친타월로 감싸 지퍼백에 담아 냉장(1주일)
- 손질 후 한입 크기로 썰어 지퍼백에 담아 냉동(15~20일)
- 해동 없이 국물에 활용

맛있게 먹기
- 무침이나 국물 요리(찌개, 국)에 잘 어울린다.
- 국물에 더할 때는 마지막에 넣어야 향이 살아 있다.
- 송송 썰어 양념장을 만든 후 구운 김에 곁들여도 맛있다(98쪽).

+recipe 달래무침

🕐 **25~30분 / 2인분**　🧊 **냉장 1~2일**

달래 1줌(50g)

양념 식초 1큰술, 설탕 1과 1/2작은술, 고춧가루 1작은술,
양조간장 1작은술, 참기름 1/2작은술, 소금 약간

1 달래는 손질한 후 5cm 길이로 썬다.
2 큰 볼에 양념를 섞은 후 달래를 넣어 무친다.

고르기

- 잎의 색이 짙은 녹색인 것
- 잎과 줄기의 크기가 작고 연하며, 향이 진한 것

손질하기

1 시든 잎을 떼어낸 후 뿌리 쪽을 칼로 살살 긁어 흙과 잔뿌리를 없앤다.
2 뿌리와 줄기 사이에 남아있는 흙을 제거한다.
3 볼에 냉이, 잠길 만큼의 물을 넣고 살살 흔들어 씻는다.
　크기가 큰 것은 2~3등분한다.

보관하기

- 흙이 묻은 채로 키친타월로 감싸 지퍼백에 담아 냉장(10일)
- 손질 후 한입 크기로 썰어 지퍼백에 담아 냉동(15~20일)
- 해동 없이 국물에 활용

맛있게 먹기

- 고추장, 된장 양념과 특히 잘 어울린다.
- 국물 요리로, 또는 입맛이 없을 때 냉이죽을 끓여 먹는다.

냉이

 +recipe 냉이 된장무침

🕐 15~20분 / 2인분　🔒 냉장 2~3일

냉이 5줌(100g), 된장 2작은술(집 된장의 경우 1작은술)

양념 마요네즈 1큰술, 다진 마늘 1과 1/2작은술, 식초 1과 1/2작은술, 올리고당 1과 1/2작은술

1 냉이는 손질한 후 끓는 물(4컵) + 소금(1작은술)에 15초간 데친다.
　찬물에 헹군 후 물기를 꼭 짠다.
2 큰 볼에 냉이, 된장을 넣고 무친다.
3 양념을 섞은 후 ②의 볼에 넣고 무친다.

봄동

고르기

- 잎이 꽃처럼 활짝 핀 것
- 속으로 갈수록 잎이 노란색을 띠는데 겉의 초록잎에 비해 단맛이 강한 편
- 잎이 상하거나 시든 것, 벌레가 먹은 것은 피한다.

손질하기

1 겉의 상한 잎을 제거한 후 한 장씩 떼어낸다.
2 씻은 후 체에 밭쳐 물기를 뺀다.

보관하기

- 씻지 않고 한 장씩 떼어낸 후 키친타월로 감싸 냉장(5일)
- 끓는 소금물에 데쳐 물기를 꼭 짠 후 한 번 먹을 분량씩 랩으로 감싸 냉동(1개월)
- 해동 없이 국물 요리에 활용한다.

맛있게 먹기

- 데치지 않고 액젓(멸치 또는 까나리) 양념과 무치면 맛있다.
- 쌈 채소로 즐기는 것도 방법

+recipe 봄동 달래무침

🕐 10~15분 / 2인분   ⓐ 냉장 1~2일

봄동 1/2포기(150g), 달래 1/2줌(25g)

양념 고춧가루 1큰술, 통깨 1/2큰술, 다진 마늘 1/2큰술,
액젓(멸치 또는 까나리, 또는 양조간장) 1큰술, 설탕 1작은술,
참기름 1작은술

1 봄동, 달래는 손질한 후 한입 크기로 썬다.
2 큰 볼에 양념을 섞는다. 봄동, 달래를 넣어 무친다.

참나물

고르기
• 초록색이 짙으며, 벌레 먹거나 시든 잎은 없는지 확인한다.

손질하기
시든 잎을 떼어내고 뿌리와 억센 밑동을 제거한다.

보관하기
• 끓는 소금물에 데쳐 물기를 꼭 짠 후 한 번 먹을 분량씩 랩으로 감싸 냉동(1개월)
• 해동 없이 국물 요리에 활용한다.

맛있게 먹기
• 특유의 향을 느낄 수 있도록 양념을 가볍게 해서 먹는 것이 좋으며,
  고기 요리를 먹을 때 쌈 채소로도 잘 어울린다.

+recipe 참나물겉절이

🕐 15~20분 / 2인분　🧊 냉장 1~2일

참나물 1줌(50g)

양념 식초 1/2큰술, 설탕 1작은술, 고춧가루 1작은술, 통깨 1/2작은술,
다진 마늘 1/2작은술, 양조간장 1작은술, 고추장 1작은술

1 참나물은 손질한 후 한입 크기로 썬다.
2 큰 볼에 양념을 섞고 참나물을 넣어 살살 무친다.

+recipe 참나물무침

🕐 15~20분 / 2인분　🧊 냉장 2~3일

참나물 2줌(100g)

양념 통깨 1/2작은술, 소금 1/4작은술(기호에 따라 가감), 다진 파 1작은술,
다진 마늘 1/2작은술, 참기름 2작은술

1 참나물은 손질한 후 끓는 물(5컵) + 소금(1작은술)에 20초간 데친다.
2 찬물에 헹궈 물기를 꼭 짠 후 한입 크기로 썬다. ★ 물기가 남아 있으면 간이 싱거워진다.
3 큰 볼에 양념을 섞고 참나물을 넣어 무친다. ★ 버무려 5분 정도 두면 양념이 속까지 더 잘 밴다.

색다른 식감과 맛을 가진 대표 건나물 **호박고지, 시래기, 고사리, 취나물**

호박고지

소개
- 애호박을 썰어 말린 것. 비타민 D가 풍부하며 생 애호박의 영양이 농축되어 있다.
- 겉의 초록색이 진할수록 햇볕을 더 많이 받아 영양이 풍부하다.

불리기(호박고지 20g 기준)
★ 말린 가지, 말린 표고버섯도 같은 방법으로 손질한다.

1 헹군 후 뜨거운 물(5컵) + 설탕(1큰술)에 담가 30~40분간 불린다.
2 손으로 물기를 꼭 짠다.

불린 상태 확인하기

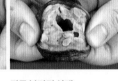

잘 불려진 상태
껍질 쪽을 손끝으로
눌렀을 때 자국이 생기면
잘 불려진 것이다.

잘못 불려진 상태
가운데 부분이 쉽게 뭉그러지면 너무 오래 불려
식감이 떨어진 상태이다. 단, 두께에 따라 차이가 있으므로
여러 개를 살펴보며 상태를 확인한다.

+recipe 호박고지나물

🕐 30분(+ 호박고지 불리기 30~40분) / 2인분   ❄️ 냉장 2~3일

호박고지 100g(불리기 전, 불린 후 250g), 참기름 1/2큰술, 식용유 1/2큰술,
통깨 1큰술, 들기름 1큰술

양념 다진 파 1큰술, 다진 마늘 2/3큰술, 국간장 2큰술, 참기름 1/2큰술,
설탕 1/2작은술, 액젓(멸치 또는 까나리) 1/2작은술

국물 다시마 5×5cm 2장, 물 2/3컵(약 60㎖)

1 호박고지는 불린 후 양념과 버무린다.
2 냄비에 국물 재료를 넣고 중간 불에서 끓어오르면 3분간 끓인 후 다시마를 건져낸다.
3 달군 팬에 참기름, 식용유, ①의 호박고지를 넣어 중약 불에서 1분 30초간 볶는다.
4 ②의 국물을 붓고 중약 불에서 뚜껑을 덮어 7분간 저어가며 익힌다.
통깨, 들기름을 넣고 30초간 볶는다.

시래기

소개
- 무청을 말린 것. 비타민, 미네랄, 식이섬유소가 풍부하다.
- 푸르스름한 색을 띠는 것이 통풍이 잘 된 곳에서 말린 것이라 영양이 더 풍부하다.

불리기 & 삶기(시래기 50g 기준)
1 헹군 후 뜨거운 물(4컵) + 찬물(2컵)에 담가 6시간 불린다. 큰 냄비에 불린 시래기, 물(12컵)을 넣고 센 불에서 끓어오르면 뚜껑을 덮어 30~40분간 뒤적여가며 삶는다. 냄비에 담긴 그대로 12~24시간 그대로 불린다. ★ 여름이나 실내 온도가 높은 경우 상할 수 있으므로 식힌 후 냉장실에 둔다.
2 시래기를 맑은 물이 나올 때까지 2~3번 헹군다. 겉의 섬유질을 벗긴 후 약간의 물을 머금고 있을 정도로 물기를 살짝 짠다. ★ 여러 번 헹궈야 특유의 냄새가 없어지고, 섬유질을 벗겨야 더 부드러워진다. 물기를 살짝 짜야 양념이 잘 배고 식감이 부드럽다.

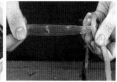

불린 상태 확인하기

잘 불려진 상태
과정 ①에서 삶는 도중에 시래기를 꺼내 손끝으로 줄기를 눌렀을 때 자국이 생기거나, 씹었을 때 단단하지 않으면 잘 삶아진 것이다.

잘못 불려진 상태
줄기를 눌렀을 때 쉽게 뭉그러지면 너무 오래 삶아 식감이 떨어진 상태이다.

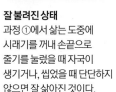

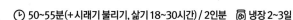

+recipe 시래기된장찜

⏱ 50~55분(+시래기 불리기, 삶기 18~30시간) / 2인분   ❄ 냉장 2~3일

시래기 50g(삶기 전, 삶은 후 260g), 국물용 멸치 15마리(15g), 어슷 썬 대파 10cm, 들깻가루 2큰술
양념 다진 마늘 1과 1/2큰술, 국간장 1큰술, 된장 3큰술, 참기름 1/2큰술, 설탕 1작은술, 고춧가루 1작은술
국물 다시마 5×5cm 3장, 뜨거운 물 3컵(600㎖) + 찬물 1컵(200㎖)

1 시래기는 삶은 후 5cm 길이로 썬다.
2 큰 볼에 양념을 섞은 후 시래기를 넣고 무쳐 10분간 둔다.
3 냄비에 국물 재료를 넣고 10분간 우린 후 다시마를 건져낸다.
4 ③의 냄비에 ②의 시래기, 국물용 멸치를 넣고 센 불에서 끓어오르면 뚜껑을 덮고 약한 불로 줄여 중간중간 저어가며 30분간 끓인다.
5 대파, 들깻가루를 넣고 뚜껑을 덮어 약한 불에서 2분간 끓인다.

고사리

소개
• 짙은 밤색을 띠며, 줄기가 통통하고 쭈글쭈글하지 않은 것이 좋다.

불리기 & 삶기(말린 고사리 30g 기준)
1 헹군 후 냄비에 물(8컵)과 함께 담고 센 불에서 끓어오르면
약한 불로 줄인 후 뚜껑을 덮어 20~30분간 삶아 체에 밭쳐 물기를 뺀다.
맑은 물이 나올 때까지 2~3번 헹군다.
2 볼에 고사리, 잠길 만큼의 물을 넣고 6~12시간 정도 둬 냄새를 없앤다.
억센 부분을 손으로 뜯어낸 후 손으로 물기를 꼭 짠다.
★ 여름이나 실내 온도가 높은 경우 상할 수 있으므로 냉장실에 둔다.

불린 상태 확인하기

잘 불려진 상태
과정 ①에서 삶는 도중에
말린 고사리를 꺼내 손끝으로
줄기를 눌렀을 때 자국이
생기거나, 씹었을 때 단단하지
않으면 잘 삶아진 것이다.

잘못 불려진 상태
줄기를 눌렀을 때 쉽게
뭉그러지면 너무 오래 삶아
식감이 떨어진 상태이다.

+recipe 고사리나물

🕐 20~25분(+ 고사리 불리기 & 삶기 6~12시간) / 2인분   ⓐ 냉장 2~3일

고사리 30g(삶기 전, 삶은 후 210g), 식용유 1큰술, 물 3큰술, 통깨 1작은술, 참기름 1큰술

양념 다진 파 1큰술, 다진 마늘 1/3큰술, 설탕 1/2작은술, 국간장 2작은술

1 고사리는 삶은 후 4cm 길이로 썬 다음 양념과 버무린다.
2 달군 팬에 식용유, 고사리를 넣어 중간 불에서 2분, 물 3큰술을 넣고 뚜껑을 덮어 2분간 익힌다.
3 뚜껑을 열고 1분 30초간 볶은 후 한 김 식힌다. 통깨, 참기름을 섞는다.

취나물

소개

- 향긋한 향이 좋은 취나물. 곰팡이가 있는지 확인하고, 줄기가 너무 길거나 색이 검은 것은 피한다.

불리기 & 삶기(말린 취나물 50g 기준)

★ 말린 곤드레와 고춧잎도 같은 방법으로 손질한다. 단, 과정 ①에서 말린 고춧잎은 15~25분간 삶는다.

1 헹군 후 냄비에 물(8컵)과 함께 담아 센 불에서 끓어오르면 뚜껑을 덮고 약한 불로 줄여 30~40분간 삶는다. 맑은 물이 나올 때까지 2~3번 헹군다.

2 볼에 취나물, 잠길 만큼의 물을 넣고 6~12시간 정도 둬 냄새를 없앤다.
줄기의 단단한 끝부분을 가위로 잘라내고, 상한 잎을 떼어낸다. 약간의 물을 머금고 있을 정도로 물기를 살짝 짠다. ★ 여름이나 실내 온도가 높은 경우 상할 수 있으므로 냉장실에 둔다.
물기를 살짝 짜야 양념이 잘 배고 식감이 더 부드럽다.

불린 상태 확인하기

잘 불려진 상태
과정 ①에서 삶는 도중에
취나물을 꺼내 손끝으로 줄기를
당겼을 때 쉽게 끊어지거나,
씹었을 때 단단하지 않으면
잘 삶아진 것이다.

잘못 불려진 상태
잎을 눌렀을 때
쉽게 뭉그러지면
너무 오래 삶은 것이다.

+recipe 취나물

⏱ 45분(+ 취나물 불리기 6~12시간) / 2인분 ❄ 냉장 2~3일

말린 취나물 50g(삶기 전, 삶은 후 250g), 들깻가루 3큰술, 들기름 2큰술 + 1과 1/2큰술

국물 다시마 5×5cm, 물 1컵(200㎖)

양념 다진 파 1큰술, 다진 마늘 1/2큰술, 국간장 1큰술, 들기름 1/2큰술 + 1/2큰술,
액젓(멸치 또는 까나리) 1/2작은술

1 냄비에 국물 재료를 넣고 센 불에서 끓어오르면 중간 불로 줄여 3분간 끓인 후 다시마를 건져낸다.
2 취나물은 삶은 후 물기를 살짝 짠다. 6cm 길이로 썰어 양념과 버무린다.
3 달군 팬에 들기름 2큰술을 두르고 ②의 취나물을 넣어 중약 불에서 2분 30초간 볶는다.
4 ①의 국물을 붓고 중약 불에서 3분 30초간 볶은 후 들깻가루, 들기름 1과 1/2큰술을 넣고 30초간 볶는다.

chapter
2

조림·밑반찬

밥도둑이라 불리는 조림과 밑반찬!
충분히 조려 재료의 맛이 양념과 잘 어우러지도록 하세요.

조림 맛있게 하는 요령

1 바닥이 두껍고 평평하며, 코팅이 잘 된 냄비에 만든다. 그래야 재료가 눌어붙지 않고 뭉근하게 잘 조려진다. 냄비의 지름이 너무 넓은 것은 양념이 배기도 전에 수분이 날아가 조리 시간과 맛이 달라지며, 좁은 것은 재료가 겹쳐지면서 양념이 고루 배지 않으므로 주의한다.

2 센 불에서 끓인 다음 약한 불로 줄여야 재료가 타지 않고 양념이 잘 배며 윤기나게 조릴 수 있다. 또한 재료의 맛과 영양이 양념에 녹아 나와 맛이 서로 잘 어우러진다.

3 양념은 처음에 싱겁게 간을 하는 것이 좋다. 조리는 과정에서 국물이 졸아 간이 짭조름해지기 때문이다.

4 단단한 재료를 조릴 때 물이 너무 적으면 재료가 익기도 전에 눌어붙을 수 있으니 물을 넉넉하게 넣어 재료가 부드럽게 익을 때까지 푹 익힌다.

5 육류나 생선은 칼집을 넣거나 밑간을 한 후 조려야 간이 잘 밴다. 재료의 기름을 제거한 후 조리면 국물의 맛과 향이 더 깔끔해진다.

6 함께 익히는 재료는 비슷한 크기로 썰어야 익는 정도가 같아진다.

7 재료의 익는 시간이 각각 다를 경우 가장 덜 익는 것부터 먼저 익힌 후 순서대로 조리하면 실패 확률이 낮아진다.

8 대개 뚜껑을 덮고 익히지만 음식의 색상을 선명하게 살리고 싶거나 비린내를 없애고 싶다면 뚜껑을 열고 조리한다. 만약 뚜껑을 덮어 익히려면 약한 불에서 익힌다. 센 불에서 조리면 양념이 재료에 스며들기도 전에 국물이 졸아들기 때문이다.

9 조림을 할 때 간장만으로 간을 하면 색이 너무 진해지기 때문에 소금과 같이 넣어 간을 맞추는 것이 좋다.

10 올리고당, 참기름 등 요리에 윤기를 내는 재료는 마지막에 넣는 것이 좋다. 일찍 넣으면 간이 잘 배지 않고 윤기도 나지 않는다.

생선조림에 어울리는 양념

1 된장 양념
손질 생선 1마리(300~400g) 기준

다진 마늘 1/2큰술	+	맛술 1큰술	+	양조간장 1/2큰술	+	된장 2큰술 (집 된장의 경우 1과 1/2큰술)	+
고춧가루 1작은술	+	다진 생강 1/2작은술	+	물 1과 1/4컵 (250㎖)			

2 고추장 양념
손질 생선 1마리(200~300g) 기준

고춧가루 2큰술	+	설탕 1/2큰술	+	다진 마늘 1큰술	+	맛술 2큰술	+
양조간장 1큰술	+	국간장 1/2큰술	+	고추장 1큰술	+	후춧가루 약간	

3 간장 양념
손질 생선 1마리(300~400g) 기준

고춧가루 1큰술	+	다진 마늘 1큰술	+	양조간장 4큰술	+	청주 1큰술	+
다진 생강 1/2작은술	+	올리고당 2작은술	+	물 1/2컵 (100㎖)	+	소금 약간	

특히 실패하기 쉬운 생선조림 맛내기

1 살이 두꺼운 부분에 칼집을 넣고, 조리는 중간중간
  양념을 끼얹었다. 그래야 속까지 잘 익고,
  양념이 잘 배며 윤기도 낼 수 있다.

2 쉽게 부서질 수 있으니 조리는 중간에 많이 뒤적이지 않는다.
  대신 재료가 눌어붙지 않도록 중간중간 냄비를 흔들어준다.

3 냄비 바닥에 무나 감자, 양파 등의 부재료를 충분히 깔고
  생선과 양념을 넣어 조리면 생선이 타는 것을 막을 수 있다.
  특히 무, 감자, 양파는 익으면서 수분과 단맛이 나므로
  양념도 더 맛있어진다.

4 생선조림을 할 때에는 냄비 크기에 맞는 뚜껑이 있는지
  반드시 확인한다. 재료를 익힐 때 제대로 맞는 뚜껑을 덮어야
  속까지 푹 익기 때문이다.

5 양념에 청주나 맛술, 다진 생강을 넣으면
  비린내는 없애고 감칠맛은 살려준다.

6 생선을 오래 익히면 단백질이 응고되면서 근육의 수축이
  강하게 일어나고, 간장의 염분으로 인한 삼투압으로
  탈수 작용이 발생해 살이 푸석해진다. 따라서 익히는 시간은
  15~20분 이내로 조절한다.

미리 준비해두는 생선조림 냉동팩

1 손질 생선 1마리(조림용, 500g)를 3~4등분한다.
  물기를 완전히 없앤 후 소금 1큰술, 다진 마늘 1큰술,
  청주 2큰술, 다진 생강 1작은술, 후춧가루 약간과
  버무려 10분간 둔다.

2 무 지름 3cm, 두께 1cm(300g)는 1cm 두께로 썬 후 4등분한다.
  송송 썬 대파 15cm, 어슷 썬 청양고추 1개를 준비한다.

3 끓는 물(3컵) + 소금(1큰술)에 무를 넣고 5분간 데친다.

4 큰 볼에 양념(고춧가루 2큰술 + 다진 마늘 1큰술 +
  양조간장 3큰술 + 청주 2큰술 + 고추장 1큰술 +
  설탕 1작은술 + 후춧가루 약간)을 섞는다.

5 양념에 무, 대파, 청양고추, 생선을 넣고 버무린다.
  지퍼백에 담아 냉장실에서 30분간 숙성시킨 후 냉동한다(7일).

6 냉동한 생선조림은 해동한 후 냄비에
  물 1컵(200㎖)과 함께 넣어 센 불에서 끓어오르면
  뚜껑을 덮고 중약 불로 줄여 15분간 저어가며 조린다.
  뚜껑을 열고 국물을 끼얹어가며 5분간 조린다.

생선조림 냉동팩 만들기

두부조림

- 두부 간장조림
- 두부 고추장조림
- 두부 양파조림

두부 간장조림

두부 고추장조림

두부 양파조림

tip

두부 양파조림을 매콤하게 즐기기
송송 썬 청양고추 2개를
과정 ④까지 진행한 후 넣는다.

두부 절이기

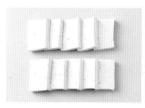 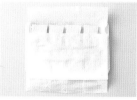

1 두부는 길이로 2등분한 후
1cm 두께로 썬다.

2 그릇에 두부를 펼쳐 담고 앞뒤로
소금(1/2작은술)을 뿌려 10분간
절인다. 키친타월로 물기를 없앤다.

두부 간장조림 · 두부 고추장조림

1 원하는 양념을 섞는다.

간장 양념   고추장 양념

2 달군 팬에 식용유, 절인 두부를
넣어 중간 불에서 앞뒤로
각각 3분씩 노릇하게 굽는다.
★ 바닥에 눌어붙지 않도록
중간중간 팬을 흔든다.

3 양념을 붓고 약한 불에서 2분,
뒤집어 2분간 조린다.
불을 끄고 통깨, 참기름을 넣는다.

두부 양파조림

1 양파는 1cm 두께로 썬다.
작은 볼에 양념을 섞는다.

2 달군 팬에 중멸치를 넣고
약한 불에서 1분간 볶은 후
덜어둔다.

3 ②의 팬을 닦은 후
들기름, 절인 두부를 넣고
센 불에서 앞뒤로 각각
1분씩 구워 덜어둔다.
★ 바닥에 눌어붙지 않도록
중간중간 팬을 흔든다.

4 ③의 팬에 양파 1/2분량
→ 두부 → 중멸치 → 남은 양파
→ 양념 순으로 담는다.
센 불에서 끓어오르면 중간 불로
줄여 뚜껑을 덮고 5분간 끓인다.

5 뚜껑을 열고 양념을 끼얹어가며
2~3분간 조린다.

두부 간장조림
두부 고추장조림

⏱ 20~25분 / 2인분
❄ 냉장 3~4일

- 두부 큰 팩 1모(부침용, 300g)
- 식용유 1큰술
- 통깨 1작은술
- 참기름 1작은술

선택 1_ 간장 양념

- 설탕 1/2큰술
- 물 5큰술
- 양조간장 2큰술
- 맛술 1큰술
- 다진 마늘 1작은술

선택 2_ 고추장 양념

- 물 5큰술
- 맛술 1큰술
- 양조간장 1큰술
- 고추장 1큰술
- 설탕 1작은술
- 고춧가루 1작은술
- 다진 마늘 1작은술

두부 양파조림

⏱ 25~30분 / 2인분
❄ 냉장 3~4일

- 두부 큰 팩 1모(부침용, 300g)
- 양파 1/2개(100g)
- 중멸치 1/2컵
  (또는 잔멸치, 20g)
- 들기름 1큰술

양념

- 고춧가루 1큰술
- 다진 마늘 1큰술
- 양조간장 1과 1/2큰술
- 맛술 1큰술
- 들기름 1큰술
- 설탕 1작은술
- 고추장 2작은술
- 물 1컵(200㎖)

감자 간장조림

감자 고추장조림

감자조림

- 감자 간장조림
- 감자 고추장조림
- 알감자조림

알감자조림

tip

감자조림을 매콤하게 즐기기
송송 썬 청양고추 2개를
과정 ⑤까지 진행한 후 넣는다.

감자 간장조림 · 감자 고추장조림

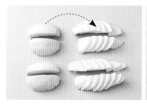

1 감자는 열십(+)자로 4등분한 후 1cm 두께로 썬다.

2 볼에 감자, 물(2컵) + 소금(1큰술)을 넣고 10분간 둔 후 체에 밭쳐 물기를 완전히 없앤다.

간장 양념　고추장 양념

3 원하는 양념을 섞는다.

4 달군 냄비에 식용유, 감자를 넣어 중간 불에서 3분간 볶는다.
★ 코팅이 잘 된 냄비를 사용해야 눌어붙지 않는다.

5 양념을 넣고 센 불에서 끓어오르면 뚜껑을 덮고 중약 불로 줄여 8분간 익힌다.

6 뚜껑을 열고 중간 불에서 국물이 자작하게 남을 때까지 저어가며 2분간 조린다. 불을 끄고 통깨, 참기름을 넣는다.

알감자조림

1 요리용 솔(또는 수세미)로 알감자를 씻는다. 싹이 난 부분은 도려내고, 크기가 큰 것은 2등분한다.

2 냄비에 알감자, 잠길 만큼의 물, 소금(1큰술)을 넣는다. 센 불에서 끓어오르면 중간 불로 줄여 5분간 삶는다. 씻은 후 체에 밭쳐 물기를 뺀다.

3 ②의 냄비를 닦고 달군 후 식용유, 알감자를 넣어 센 불에서 2분간 볶는다.

4 물 3과 1/2컵(700㎖), 다시마, 양념을 넣고 끓어오르면 뚜껑을 덮어 중간 불에서 10분간 끓인 후 다시마를 건져낸다.

5 약한 불에서 35~40분간 국물이 1/3컵 정도 남을 때까지 조린다. 올리고당을 넣고 중간 불에서 2분간 국물이 자작하게 남을 때까지 조린다.

6 불을 끄고 통깨, 참기름을 넣는다.

ㅡ 감자 간장조림
ㅡ 감자 고추장조림

🕐 25~30분 / 2인분
🄑 냉장 3~4일

- 감자 2개(400g)
- 식용유 1큰술
- 통깨 1/2작은술
- 참기름 1작은술

선택 1_ 간장 양념
- 설탕 1큰술
- 양조간장 3큰술
- 다진 파 2작은술
- 다진 마늘 1작은술
- 물 1/2컵(100㎖)

선택 2_ 고추장 양념
- 설탕 1큰술
- 양조간장 1과 1/2큰술
- 고추장 1큰술
- 고춧가루 1작은술
- 다진 파 2작은술
- 다진 마늘 1작은술
- 물 1/2컵(100㎖)

ㅡ **알감자조림**

🕐 15~20분
(+조리기 35~40분)
/ 2인분
🄑 냉장 7일

- 알감자 약 25개(700g)
- 식용유 1큰술
- 물 3과 1/2컵(700㎖)
- 다시마 5×5cm 2장
- 올리고당 3큰술
- 통깨 1작은술
- 참기름 1작은술

양념
- 설탕 3큰술
- 양조간장 4큰술
- 청주 1큰술

콩조림

- 검은콩조림
- 견과류조림

검은콩조림

tip

호두 콩조림 만들기

1 검은콩조림의 검은콩 양을
  1/2컵(70g)으로 줄인다.
2 호두 1컵(100g)을 끓는 물에 넣고
  30초간 데친 후 체에 밭쳐 물기를 뺀다.
3 검은콩조림의 과정 ③에서
  양조간장과 함께 넣는다.

콩조림을 딱딱하지 않게 보관하기

1 콩을 충분히 불리는 것이
  중요하다. 만들기 전날 밤부터
  불려두는 것을 추천.
2 콩이 덜 익은 상태에서 양조간장을
  넣게 되면 돌처럼 딱딱해지기 때문에
  콩이 거의 익었을 때 넣는다.

견과류조림

검은콩조림

1 볼에 검은콩, 잠길 만큼의
물을 넣고 3시간 이상 불린다.
★ 하루 전날 물에 담가
냉장실에 넣어둬도 좋다.

2 냄비에 검은콩, 다시마,
물 3컵(600㎖)을 넣고
센 불에서 끓어오르면 중약 불로
줄여 30분간 끓인 후 다시마를
건져낸다. ★ 콩을 눌렀을 때 쉽게
반으로 갈라지면 잘 익은 것이다.

3 양조간장을 넣고 10분간
저어가며 끓인다.
★ 콩을 충분히 삶은 후
양조간장을 넣어야 보관 도중
콩이 딱딱해지지 않는다.

4 설탕을 넣고 5분간 저어가며
끓인다.

5 올리고당을 넣고 센 불에서
1분간 저어가며 조린다.
불을 끄고 통깨를 넣는다.

검은콩조림

🕐 **50~55분**
 (+콩 불리기 3시간 이상)
 / 2인분
🔒 **냉장 15일**

- 검은콩 1컵
 (140g, 불린 후 250g)
- 다시마 5×5cm 2장
- 물 3컵(600㎖)
- 양조간장 3큰술
- 설탕 2큰술
- 올리고당 2큰술
- 통깨 1/2큰술

견과류조림

🕐 **25~30분 / 2인분**
🔒 **냉장 7일**

- 견과류 2와 1/2컵
 (아몬드, 호두, 캐슈너트,
 땅콩 등, 250g)
- 양조간장 3큰술
- 물 1컵(200㎖)
- 설탕 2큰술
- 올리고당 2큰술
- 통깨 1/2큰술

견과류조림

1 끓는 물(3컵)에 견과류를 넣고
1분간 데친다.
체에 받쳐 물기를 뺀다.
★ 먼저 데치면 떫은맛과
불순물이 없어진다.

2 냄비에 견과류, 양조간장,
물 1컵(200㎖)을 넣고
센 불에서 끓어오르면
중약 불로 줄여 10분간 끓인다.

3 설탕을 넣고 5분,
올리고당을 넣고 센 불에서
1분간 저어가며 조린다.
불을 끄고 통깨를 넣는다.

장조림

- 쇠고기 장조림
- 돼지고기 장조림
- 닭고기 장조림
- 메추리알 무조림

닭고기 장조림

쇠고기 장조림

돼지고기 장조림

메추리알 무조림

 tip

메추리알 삶기
냄비에 메추리알, 잠길 만큼의 물, 소금 1/2큰술,
식초 2큰술을 넣는다. 센 불에서 끓어오르면
5분간 삶는다. 삶은 후 찬물에 바로 헹궈야
껍질이 잘 벗겨진다.

고기 장조림에 메추리알이나 달걀 더하기
삶은 메추리알 15개(150g), 또는 삶은 달걀
5개(41쪽)를 과정 ⑤에서 마늘과 함께 넣는다.

고기 장조림에 꽈리고추 더하기
꼭지를 뗀 꽈리고추 20개(100g)를
2등분한 후 과정 ⑤에서 마늘과 함께 넣는다.

고기 장조림 보관 & 맛있게 즐기기
고기를 결대로 찢은 후 양념과 함께 보관하면
고기에 양념이 더 잘 배고 촉촉해진다.
먹을만큼 덜어낸 후 전자레인지에
살짝 데우면 더 부드럽게 즐길 수 있다.

고기 장조림(쇠고기·돼지고기·닭고기)

1 고기는 5cm 두께로 썬다.

2 볼에 고기, 잠길 만큼의 물을 넣고 30분 정도 둬 핏물을 뺀 후 체에 밭쳐 물기를 뺀다.
이때, 중간중간 물을 갈아준다.
★ 닭고기는 이 과정을 생략한다.

3 냄비에 고기 삶는 물 재료를 넣고 센 불에서 끓어오르면 고기를 넣는다. 뚜껑을 덮고 약한 불로 줄여 50분간 삶는다.
★ 떠오르는 거품, 불순물은 걷어낸다.

4 체에 밭쳐 고기 삶은 물과 고기를 따로 둔다.

5 ③의 냄비를 씻고 양념을 넣어 센 불에서 끓어오르면 고기를 넣는다. 뚜껑을 덮고 중약 불로 줄여 20분, 마늘을 넣고 10분간 끓인다.
★ 마늘은 2~3등분해도 좋다.

6 냄비에 담긴 그대로 한 김 식힌 후 결대로 찢는다.
완전히 식힌 후 밀폐용기에 담는다. ★ 냄비에 담긴 채 식히면 고기의 속까지 양념이 배어들어 더 촉촉하다.

메추리알 무조림

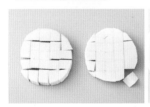

1 무는 사방 1.5cm 크기로 썬다.

2 냄비에 삶은 메추리알, 청양고추, 다시마, 양념을 넣고 센 불에서 끓인다.
★ 메추리알이 양념에 잠길 수 있는 크기의 냄비로 선택한다.

3 끓어오르면 5분, 뚜껑을 덮고 약한 불에서 15분간 끓인다. 무를 넣고 뚜껑을 덮어 10분간 끓인다.

고기 장조림

⏱ 20~25분
(+고기 핏물 빼기 30분, 삶기 50분) / 2인분
❄ 냉장 2주

선택 1_ 쇠고기 장조림
• 쇠고기 홍두깨살
  (또는 사태, 우둔살) 600g
• 마늘 20쪽(100g)

선택 2_ 돼지고기 장조림
• 돼지고기 안심 600g
• 마늘 20쪽(100g)

선택 3_ 닭고기 장조림
• 닭가슴살 6쪽(600g)
• 마늘 20쪽(100g)

고기 삶는 물
• 대파 10cm 2대
• 양파 1/4개(50g)
• 물 5컵(1ℓ)

양념
• 고기 삶은 물 3컵(600㎖)
• 설탕 2큰술
• 양조간장 6큰술
• 국간장 2큰술
• 매실청 2큰술

메추리알 무조림

⏱ 35~40분 / 2인분
❄ 냉장 7일

• 삶은 메추리알 30개(300g)
• 무 지름 10cm, 두께 3cm(300g)
• 청양고추 1개
• 다시마 5×5cm 2장

양념
• 물 2컵(400㎖)
• 양조간장 1/2컵(100㎖)
• 설탕 2큰술
• 올리고당 2큰술

123

고등어조림

- 고등어 된장조림
- 고등어 김치조림

고등어 된장조림

고등어 김치조림

tip

고등어 구입 & 손질하기

마트나 시장에서 조림용 손질된 것을 구입한다.
손질되지 않은 고등어라면 머리, 지느러미, 내장을
제거한 후 씻은 다음 3~4등분한다.

고등어 비린내 줄이기

고등어를 잠길 만큼의
쌀뜨물(쌀을 씻은 2~3번째 물)+소금 약간에 10분간
담가두거나 양념의 물을 동량의 쌀뜨물
(쌀을 씻은 2~3번째 물)로 대체해도 좋다.

고등어 된장조림

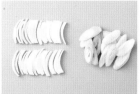

1 양파는 1cm 두께로 채 썰고, 대파는 어슷 썬다.

2 고등어는 3cm 두께로 썬다. 체에 밭친 후 뜨거운 물을 부어 불순물을 없앤다.

3 삶은 얼갈이는 4cm 길이로 썬다.
★ 생얼갈이는 끓는 물(4컵) + 소금(1/2큰술)에 5분간 삶는다.

4 양념을 섞는다.

5 냄비에 고등어 → 얼갈이 → 양파 순으로 올린 후 양념을 붓는다.

6 뚜껑을 덮고 중간 불에서 10분, 뚜껑을 열고 국물을 끼얹어가며 5분간 조린다. 대파를 넣고 1분간 끓인다.

고등어 김치조림

1 양파는 1cm 두께로 채 썰고, 대파는 어슷 썬다. 김치는 한입 크기로 썬 후 양념과 버무린다.

2 고등어는 3cm 두께로 썬다. 체에 밭친 후 뜨거운 물을 부어 불순물을 없앤다.

3 달군 팬에 식용유, 김치를 넣어 중간 불에서 3분간 볶는다.

4 김치에 고등어를 올리고 물 1컵(200㎖), 다진 생강을 넣어 2분간 끓인다.

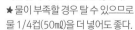

5 김치 국물을 붓고 끓어오르면 양파를 넣고 뚜껑을 덮는다. 약한 불에서 15~20분간 끓인다.
★ 물이 부족할 경우 탈 수 있으므로 물 1/4컵(50㎖)을 더 넣어도 좋다.

6 대파를 넣고 1분간 끓인다.

— 고등어 된장조림

🕐 25~30분 / 2인분

- 손질 고등어 1마리 (조림용, 300g)
- 삶은 얼갈이 200g (또는 데친 시래기)
- 양파 1/4개(50g)
- 대파 10cm

양념

- 다진 마늘 1/2큰술
- 맛술 1큰술
- 양조간장 1/2큰술
- 된장 2큰술 (집 된장의 경우 1과 1/2큰술)
- 고춧가루 1작은술
- 다진 생강 1/2작은술
- 물 1과 1/4컵(250㎖)

— 고등어 김치조림

🕐 30~35분 / 2인분

- 손질 고등어 1마리 (조림용, 300g)
- 익은 배추김치 2컵(300g)
- 양파 1/4개(50g)
- 대파 15cm
- 식용유 1큰술
- 물 1컵(200㎖)
- 다진 생강 1작은술
- 김치 국물 1/4컵(50㎖)

양념

- 고춧가루 1/2큰술
- 설탕 1/4큰술
- 다진 마늘 1큰술
- 청주 1/2큰술
- 들기름 1/2큰술
- 후춧가루 약간

삼치조림

- 삼치 무조림
- 삼치 데리야키조림

삼치 무조림

삼치 데리야키조림

 tip

삼치 무조림의 무를 감자로 대체하기
감자 1개(200g)를 1cm 두께로 썬 후
무 대신 넣는다.

삼치 무조림

1 볼에 삼치, 청주를 넣고 10분간 둔다. 키친타월로 감싸 물기를 없앤다.

2 무는 6등분한 후 1cm 두께로 썬다. 양파는 1cm 두께로 채 썬다.

3 대파, 고추는 어슷 썬다. 작은 볼에 양념을 섞는다.

4 냄비에 무, 양념 1/2분량을 넣고 센 불에서 끓어오르면 뚜껑을 덮고 약한 불로 줄인다. 젓가락으로 찔렀을 때 쉽게 들어갈 때까지 8분간 익힌다.

5 삼치, 양파, 남은 양념을 넣고 뚜껑을 덮어 10~12분간 끓인다. 대파, 고추를 넣고 1분간 끓인다.
★ 중간중간 양념을 끼얹는다.

삼치 데리야키조림

1 삼치는 밑간과 버무려 10분간 둔다. 키친타월로 감싸 물기를 없앤다.

2 꽈리고추는 꼭지를 떼고 2등분한다.

3 달군 팬에 식용유를 두르고 삼치의 껍질이 바닥에 닿도록 넣는다. 중간 불에서 6~7분, 뒤집어 5분간 구운 후 덜어둔다.
★ 삼치의 크기에 따라 굽는 시간을 조절한다.

4 ③의 팬을 닦은 후 데리야키 소스를 넣고 중간 불에서 1~2분간 끓인다.

5 삼치를 넣고 중약 불에서 소스를 끼얹어가며 3분, 꽈리고추를 넣고 2분간 조린다.

삼치 무조림

🕐 30~35분 / 2인분

- 손질 삼치 1마리(조림용, 500g)
- 청주 2큰술
- 무 지름 10cm, 두께 2cm(200g)
- 양파 1/4개(50g)
- 대파 10cm
- 고추(청양고추, 홍고추) 2개

양념
- 고춧가루 2큰술
- 설탕 1큰술
- 다진 마늘 1큰술
- 양조간장 4큰술
- 맛술 3큰술
- 고추장 1/2큰술
- 다진 생강 1작은술
- 물 2컵(400㎖)

삼치 데리야키조림

🕐 25~30분 / 2인분

- 손질 삼치 1마리(조림용, 500g)
- 꽈리고추 7개(35g)
- 식용유 1큰술

밑간
- 소금 1/2작은술
- 청주 1작은술
- 후춧가루 약간

데리야키 소스
- 설탕 2큰술
- 청주 3큰술
- 양조간장 3큰술
- 올리고당 1큰술
- 다진 생강 1/4작은술

갈치조림

생선조림

- 갈치조림
- 가자미조림

가자미조림

tip

갈치의 비늘을 손질하는 이유

갈치의 비늘에는 '구아닌'이라는
성분이 있다. 이는 소화가 잘 되지 않고,
영양 가치도 없을 뿐더러 요리를
지저분하게 하므로 손질하는 것이 좋다.

갈치조림

1 갈치는 칼로 비늘을 긁어 없앤다.
씻은 후 물기를 제거하고
밑간과 버무려 10분간 둔다.

2 감자는 2등분한 후 1cm 두께로
썬다. 대파, 청양고추는 어슷 썬다.

3 작은 볼에 양념을 섞는다.

4 깊은 팬에 감자 → 갈치 →
물 2와 1/2컵(500㎖) 순으로
담고 양념을 붓는다. 센 불에서
끓어오르면 뚜껑을 덮고
중간 불로 줄여 5분간 끓인다.
★ 재료가 눌어붙지 않도록
중간중간 팬을 흔든다.

5 뚜껑을 열고 약한 불에서
양념을 끼얹어가며 10분간 조린다.
대파, 청양고추를 넣고 2분간 끓인다.
★ 재료가 눌어붙지 않도록
중간중간 팬을 흔든다.

가자미조림

1 양파는 1cm 두께로 채 썰고,
대파는 어슷 썬다.
작은 볼에 양념을 섞는다.

2 가자미는 칼로 꼬리에서
머리 쪽으로 긁어 비늘을 없앤다.
씻은 후 물기를 제거한다.

3 앞뒤로 칼집을 3~4군데씩
깊게 낸다.

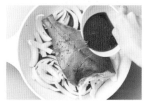

4 깊은 팬에 양파 → 가자미 →
양념 순으로 담는다.

5 뚜껑을 덮고 중약 불에서
10분간 조린다.

6 뚜껑을 열고 대파를 넣은 후
양념을 끼얹어가며 3분간 조린다.
★ 재료가 눌어붙지 않도록
중간중간 팬을 흔든다.

갈치조림

🕐 30~35분 / 2인분

- 손질 갈치 1마리
  (토막낸 것, 200g)
- 감자 1개(200g)
- 대파(흰 부분) 15cm
- 청양고추 1개
- 물 2와 1/2컵(500㎖)

밑간
- 청주 1큰술
- 소금 1작은술

양념
- 고춧가루 2큰술
- 설탕 1/2큰술
- 다진 마늘 1큰술
- 맛술 2큰술
- 양조간장 1큰술
- 국간장 1/2큰술
- 고추장 1큰술
- 후춧가루 약간

가자미조림

🕐 25~30분 / 2인분

- 손질 가자미 1마리
  (큰 것, 350g)
- 양파 1과 1/2개(300g)
- 대파(흰 부분) 15cm

양념
- 고춧가루 1큰술(생략 가능)
- 다진 마늘 1큰술
- 양조간장 4큰술
- 청주 1큰술
- 다진 생강 1/2작은술
- 올리고당 2작은술
  (기호에 따라 가감)
- 소금 약간
- 물 1/2컵(100㎖)

멸치볶음

- 잔멸치볶음
- 중멸치 고추장볶음
- 중멸치 꽈리고추볶음

잔멸치볶음

중멸치 고추장볶음

tip

잔멸치볶음에 견과류 더하기

견과류 1/2컵(호두, 아몬드,
캐슈너트 등, 50g)을 과정 ③에서
잔멸치와 함께 넣는다.

멸치볶음 만들 때 주의할 점

1 멸치를 먼저 볶아 수분과 비린내를
제거한다. 이때, 중약 불에서
볶아야 멸치가 부서지지 않는다.

2 올리고당은 불을 끄고
마지막에 넣으면 보관 도중
딱딱해지지 않고 윤기가 난다.

멸치의 짠맛 없애기

멸치의 짠맛이 강하다면 볼에
멸치와 잠길 만큼의 물을 담고
10분간 둔다. 체에 밭쳐 물기를 뺀 후
과정 ①부터 진행한다.

중멸치 꽈리고추볶음

잔멸치볶음

1 달군 팬에 잔멸치를 넣고
중약 불에서 2분간 볶은 후
체에 담아 불순물을 털어낸다.

2 작은 볼에 양념을 섞는다.

3 달군 팬에 식용유, 잔멸치를
넣어 중약 불에서 5분,
양념을 넣고 1분간 볶는다.
불을 끄고 올리고당을 섞는다.
그릇에 펼쳐 식힌다.
★ 식힌 후 보관해야 뭉치는 것을
막을 수 있고 더 바삭해진다.

중멸치 고추장볶음

1 달군 팬에 중멸치를 넣고
중약 불에서 2분간 볶은 후
체에 담아 불순물을 털어낸다.

2 팬에 양념을 넣고 중약 불에서
가장자리가 끓어오르면
1분 30초간 끓인다.

3 중멸치를 넣고 1분간 볶는다.
불을 끄고 통깨, 참기름을 섞는다.

중멸치 꽈리고추볶음

1 꽈리고추는 꼭지를 떼고
2등분한다.

2 달군 팬에 중멸치를 넣고
중약 불에서 2분간 볶은 후
체에 담아 불순물을 털어낸다.

3 ②의 팬을 닦고 약한 불로 달군다.
식용유, 다진 마늘을 넣어
30초간 볶는다.

4 중멸치, 꽈리고추, 양조간장,
맛술을 넣고 중간 불에서
1분간 볶는다.

5 불을 끄고 올리고당, 통깨,
참기름을 섞는다.

잔멸치볶음

⏱ 15~20분(+ 식히기 10분)
/ 2인분
🧊 냉장 7일

• 잔멸치 1컵(50g)
• 식용유 3큰술
• 올리고당 1큰술

양념
• 송송 썬 청양고추 1개(생략 가능)
• 맛술 1큰술
• 다진 마늘 1작은술
• 양조간장 1작은술

중멸치 고추장볶음

⏱ 10~15분 / 2인분
🧊 냉장 7일

• 중멸치 2컵(볶음용, 80g)
• 통깨 1작은술
• 참기름 1작은술

양념
• 고춧가루 1큰술
• 물 4큰술
• 청주 1큰술
• 올리고당 2큰술
• 고추장 1과 1/2큰술
  (기호에 따라 가감)
• 참기름 1/2큰술
• 다진 마늘 1/2작은술

중멸치 꽈리고추볶음

⏱ 10~15분 / 2인분
🧊 냉장 7일

• 중멸치 2컵(볶음용, 80g)
• 꽈리고추 20개(100g)
• 식용유 1큰술
• 양조간장 1작은술
• 맛술 2와 1/2큰술
• 올리고당 2큰술
  (기호에 따라 가감)
• 통깨 1작은술
• 다진 마늘 1작은술
• 참기름 1작은술

진미채 반찬

- 진미채 간장볶음
- 진미채 고추장무침

진미채 간장볶음

진미채 고추장무침

tip

진미채 양념으로 황태채 무침 만들기

황태채 3컵(60g)을 뜨거운 물에
5분간 불린 후 물기를 꼭 짠다.
간장 양념이나 고추장 양념에 무친다.

진미채 고추장무침 더 부드럽게 즐기기

양념의 양조간장을 생략하고
마요네즈 1큰술을 넣는다.
윤기가 생기고 더 부드러워진다.

진미채 고추장무침 더 고소하게 즐기기

과정 ⑤까지 진행한다. 달군 팬에
식용유 1작은술과 함께 넣어
중약 불에서 2분간 볶는다.

진미채 간장볶음

1 진미채는 체에 담아
불순물을 털어낸다.

2 5cm 길이로 자른다.

3 볼에 진미채, 잠길 만큼의
따뜻한 물을 담고 5분간 둬
짠맛을 없앤다.

4 작은 볼에 양념을 섞는다.

5 진미채는 주물러 씻은 후
물기를 꼭 짠다.

6 달군 팬에 식용유, 진미채를 넣어
중약 불에서 2분, 양념을 넣고
2분간 볶은 후 불을 끈다.
올리고당, 참기름을 섞는다.

진미채 고추장무침

1 진미채는 체에 담아
불순물을 털어낸다.

2 5cm 길이로 자른다.

3 볼에 진미채, 잠길 만큼의
따뜻한 물을 담고 5분간 둬
짠맛을 없앤다.

4 진미채는 주물러 씻은 후
물기를 꼭 짠다.

5 큰 볼에 양념을 섞고
진미채를 넣어 무친다.

진미채 간장볶음

⏱ 15~20분
(+ 진미채 짠맛 없애기 5분)
/ 2인분

🧊 냉장 7일

- 진미채 2컵(100g)
- 식용유 1큰술
- 올리고당 1큰술
- 참기름 1큰술

양념
- 양조간장 2큰술
- 물 1큰술
- 맛술 1큰술
- 다진 마늘 1작은술

진미채 고추장무침

⏱ 10~15분
(+ 진미채 짠맛 없애기 5분)
/ 2인분

🧊 냉장 7일

- 진미채 2컵(100g)

양념
- 고춧가루 1/2큰술
- 양조간장 1/2큰술
- 올리고당 1과 1/2큰술
- 고추장 2큰술
- 참기름 1/2큰술
- 다진 마늘 1/2작은술

건새우볶음

- 건새우 견과류볶음
- 건새우 고추장볶음

건새우 견과류볶음

건새우 고추장볶음

tip

두절 건새우

머리가 없는 말린 새우.
볶음, 국물 요리에 주로 활용한다.

건새우 고추장볶음에 마늘종 더하기

양념을 1.5배로 늘린다.
마늘종 2줌(100g)을 3cm 길이로
썬다. 끓는 물(3컵)＋소금(1/2큰술)에
넣고 30초간 데친다. 헹군 후
체에 밭쳐 물기를 뺀다.
과정 ④에서 건새우와 함께 넣는다.

건새우 견과류볶음

1 양념을 섞는다.

2 견과류를 굵게 다진다.

3 달군 팬에 건새우를 넣고
중간 불에서 30초간 볶은 후
체에 담아 불순물을 털어낸다.

4 달군 팬에 식용유, 견과류,
건새우, 양념을 넣고
중약 불에서 2분간 볶는다.

건새우 고추장볶음

1 양념을 섞는다.

2 달군 팬에 건새우를 넣고
중간 불에서 30초간 볶은 후
체에 담아 불순물을 털어낸다.

3 달군 팬에 양념을 넣고
중약 불에서 가장자리가
끓어오를 때까지 30초간
저어가며 끓인다.

4 건새우를 넣고 중약 불에서
2분간 볶은 후 불을 끄고
통깨를 넣는다.

건새우 견과류볶음

🕐 15~20분 / 2인분
🔒 냉장 7일

- 두절 건새우 2컵(60g)
- 견과류 1/2컵(아몬드, 호두,
  캐슈너트 등, 50g)
- 식용유 1큰술

양념
- 양조간장 1큰술
- 올리고당 1과 1/2큰술
- 다진 마늘 1작은술

건새우 고추장볶음

🕐 15~20분 / 2인분
🔒 냉장 7일

- 두절 건새우 2컵(60g)
- 통깨 1/2큰술(생략 가능)

양념
- 설탕 1/2큰술
- 물 2큰술
- 양조간장 1큰술
- 올리고당 2큰술
- 고추장 1큰술
- 참기름 1/2큰술

어묵볶음

- 어묵 고추장볶음
- 어묵 간장볶음

어묵 고추장볶음

어묵 간장볶음

어묵볶음에 감칠맛 더하기
양조간장 대신
동량의 굴소스를 사용해도 좋다.

어묵볶음 더 건강하게 즐기기
어묵은 썬 후 체에 담고
끓는 물을 부어 기름기를 제거하면
더 건강하게 즐길 수 있다.

어묵 고추장볶음

1 어묵은 1×4cm 크기로 썬다.

2 대파는 어슷 썬다.

3 작은 볼에 양념을 섞는다.

4 달군 팬에 식용유, 다진 마늘, 어묵을 넣어 중약 불에서 1분간 볶는다.

5 양념을 넣고 1분, 대파를 넣고 1분간 볶는다. 불을 끄고 통깨를 넣는다.

어묵 간장볶음

1 어묵은 1×4cm 크기로 썬다.

2 양파는 0.5cm 두께로 채 썬다.

3 작은 볼에 양념을 섞는다.

4 달군 팬에 식용유, 다진 마늘, 어묵, 양파를 넣어 중약 불에서 3분간 볶는다.

5 양념을 넣고 1분간 볶는다.

— 어묵 고추장볶음

⏱ 10~15분 / 2인분
🧊 냉장 3~4일

- 사각 어묵 3장
  (또는 다른 어묵, 150g)
- 대파(흰 부분) 15cm
- 식용유 1큰술
- 다진 마늘 1/2작은술
- 통깨 1작은술

양념
- 양조간장 1큰술
- 고추장 1큰술
- 올리고당 1작은술
- 참기름 1/2작은술
- 후춧가루 약간

— 어묵 간장볶음

⏱ 15~20분 / 2인분
🧊 냉장 7일

- 사각 어묵 3장
  (또는 다른 어묵, 150g)
- 양파 1/2개(100g)
- 식용유 1큰술
- 다진 마늘 1/2작은술

양념
- 양조간장 1큰술
- 올리고당 1작은술
- 참기름 1/2작은술
- 후춧가루 약간

가을과 초겨울이면 꼭 만나야 할 대표 뿌리채소 **우엉, 연근**

우엉

고르기

- 굵은 부분을 잡고 흔들었을 때 휘청거리는 것
- 흙이 많이 묻어 있고, 향이 진하며 매끈한 것

손질하기

1 필러로 껍질을 얇게 벗긴다.
　★ 우엉은 껍질 쪽의 향이 진하므로 최소한으로 벗기는 것이 좋다.

2 용도에 맞는 크기와 모양으로 썬다.
　★ 색이 빨리 변하므로 빠르게 손질한다.

3 요리 전까지 물(3컵) + 식초(1큰술)에 담가두면
　색이 변하는 것을 막아주고 아린 맛을 줄여준다.

보관하기

- 껍질을 벗기면 색이 금방 변하므로 껍질째 서늘하고 그늘진 곳(14일)

맛있게 먹기

- 얇게 채 썰어 양념에 무쳐 먹거나 조림이나 국물에 활용한다.

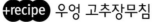 **+recipe** 우엉 고추장무침

🕐 10~20분 / 2인분　📦 냉장 7일

우엉 지름 2cm, 길이 40cm(100g)

양념 통깨 1/2큰술, 고춧가루 1/2큰술, 매실청(또는 올리고당) 1과 1/2큰술, 고추장 1큰술, 참기름 1/2큰술, 다진 마늘 1작은술, 양조간장 1작은술

1 우엉은 껍질을 벗긴 후 길이로 2등분한 다음 0.3cm 두께로 어슷 썬다.

2 끓는 물(3컵) + 식초(1작은술)에 넣고 중간 불에서 3분간 데친다.
　체에 밭쳐 물기를 뺀 후 한 김 식힌다.

3 큰 볼에 양념을 섞고 우엉을 넣어 무친다.

고르기

- 너무 굵거나 휘지 않고 곧은 것
- 들었을 때 묵직하고 모양이 균일한 것
- 껍질을 벗겨 파는 것은 약품 처리를 한 경우도 있으므로
  껍질, 흙이 있는 연근을 구입하는 것이 좋다.

손질하기

1 필러로 껍질을 벗긴다.
2 용도에 맞는 크기와 모양으로 썬다.
  ★ 색이 빨리 변하므로 빠르게 손질한다.
3 요리 전까지 물(3컵) + 식초(1큰술)에 담가두면
  색이 변하는 것을 막아주고 아린 맛을 줄여준다.

 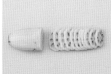 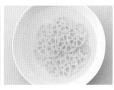

보관하기

- 흙이 묻은 채 서늘하고 그늘진 곳(14일)
- 한입 크기로 썰어 끓는 물에 5분간 데친 후 위생팩에 담아 냉동(1개월)

맛있게 먹기

- 조림이나 볶음, 샐러드에 활용한다.

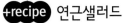 **+recipe** 연근샐러드

🕐 15~20분 / 2인분   ❄️ 냉장 2일

연근 지름 5cm, 길이 6cm(100g), 파프리카 1/2개(100g)
드레싱 양조간장 1과 1/2큰술, 꿀 1큰술, 올리브유 2큰술, 후춧가루 약간

1 연근은 껍질을 벗긴 후 최대한 얇게 썰고, 파프리카는 0.3cm 두께로 채 썬다.
2 끓는 물(3컵)에 연근, 식초(1작은술)를 넣고 중간 불에서 2분간 데친다.
  체에 밭쳐 헹군 후 물기를 완전히 없앤다.
3 볼에 드레싱, 연근을 넣고 버무려 10분간 둔 후 파프리카를 섞는다.
  ★ 연근을 먼저 섞어야 간이 골고루 밴다.

chapter
3

구이·전

부재료가 많이 필요 없는 구이와 전. 재료의 물기를 최대한 없앤 후
코팅이 잘 된 팬에 굽는 것이 핵심입니다.

1

구이 맛있게 하는 요령

생선

1 내장을 깨끗하게 없애고 씻은 후 키친타월로
   물기를 완전히 없애야 비린내가 나지 않는다.

2 생선에 칼집을 넣은 다음 구워야 속까지 잘 익는다.

3 소금을 뿌린 후 구워야 간이 잘 배고 굽는 도중 부서지지
   않는다. 단, 구입 시 소금 간이 되어있다면 이 과정은 생략한다.

4 생선에 밀가루를 입혀 구우면 더 바삭하게 구울 수 있고,
   굽는 도중 기름도 덜 튄다.

5 코팅이 잘 된 팬을 사용해야 껍질이 벗겨지지 않고,
   더 쉽게 구울 수 있다.

6 연어나 메로같이 기름이 많은 생선은 굽기 전에
   소스에 재웠다가 오븐이나 그릴에 구우면 더 맛있다.

고기

1 고기를 양념에 재울 때 살이 두꺼운 갈비는 1시간,
   등심은 2~3시간, 불고기는 30분~1시간 정도 재워두는 것이
   가장 맛있다. 좋은 고기일수록 오래 재우면
   육즙이 빠져 나와 고기가 질겨질 수 있으니 주의한다.

2 고기를 구울 때는 윗면에 육즙이 몽글몽글하게 올라오면
   뒤집는다.

3 양념구이를 할 때는 팬을 충분히 달군 후
   기름을 약간 두르고 구워야 고기의 육즙이 덜 빠져나온다.

전 맛있게 하는 요령

1 해산물, 육류는 밑간을 먼저 한다.
수분이 많은 채소는 소금에 절여 물기를 제거해야
부침옷이 벗겨지지 않는다. 단, 소금을 많이 넣거나 오래 절이면
수분이 지나치게 빠져나와 맛이 떨어지므로 레시피를 확인한다.

2 전은 제대로 달궈진 팬에 기름을 두른 후 구워야 눅눅하지 않고
바삭하다. 이때, 팬에 기름이 골고루 퍼지도록 한다.

3 기름을 너무 많이 두르면 전에 입힌 달걀물이 부풀어 올라
전이 매끄럽게 부쳐지지 않으므로 레시피를 확인한다.

4 전을 뒤집기 전에 밑면이 다 익었는지 확인하고 싶다면
팬을 흔들어 본다. 이때, 전이 움직이면 뒤집어도 된다.

5 전은 구운 즉시 채반(또는 키친타월을 깐 넓은 그릇)에
겹치지 않게 펼쳐 담아야 눅눅해지지 않는다.
또한, 전은 완전히 식힌 후 밀폐용기에 옮겨 담는다.

6 기호에 따라 전 반죽을 선택한다.

기본 반죽 부침가루 1컵 + 물 1컵(200㎖)
바삭한 반죽 부침가루 2/3컵 + 튀김가루 1/3컵 + 얼음물 1컵(200㎖)
쫄깃한 반죽 부침가루 2/3컵 + 찹쌀가루 1/3컵 + 물 1컵(200㎖)
감칠맛 더하기 물 대신 동량의 다시마 우린 물

먹고 남은 전 보관 & 데우기

보관하기

전은 냉장 보관하면 수분이 빠져나가 금방 딱딱해지므로
밀폐용기나 지퍼백에 담아 냉동(2주)

데우기

해동한 후 기름을 두르지 않은 팬에 살짝 굽는다.
키친타월로 기름기를 없앤다.

전에 곁들이면 좋은 양념장

1 초간장

식초
1큰술 + 양조간장
1큰술 + 설탕
1작은술 + 통깨
약간

2 양념간장

양조간장
1큰술 + 생수
1/2큰술 + 설탕
1작은술

3 초고추장

설탕 1과
1/2큰술 + 식초
1큰술 + 고추장
1큰술 + 참기름
1작은술

4 양파 양념장

다진 양파 1/2개
(100g) + 송송 썬 청양고추
1/2개 +

물 1/2컵
(100㎖) + 양조간장
1/4컵(50㎖) + 설탕
1작은술

5 청양고추 양념장

다진 청양고추
1개 + 생수
1큰술 + 식초
1큰술 + 양조간장
1큰술

6 쪽파 양념장

송송 썬 쪽파
1줄기 + 양조간장 1과
1/2큰술 + 생수
1큰술 +

식초
1큰술 + 설탕
1/2작은술 + 고춧가루
1/2작은술

생선구이

- 삼치구이
- 꽁치구이
- 갈치구이
- 가자미구이
- 조기구이
- 고등어구이
- 임연수구이
- 연어구이

삼치구이

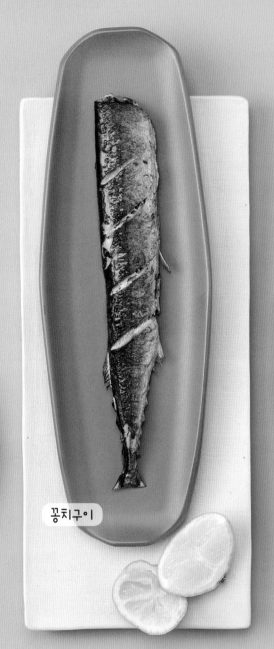

꽁치구이

갈치구이

가자미구이

임연수구이

조기구이

고등어구이

연어구이

🕐 20~25분 / 2인분
🧊 냉장 1일

- 손질 생선 1마리
  (구이용, 삼치, 꽁치, 갈치,
  가자미, 조기, 고등어,
  임연수, 연어 등)
- 식용유 1큰술

밑간
- 청주 1큰술
- 소금 2/3작은술
- 후춧가루 약간

★ 공통 재료 손질 껍질 벗겨지지 않게 생선 굽기

1 생선은 씻은 후 키친타월로 감싸 물기를 완전히 없앤다.

2 껍질 쪽에 엑스(×)자나 사선으로 3~4군데 칼집을 깊게 낸다.
★ 갈치는 살이 쉽게 부서지므로 칼집을 내지 않는다. 생선이 큰 경우 2~3토막을 내도 좋다.

3 밑간을 뿌린 후 10분간 둔다.
★ 생선에 소금을 뿌리면 수분이 빠져 나와 살이 단단해져 굽는 도중에 쉽게 부서지지 않는다. 단, 너무 오래 절이면 수분이 지나치게 빠지므로 시간을 지킨다.

4 키친타월로 감싸 물기를 완전히 없앤다.

5 중간 불에서 30초간 달군 팬에 식용유를 두른다. 껍질이 바닥에 닿도록 올려 뚜껑을 덮고 껍질이 노릇해질 때까지 시간대로 굽는다. ★ 생선 크기와 두께에 따라 시간을 조절한다.

★ 노릇하게 굽기
삼치 : 3분
꽁치 : 2분
갈치 : 3분
가자미 : 3분
조기 : 2분
고등어 : 3분
임연수 : 3분
연어 : 3분

6 뒤집개로 뒤집는다.
★ 코팅이 잘된 팬을 사용해야 껍질이 벗겨지지 않는다. 뒤집개를 살살 밀면서 넣는 것이 좋다.

7 뚜껑을 덮고 노릇해질 때까지 중간 불에서 시간대로 굽는다.
★ 생선 크기와 두께에 따라 시간을 조절한다.

★ 노릇하게 굽기
삼치 : 3~4분
꽁치 : 3~4분
갈치 : 3~4분
가자미 : 3~4분
조기 : 3~4분
고등어 : 3~4분
임연수 : 3~4분
연어 : 3~4분

tip

냉동 생선 해동하기
냉동실에서 냉장실로 옮겨 해동하는 것이 좋다.
온도 차가 커지면 생선 속에서 수분과 함께 맛과 영양 성분이 함께 빠져나오기 때문.
해동한 후 과정 ①부터 진행한다.

★ 만들기 1 　여러 가지 방법으로 굽기 (생선 1마리 기준)

[밀가루 입혀 굽기]

과정 ④까지 진행한 후
밀가루 1큰술을 생선의 앞뒤로
묻힌 후 살살 털어낸다.
5분간 둔 후 과정 ⑤부터 진행한다.
★ 밀가루가 생선의 수분을
흡수하면서 구울 때 기름이
튀지 않고 더 바삭하다.

[카레가루 + 밀가루 입혀 굽기]

카레가루 2작은술 +
밀가루 1작은술을 섞는다.
과정 ④까지 진행한 후 생선의
앞뒤로 묻힌 후 살살 털어낸다.
5분간 둔 후 과정 ⑤부터 진행한다.
★ 카레가루가 생선의 비린내를
줄여주고, 특유의 향도 더해준다.

[데리야키 소스 발라 굽기]

맛술 1작은술 + 양조간장 1작은술 +
올리고당 1작은술 + 후춧가루
약간을 섞는다. 과정 ⑥까지 진행한 후
조리용 붓으로 소스를 발라가며
약한 불에서 굽는다. ★ 소스가
타지 않도록 불 조절에 주의한다.

★ 만들기 2 　더 맛있게 즐기기 (생선 1마리 기준)

[레몬즙 뿌리기]

완성된 생선구이에
레몬즙을 뿌린다.
★ 레몬즙이 생선의 비린내를
줄여주고, 상큼한 맛을 더해준다.

[와사비 간장에 찍어 먹기]

완성된 생선구이를
와사비 간장에 찍어 먹는다.
★ 일식 스타일의 맛을 느낄 수
있다. 와사비 대신 연겨자나
통깨를 더해도 좋다.

[양파 겉절이 곁들이기]

채 썬 양파 1/2개(100g)와
양념(고춧가루 1큰술 + 양조간장 1큰술
+ 올리고당 1큰술)을 무친다.
★ 양파의 매운맛을 없애고 싶다면
무치기 전에 찬물에 10분간
담가둔다. 이때, 물기를 완전히
없애야 싱겁지 않다.

생선 양념구이

- 삼치 간장구이
- 고등어 고추장구이

삼치 간장구이

고등어 고추장구이

생선 양념구이 더 맛있게 즐기기
송송 썬 쪽파나 채 썬 생강, 레몬,
허브를 곁들여도 좋다

삼치 간장구이

1 삼치는 씻은 후 키친타월로 감싸 물기를 완전히 없앤다. 껍질 쪽에 칼집을 3~4군데 낸다.

2 밑간을 뿌린 후 10분간 둔다. 키친타월로 감싸 물기를 완전히 없앤다.

3 양념을 섞는다.

4 중간 불에서 30초간 달군 팬에 식용유를 두른다. 삼치의 껍질이 바닥에 닿도록 올려 1분간 굽는다.

5 중약 불에서 노릇해질 때까지 2분, 뒤집어 3분간 굽는다.

6 조리용 붓으로 양념을 발라가며 약한 불에서 2분간, 뒤집어 양념을 발라가며 2분간 굽는다.
★ 양념이 타지 않도록 불 세기에 주의한다.

고등어 고추장구이

1 고등어는 씻은 후 키친타월로 감싸 물기를 완전히 없앤다. 껍질 쪽에 칼집을 3~4군데 낸다.

2 밑간을 뿌린 후 10분간 둔다. 키친타월로 감싸 물기를 완전히 없앤다. 작은 볼에 양념을 섞는다.

3 그릇에 밀가루를 담는다. 고등어의 앞뒤로 묻힌 후 살살 털어낸다.

4 중간 불에서 30초간 달군 팬에 식용유 1큰술을 두른다. 고등어의 껍질이 바닥에 닿도록 올려 1분간 굽는다.

5 식용유 1큰술을 더 두르고 고등어를 뒤집어 중약 불에서 2분, 다시 뒤집어 2분간 구운 후 덜어둔다.

6 ⑤의 팬을 닦고 양념을 붓는다. 약한 불에서 가장자리가 끓어오르면 고등어의 껍질이 바닥에 닿도록 올려 1분, 뒤집어 양념을 조리용 붓으로 발라가며 1분간 굽는다.

— 삼치 간장구이

🕐 20~25분 / 2인분
🔒 냉장 1일

- 손질 삼치 1마리(구이용, 500g)
- 식용유 1큰술

밑간
- 청주 1큰술
- 소금 1/3작은술
- 후춧가루 약간

양념
- 맛술 1큰술
- 양조간장 1큰술

— 고등어 고추장구이

🕐 25~30분 / 2인분
🔒 냉장 1일

- 손질 고등어 1마리 (구이용, 300g)
- 밀가루 2큰술
- 식용유 1큰술 + 1큰술

밑간
- 청주 1큰술
- 소금 1/3작은술
- 후춧가루 약간

양념
- 물 4큰술
- 맛술 1큰술
- 양조간장 1큰술
- 올리고당 1큰술
- 고추장 3큰술
- 설탕 1작은술
- 다진 마늘 1작은술

돼지고기 된장구이

돼지고기 고추장구이

돼지고기 양념구이

- 돼지고기 된장구이
- 돼지고기 고추장구이
- 돼지고기 간장구이

돼지고기 간장구이

tip

양념구이용 돼지고기 고르기

목살(목심)
삼겹살에 비해 기름이 적고,
육질이 부드럽다.

앞다릿살
살코기를 좋아하는 이들에게 추천.
칼집을 깊게 내야 부드럽게 즐길 수 있다.

삼겹살
기름이 많아 고소한 풍미가 강한 편.
다만 굽는 도중 기름이 많이 튈 수 있다.

돼지고기 된장구이 · 돼지고기 고추장구이 · 돼지고기 간장구이

1 큰 볼에 원하는 양념을 섞는다.

2 돼지고기에 1cm 간격으로 칼집을 낸다.

3 ①의 볼에 돼지고기를 넣고 버무려 30분 이상 재운다.
★ 냉장실에서 하룻밤 정도 재워도 좋다.

4 달군 팬에 식용유를 두르고 키친타월로 펴 바른다. 돼지고기를 올려 중간 불에서 1분 30초간 굽는다.
★ 고추장 양념은 타기 쉬우므로 불 조절에 주의한다.

5 뒤집어 중약 불에서 3분, 뚜껑을 덮어 2분간 굽는다.

돼지고기 된장구이
돼지고기 고추장구이
돼지고기 간장구이

⏱ 15~20분
(+ 고기 재우기 30분)
/ 2인분

🧊 냉장 2일

- 돼지고기 목살 400g
  (0.5cm 두께)
- 식용유 1큰술

선택 1_ 된장 양념
- 다진 마늘 1큰술
- 맛술 2큰술
- 양조간장 1/2큰술
- 올리고당 2큰술
- 된장 1과 1/2큰술
  (집 된장의 경우 1큰술)
- 다진 생강 1작은술
- 참기름 1작은술

선택 2_ 고추장 양념
- 설탕 1과 1/2큰술
- 통깨 1큰술
- 고춧가루 1큰술
- 다진 마늘 1큰술
- 물 2큰술
- 맛술 1큰술
- 양조간장 1큰술
- 고추장 3큰술
- 참기름 1큰술
- 후춧가루 약간

선택 3_ 간장 양념
- 설탕 1큰술
- 다진 마늘 1큰술
- 청주 2큰술
- 양조간장 2큰술
- 다진 생강 1작은술
- 참기름 1작은술

육전

- 닭고기전
- 쇠고기전
- 돼지고기전

닭고기전

쇠고기전

돼지고기전

tip

부침옷 잘 입히기
밀가루나 부침가루는 묻힌 후 한번
털어낸다. 너무 두껍게 입히면 달걀물이
묻지 않아 벗겨지기 쉽기 때문이다.

닭고기전

1 왼손으로 닭가슴살을 누르면서 칼을 눕혀 0.5cm 두께로 어슷 썬다.

2 볼에 닭가슴살, 밑간을 넣고 버무려 10분간 둔다.

3 그릇에 부침가루와 달걀을 각각 담고, 달걀은 푼다.

4 ②의 닭가슴살에 부침가루를 얇게 묻힌 후 살살 털어내고 달걀물을 입힌다.

5 달군 팬에 식용유, 닭가슴살을 넣고 중약 불에서 앞뒤로 각각 2~3분씩 노릇하게 굽는다.

★ 기름이 부족하면 중간에 더 넣는다. 팬의 크기에 따라 2~3번에 나눠 굽는다. 양념장(143쪽)을 곁들여도 좋다.

쇠고기전 · 돼지고기전

1 쇠고기 또는 돼지고기는 키친타월로 감싸 핏물을 없앤다.
★ 두꺼운 부분을 칼날로 두드려 펴도 좋다.

2-1 쇠고기는 2~3등분한다.

2-2 돼지고기는 2~3등분한다.

3 쇠고기 또는 돼지고기에 밑간을 뿌린다.

4 그릇에 밀가루와 달걀을 각각 담고, 달걀은 푼다. 쇠고기나 돼지고기에 밀가루를 얇게 묻힌 후 살살 털어내고 달걀물을 입힌다.

5 달군 팬에 식용유, 쇠고기나 돼지고기를 넣고 중약 불에서 쇠고기는 4~5분, 돼지고기는 5~6분간 뒤집어가며 굽는다.
★ 기름이 부족하면 중간에 더 넣는다. 팬의 크기에 따라 2~3번에 나눠 굽는다. 양념장(143쪽)을 곁들여도 좋다.

닭고기전

⏱ 25~30분 / 2인분
🗓 냉장 2일

- 닭가슴살 2쪽 (또는 닭안심 8쪽, 200g)
- 부침가루(또는 밀가루) 6큰술
- 달걀 2개
- 식용유 1큰술

밑간
- 청주 1큰술
- 식용유(또는 올리브유) 1큰술
- 다진 마늘 2작은술
- 소금 약간
- 후춧가루 약간

쇠고기전
돼지고기전

⏱ 25~30분 / 2인분
🗓 냉장 2일

- 쇠고기 샤부샤부용 또는 돼지고기 불고기용(250g)
- 밀가루 5큰술
- 달걀 2개
- 식용유 1큰술

밑간
- 소금 약간
- 후춧가루 약간

굴전

- 기본 굴전
- 통영식 굴전

기본 굴전

통영식 굴전

 tip

남은 굴 보관하기
밀폐용기에 물(3컵) + 소금(2작은술),
굴을 담고 냉장(1~2일). 한 번 먹을
분량씩 위생팩에 담아 냉동(1개월).
해동 없이 영양밥, 국물에 활용한다.

1 굴은 체에 담고 물(3컵)+
소금(1작은술)에 넣어
흔들어 씻은 후 물기를 없앤다.
★ 굴은 손이 닿을수록 비린내가
나므로 체에 담아 씻는 것이 좋다.

2 그릇에 밀가루와 달걀을
각각 담고, 달걀은 푼다.

3 굴에 밀가루를 얇게 묻힌 후
살살 털어내고 달걀물을 입힌다.

4 달군 팬에 식용유, 굴을 넣어
중약 불에서 앞뒤로 각각
2~3분씩 굽는다.

★ 기름이 부족하면 중간에
더 넣는다. 팬의 크기에 따라
2~3번에 나눠 굽는다.
초간장(143쪽)을 곁들여도 좋다.

기본 굴전

🕐 20~25분 / 2인분

- 굴 1봉(200g)
- 밀가루 5큰술
- 달걀 2개
- 식용유 1큰술

통영식 굴전

🕐 30~40분 / 2인분

- 굴 1봉(200g)
- 부추 1줌(또는 쪽파, 50g)
- 달걀 5개
- 소금 1/3작은술
- 식용유 1큰술

통영식 굴전

1 굴은 체에 담고 물(3컵)+
소금(1작은술)에 담가
흔들어 씻은 후 물기를 없앤다.

2 부추는 2cm 길이로 썬다.

3 볼에 달걀, 소금을 넣어 풀고,
부추를 섞는다.

4 달군 팬에 식용유, ③의 반죽을
1큰술씩 올려 중약 불에서
30초간 익힌다. 반죽에 굴을
1개씩 올린 후 반으로 접는다.

5 뒤집개로 가장자리를
눌러가며 2분,
뒤집어 2분간 굽는다.

★ 기름이 부족하면 중간에
더 넣는다. 팬의 크기에 따라
2~3번에 나눠 굽는다.
초간장(143쪽)을 곁들여도 좋다.

생선전
부추전

생선전

부추전

냉동 흰살 생선살 해동하기
냉동실에서 냉장실로 옮겨
해동하는 것이 좋다.
온도 차가 커지면 생선 속에서
수분이 빠져나오면서 맛과
영양 성분이 함께 빠져나오기 때문.
해동한 후 과정 ①부터 진행한다.

생선전

1 생선살은 해동(156쪽)한 후
키친타월로 감싸 물기를 없앤다.
밑간을 뿌려 10분간 둔다.

2 그릇에 밀가루와 달걀을
각각 담고, 달걀을 푼다.
생선살에 밀가루를 얇게 묻힌 후
살살 털어내고 달걀물을 입힌다.

3 달군 팬에 식용유를 두르고
생선살을 넣어 중약 불에서 3분,
뒤집어 2분간 굽는다.
★ 기름이 부족하면 중간에
더 넣는다. 팬의 크기에 따라
2~3번에 나눠 굽는다.
초간장(143쪽)을 곁들여도 좋다.

부추전

1 냉동 생새우살은 잠길 만큼의
물에 10분간 담가 해동한다.
키친타월로 감싸 물기를 없앤다.

2 부추는 7cm 길이로 썬다.
청양고추는 송송 썬다.

3 큰 볼에 부침가루,
물 1컵(200㎖)을 넣고
섞는다. 부추, 새우,
청양고추를 넣고 섞는다.

4 달군 팬에 식용유, ③의 반죽
1/2분량을 올려 넓게 편다.
중간 불에서 앞뒤로 각각 2분씩
노릇하게 굽는다.
같은 방법으로 1장 더 굽는다.

★ 기름이 부족하면 중간에
더 넣는다. 양념장(143쪽)을
곁들여도 좋다.

생선전

🕐 25~30분 / 2인분
🧊 냉장 2일

• 냉동 흰살 생선살 400g
  (동태포, 대구포)
• 밀가루 4큰술
• 달걀 2개
• 식용유 1큰술

밑간
• 소금 1작은술
• 후춧가루 1/4작은술

부추전

🕐 25~30분 / 2장분
🧊 냉장 2일

• 부추 2줌(100g)
• 냉동 생새우살 8마리
  (또는 손질 오징어 1/2마리,
  조갯살, 120g)
• 청양고추 1개(생략 가능)
• 부침가루 1컵
• 물 1컵(200㎖)
• 식용유 2큰술

부추장떡

- 부추 조개 고추장떡
- 부추 된장떡

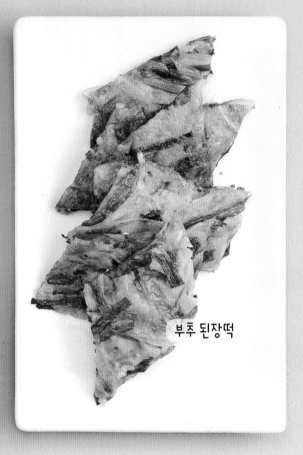

부추 된장떡

부추 조개 고추장떡

 tip

장떡
고추장, 된장을 더해 구운 전통 요리. 식었을 때 더 쫀득한 맛이 난다.

부추 고르기
부추장떡에는 일반 부추를 사용한다.
일반 부추 '조선부추'라고도 불리며, 각종 요리에 사용
영양부추 두께가 얇은 부추. 샐러드, 겉절이에 활용
호부추 '중국부추'라고도 불리며, 두께가 굵은 편. 주로 중식 볶음 요리에 활용

장떡 더 맛있게 즐기기
1 장떡은 반죽을 좀 되직하게 해서 도톰하게 부쳐야 맛있다.
2 부추 대신 쪽파, 참나물, 쑥갓 등 집에 있는 자투리 채소를 활용해도 좋다.

부추 조개 고추장떡

1 부추는 2cm 길이로 썬다.

2 조갯살은 체에 담고 물(3컵) + 소금(1작은술)에 넣어 흔들어 씻은 후 물기를 없앤다.
★ 조갯살은 손이 닿을수록 비린내가 나므로 체에 담아 씻는 것이 좋다.

3 볼에 조갯살, 밑간을 넣고 5분간 둔다.

4 다른 큰 볼에 반죽 재료를 넣고 거품기로 덩어리가 없을 때까지 섞는다.

5 부추, 조갯살을 섞는다.

6 달군 팬에 식용유, ⑤의 반죽을 1큰술씩 올려 중간 불에서 앞뒤로 각각 2분씩 굽는다.
★ 기름이 부족하면 중간에 더 넣는다. 팬의 크기에 따라 2~3번에 나눠 굽는다.

부추 된장떡

1 부추는 5cm 길이로 썬다. 양파는 가늘게 채 썬다.

2 큰 볼에 반죽 재료를 넣고 거품기로 덩어리가 없을 때까지 섞는다. 부추, 양파를 섞는다.

3 달군 팬에 식용유 1큰술, ②의 반죽 1/2분량을 올려 지름 15cm 크기로 펼친 후 중약 불에서 2분간 굽는다.

4 뒤집어 식용유 1큰술을 두르고 3분간 굽는다. 같은 방법으로 1장 더 굽는다. ★ 기름이 부족하면 중간에 더 넣는다.

부추 조개 고추장떡

🕐 25~30분 / 2인분
📦 냉장 2일

- 부추 2줌(100g)
- 조갯살 1컵(또는 냉동 생새우살 약 7마리, 100g)
- 식용유 2큰술

밑간
- 청주 1큰술
- 소금 약간
- 후춧가루 약간

반죽
- 밀가루 1컵
- 물 1컵(200㎖)
- 고추장 1큰술
- 된장 1/2큰술

부추 된장떡

🕐 20~25분 / 2장분
📦 냉장 2일

- 부추 2줌(100g)
- 양파 1/4개(50g)
- 식용유 4큰술

반죽
- 부침가루(또는 밀가루) 1컵
- 물 1컵(200㎖)
- 설탕 1/2큰술
- 된장 2큰술
  (집 된장의 경우 1큰술)

해물파전

반죽 더 맛있게 만들기

바삭한 식감을 원한다면
부침가루 1컵을 부침가루 2/3컵 +
튀김가루 1/3컵으로,
물을 얼음물로 대체한다.

쫄깃한 식감을 원한다면
부침가루 1컵을 부침가루 2/3컵 +
찹쌀가루 1/3컵으로 대체한다.

감칠맛을 더하고 싶다면
물을 동량(1컵)의
다시마 우린 물로 대체한다.

해물 사용하기

오징어, 조갯살, 새우, 굴 등
다양한 해산물로 대체해도 좋다.
이때, 총량은 250g이 되도록 한다.

1 쪽파는 5cm 길이로 썬다.
양파는 가늘게 채 썬다.

2 냉동 생새우살은 잠길 만큼의
물에 10분간 담가 해동한다.
키친타월로 감싸 물기를 없앤다.

3 조갯살은 체에 담고 물(3컵) +
소금(1작은술)에 넣어
흔들어 씻은 후 물기를 없앤다.

4 오징어는 몸통을 길게 갈라
내장을 떼어낸다. 내장과 다리의
연결 부분을 잘라 내장을 버린다.

5 다리를 뒤집어 안쪽에 있는
입 주변을 꾹 누른 후
튀어나오는 뼈를 떼어낸다.

6 다리는 손가락으로 여러 번 훑어
빨판을 제거한다.

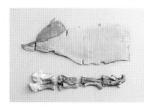

7 오징어는 몸통은 1cm 두께로,
다리는 3cm 길이로 썬다.
★ 남은 오징어 보관하기 38쪽

8 큰 볼에 부침가루,
물 1컵(200㎖)을 넣고
덩어리가 없을 때까지 섞는다.

9 식용유를 제외한 모든 재료를
섞는다.

10 달군 팬에 식용유 1큰술,
⑨의 반죽 1/2분량을
지름 15cm 크기로 편다.
중간 불에서 2분간 굽는다.

11 뒤집어 식용유 1큰술을 두르고
1분, 눌러가며 1분간 굽는다.
★ 기름이 부족하면
중간에 더 넣는다.

12 다시 뒤집어 30초간 굽는다.
같은 방법으로 1장 더 굽는다.
★ 양파 양념장(143쪽)을
곁들여도 좋다.

⏱ 35~40분 / 2장분
🔖 냉장 2일

- 오징어 1/2마리
  (120g, 손질 후 90g)
- 조갯살 1/2컵(50g)
- 냉동 생새우살 8마리(120g)
- 쪽파 1줌
  (또는 부추, 50g)
- 양파 1/4개(50g)
- 다진 마늘 1작은술
- 부침가루 1컵
- 물 1컵(200㎖)
- 식용유 4큰술
- 후춧가루 약간

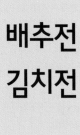

배추전
김치전

김치전

배추전

tip

배춧잎 골고루 익히기
잎 부분에 비해 두꺼운 줄기 부분은
절이기 전에 칼등으로 두들겨도 좋다.

배추전

1 배춧잎은 줄기 부분에 소금(1작은술)을 뿌려 10분간 절인다. 키친타월로 감싸 물기를 없앤다.

2 큰 볼에 반죽 재료를 넣고 덩어리가 없을 때까지 섞는다.

3 ②의 반죽에 배춧잎을 1장씩 넣어 앞뒤로 반죽을 입힌다.

4 달군 팬에 식용유 1큰술, 배춧잎을 올린다. 중간 불에서 앞뒤로 각각 1분씩 굽는다.

5 뒤집개로 누르면서 뒤집어가며 3~4분간 노릇하게 굽는다. 같은 방법으로 더 굽는다.
★ 기름이 부족하면 중간에 더 넣는다. 양념장(143쪽)을 곁들여도 좋다.

김치전

1 조갯살은 체에 담고 물(3컵) + 소금(1작은술)에 넣어 흔들어 씻은 후 물기를 없앤다.
★ 조갯살은 손이 닿을수록 비린내가 나므로 체에 담아 씻는 것이 좋다.

2 볼에 조갯살, 밑간을 넣고 버무려 5분간 둔다.

3 김치는 속을 털어내고 굵게 다진다.
★ 김치의 신맛이 강하면 설탕, 참기름 약간씩을 넣고 무쳐도 좋다.

4 큰 볼에 식용유를 제외한 모든 재료를 섞는다.

5 달군 팬에 식용유, ④의 반죽을 2큰술씩 올린다. 중약 불에서 앞뒤로 각각 3분씩 굽는다.

★ 기름이 부족하면 중간에 더 넣는다. 팬의 크기에 따라 2~3번에 나눠 굽는다.

배추전

🕐 20~25분 / 2인분
❄ 냉장 2일

- 배춧잎 8장(300g)
- 식용유 1큰술

반죽
- 부침가루 1컵
- 물 1컵(200㎖)

김치전

🕐 20~25분 / 2인분
❄ 냉장 2일

- 익은 배추김치 1컵(150g)
- 조갯살 1과 1/2컵(또는 냉동 생새우살 10마리, 150g)
- 달걀 1개
- 밀가루 1/2컵
- 물 1큰술
- 식용유 2큰술
- 다진 마늘 1작은술
- 소금 약간

밑간
- 맛술 1큰술
- 소금 약간
- 후춧가루 약간

감자전

- 감자채전
- 검은깨 감자전

검은깨 감자전

감자채전

강원도식 감자전 만들기

1 검은깨 감자전의 과정 ①까지
   진행한 후 간 감자를 체에 밭쳐
   건더기와 국물을 분리한다.

2 국물이 담긴 볼을 그대로
   20분간 둬 가라앉은 흰색의
   전분만 남기고 윗물을 버린다.

3 ②의 전분이 담긴 볼에
   덜어둔 감자 건더기, 다진 청양고추
   약간, 소금 약간을 섞는다.

4 달군 팬에 식용유 1큰술을 두르고
   반죽을 넣어 0.5cm 두께가 되도록
   얇게 펼친다.

5 중약 불에서 앞뒤로 각각 3분씩
   뒤집개로 눌러가며 굽는다.

감자채전

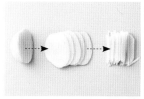

1 감자는 0.3cm 두께로 가늘게 채 썬다.

2 볼에 감자, 소금(1작은술)을 넣고 10분간 절인다. 체에 밭쳐 헹군 후 물기를 뺀다.

3 큰 볼에 감자, 부침가루, 물 6큰술을 넣고 젓가락으로 섞는다.

4 달군 팬에 식용유, ③의 반죽을 넣어 지름 20cm 크기로 편다. 중약 불에서 2분 30초~3분, 뒤집어 1분 30초~2분간 굽는다.

★ 기름이 부족하면 중간에 더 넣는다. 팬의 크기에 따라 2~3번에 나눠 굽는다. 양념장(143쪽)을 곁들여도 좋다.

감자채전

🕐 10~15분
(+ 감자 절이기 10분)
/ 1장분
🔒 냉장 2일

- 감자 1개(200g)
- 부침가루 6큰술
- 물 6큰술
- 식용유 2큰술

검은깨 감자전

🕐 15~20분 / 2인분
🔒 냉장 2일

- 감자 1개(200g)
- 밀가루 3큰술
- 검은깨(또는 통깨) 1작은술
- 소금 1/2작은술
- 식용유 2큰술

검은깨 감자전

1 감자는 강판에 간다.

2 큰 볼에 식용유를 제외한 모든 재료를 넣고 섞는다.

3 달군 팬에 식용유, ②의 반죽을 1큰술씩 올린다.

4 중간 불에서 앞뒤로 각각 1분 30초씩 굽는다.

★ 기름이 부족하면 중간에 더 넣는다. 팬의 크기에 따라 2~3번에 나눠 굽는다. 양념장(143쪽)을 곁들여도 좋다.

애호박전·버섯전

- 애호박전
- 새송이버섯전
- 애느타리버섯전

애호박전

새송이버섯전

애느타리버섯전

tip

애호박전 예쁘게 부치기

1 애호박을 얇게 썰면 전을
  부쳤을 때 흐물흐물해지고,
  두꺼우면 속까지 익지 않으므로
  0.5cm 정도 두께로 썬다.

2 재료의 수분이 많으면
  반죽이 벗겨지므로
  애호박을 소금에 절여 수분을
  충분히 제거한 후 사용한다.

1 굽는 도중 기름이 부족하면 중간에 더 넣는다.
2 팬의 크기에 따라 2~3번에 나눠 구워도 좋다.
3 양념장(143쪽)을 곁들여도 좋다.
4 구운 후 겹치지 않게 펼쳐서 식혀야 눅눅해지지 않는다.

애호박전

 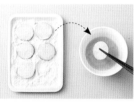 

1 애호박은 0.5cm 두께로 썬다. 볼에 애호박, 소금(1작은술)을 넣고 15분간 절인 후 키친타월로 감싸 물기를 없앤다.

2 그릇에 밀가루와 달걀을 각각 담고, 달걀은 푼다. 애호박에 밀가루를 얇게 묻힌 후 살살 털어내고 달걀물을 입힌다.

3 달군 팬에 식용유, 애호박을 올려 중약 불에서 2분, 뒤집어 약한 불로 줄여 2분간 굽는다.

새송이버섯전

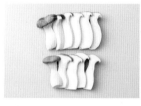  

1 새송이버섯은 0.5cm 두께로 썬다.

2 그릇에 밀가루와 달걀을 각각 담고, 달걀에 소금을 넣어 푼다. 새송이버섯에 밀가루를 얇게 묻힌 후 살살 털어내고 달걀물을 입힌다.

3 달군 팬에 식용유, 새송이버섯을 올려 중약 불에서 2분, 뒤집어 약한 불로 줄여 2분간 굽는다.

애느타리버섯전

1 애느타리버섯은 밑동을 제거하고 가닥가닥 뜯는다. 고추는 송송 썬다.

2 큰 볼에 식용유를 제외한 모든 재료를 섞는다.

3 달군 팬에 식용유, ②의 반죽을 1큰술씩 올려 지름 4cm 크기로 편다. 중약 불에서 앞뒤로 각각 2~3분씩 굽는다.

애호박전

🕐 **20~25분**
(+ 애호박 절이기 15분)
/ 2인분
🔒 냉장 1일

- 애호박 1개(270g)
- 밀가루 4큰술
- 달걀 2개
- 식용유 1큰술

새송이버섯전

🕐 **20~25분 / 2인분**
🔒 냉장 1일

- 새송이버섯 3개(240g)
- 밀가루 4큰술
- 달걀 2개
- 식용유 2큰술
- 소금 약간

애느타리버섯전

🕐 **20~25분 / 2인분**
🔒 냉장 1일

- 애느타리버섯 4줌
  (또는 다른 버섯, 200g)
- 고추 1개
- 달걀 2개
- 부침가루 3큰술
- 식용유 2큰술

두부전

- 두부 부추전
- 두부 빈대떡

두부 부추전

두부 빈대떡

1 부추는 송송 썬다.

2 두부는 칼 옆면으로 눌러 곱게 으깬다. 면보로 감싸 물기를 꼭 짠다.

3 큰 볼에 식용유를 제외한 모든 재료를 섞는다.

4 ③의 반죽을 4등분한다. 지름 5cm, 두께 1cm 크기로 둥글납작하게 빚는다.

5 달군 팬에 식용유, 반죽을 올린다. 중간 불에서 1분, 뒤집어 약한 불로 줄여 2분, 다시 뒤집어 30초간 굽는다.

★ 기름이 부족하면 중간에 더 넣는다. 팬의 크기에 따라 2~3번에 나눠 굽는다. 초간장(143쪽)을 곁들여도 좋다.

두부 부추전

⏱ 20~25분 / 4개분
🔒 냉장 1일

- 두부 큰 팩 1/2모(부침용, 150g)
- 부추 1줌(또는 달래, 50g)
- 부침가루 5큰술
- 물 2큰술
- 소금 1/4작은술
- 양조간장 1작은술
- 식용유 1큰술

두부 빈대떡

⏱ 20~25분 / 2개분
🔒 냉장 1일

- 두부 큰 팩 1/2모(부침용, 150g)
- 익은 배추김치 1/2컵(75g)
- 부침가루 5큰술
- 달걀 1개
- 소금 1/3작은술
- 들기름 1큰술
- 식용유 1큰술

두부 빈대떡

1 두부는 칼 옆면으로 눌러 곱게 으깬다. 면보로 감싸 물기를 꼭 짠다.

2 김치는 속을 털어내고 1cm 두께로 썬 후 물기를 꼭 짠다.

3 큰 볼에 두부, 김치, 부침가루, 달걀, 소금을 넣고 섞는다.

4 ③의 반죽을 2등분한다. 지름 10cm, 두께 1cm 크기로 둥글납작하게 빚는다.

5 달군 팬에 들기름 1/2큰술, 식용유 1/2큰술을 두른다. 반죽을 올려 중간 불에서 1분간 굽는다.

6 중약 불로 줄여 2분간 굽는다. 남은 들기름, 식용유를 넣고 뒤집어 2분간 굽는다.

육원전
깻잎전
고추전

육원전(동그랑땡)

깻잎전

고추전

 tip

고기 반죽으로 함박 스테이크 만들기

1 두부를 생략하고 다진 돼지고기
   200g을 더한다.

2 고기 반죽을 만든 후
   지름 10cm, 두께 1cm 크기로
   둥글납작하게 빚는다.

3 달군 팬에 식용유 1큰술,
   반죽을 올려 뚜껑을 덮고
   중약 불에서 4분, 뒤집어 3분간
   구운 후 불을 끄고 1분간 그대로 둔다.

4 시판 돈가스 소스나 토마토케첩,
   스테이크 소스(334쪽)를 곁들인다.

★공통 재료 손질 고기 반죽 만들기

1 두부는 칼 옆면으로 눌러 곱게 으깬다. 면보로 감싸 물기를 꼭 짠다.

2 양파, 고추는 잘게 다진다.

3 큰 볼에 모든 재료를 넣고 충분히 치댄다. ★ 충분히 치대야 쫄깃한 식감이 나고, 부서지지 않는다.

육원전

1 고기 반죽을 지름 4cm, 두께 1cm 크기로 둥글납작하게 빚는다.

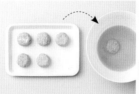

2 그릇에 밀가루와 달걀을 각각 담고, 달걀에 소금을 넣어 푼다. 반죽에 밀가루를 얇게 묻힌 후 살살 털어내고 달걀물을 입힌다.

3 달군 팬에 식용유, 반죽을 올려 중약 불에서 4분 30초, 뒤집어 4분간 굽는다. ★ 기름이 부족하면 중간에 더 넣는다.

깻잎전

1 깻잎의 한쪽에 밀가루를 얇게 묻힌다. 밀가루 묻힌 쪽의 1/2지점까지 고기 반죽 약간을 펼쳐 넣고 접는다.

2 그릇에 밀가루와 달걀을 각각 담고, 달걀에 소금을 넣어 푼다. 깻잎에 밀가루를 얇게 묻힌 후 털어내고 달걀물을 입힌다.

3 달군 팬에 식용유, ②를 올려 중약 불에서 4분 30초, 뒤집어가며 3~4분간 굽는다. ★ 기름이 부족하면 중간에 더 넣는다.

고추전

1 고추는 길이로 2등분한 후 씨를 없앤다. 안쪽에 밀가루를 얇게 묻힌 후 고기 반죽을 채운다.

2 그릇에 밀가루와 달걀을 각각 담고, 달걀에 소금을 넣어 푼다. 반죽을 채운 쪽에만 밀가루, 달걀물을 입힌다.

3 달군 팬에 식용유, 달걀을 입힌 쪽이 바닥에 닿도록 고추를 올린다. 중약 불에서 3분, 뒤집어 1분간 굽는다.

고기 반죽
- 두부 큰 팩 1/2모 (부침용, 150g)
- 다진 쇠고기 200g
- 양파 1/4개(50g)
- 풋고추 2개
- 다진 파 1큰술
- 다진 마늘 1큰술
- 양조간장 1큰술
- 후춧가루 1/4작은술

육원전(동그랑땡)
- ⏱ 35~40분 / 2인분
- 🧊 냉장 2일
- 밀가루 3큰술
- 달걀 2개
- 식용유 1과 1/2큰술
- 소금 약간

깻잎전
- ⏱ 40~45분 / 2인분
- 🧊 냉장 1일
- 깻잎 25장
- 밀가루 3~4큰술
- 달걀 2개
- 식용유 1과 1/2큰술
- 소금 약간

고추전
- ⏱ 25~30분 / 2인분
- 🧊 냉장 1일
- 풋고추 15개
- 밀가루 3~4큰술
- 달걀 2개
- 식용유 1과 1/2큰술
- 소금 약간

달걀말이

- 기본 달걀말이
- 채소 달걀말이
- 김 달걀말이

tip

달걀말이 예쁘게 말기

1 팬에 기름이 많으면 그 부분으로는 달걀물이 가지 않는다. 따라서 팬에 식용유를 두른 후 키친타월로 코팅하듯이 닦는다.
2 센 불에서 익히면 기포가 생기면서 부풀기 때문에 약한 불에서 익힌다.
3 둥근 팬을 사용할 경우 코팅이 잘 된 팬을 선택한다. 달걀말이용 직사각형 팬을 사용하면 더 예쁘게 말 수 있다.

치즈 달걀말이 만들기

기본 달걀말이 과정 ④까지 진행한 후 슈레드 피자치즈 1/2컵(50g) 또는 슬라이스 치즈 2장을 펼쳐 올린다.

더 부드럽게 만들기

달걀을 풀어준 후 체에 내리면 알끈이 제거되어 더 부드럽게 즐길 수 있다.

1 다진 자투리 채소를 준비한다.
★ 기본 달걀말이를 만들 경우
다진 자투리 채소는 생략한다.

2 볼에 달걀, 소금을 넣어 푼다.
다진 자투리 채소를 섞는다.

3 코팅이 잘된 팬을 약한 불로
달군다. 식용유를 두르고
키친타월로 펴 바른다.

기본 달걀말이
채소 달걀말이

⏱ 10~15분 / 2인분
🧊 냉장 2일

• 달걀 4개
• 다진 자투리 채소 1/2컵
  (당근, 피망, 파프리카, 양파 등, 50g)
• 소금 1/3작은술
• 식용유 1작은술
★ 기본 달걀말이를 만들 경우
  자투리 채소는 생략한다.

김 달걀말이

⏱ 10~15분 / 2인분
🧊 냉장 2일

• 달걀 4개
• 김밥 김 1장
• 소금 1/3작은술
• 식용유 1작은술

4 달걀물 1/3분량을 붓고
80% 정도 익힌다.
★ 아랫면은 거의 다 익고
윗면은 액체인 상태이다.

5 뒤집개나 주걱 2개를 이용해
끝까지 돌돌 만다.

6 달걀말이를 팬의 오른쪽으로
민다. 남은 달걀물(붓기 전에
한 번 섞기)의 1/2분량을
붓는다. 달걀물이 80% 정도
익으면 돌돌 만다. 이 과정을
한 번 더 반복한다.

7 달걀말이를 한 김 식힌 후
1.5~2cm 두께로 썬다.
★ 충분히 식히고 썰어야
부서지지 않는다. 칼로
톱질하듯 써는 것이 좋다.

★ **달걀 잘 말기**

1 달걀의 윗면이 약간 덜 익은
상태일 때 만다. 많이 익으면
말았을 때 서로 잘 붙지 않는다.

2 왼손은 말아져 오는 달걀을
받치고, 오른손은 손목 스냅을
이용해 더 과감하게 만다.

3 마는 과정에서 찢어져도
과정 ⑥에서 가려지므로
계속 진행한다.

1 볼에 달걀, 소금을 넣어 푼다.
코팅이 잘된 팬을 약한 불로
달군 후 식용유를 두르고
키친타월로 펴 바른다.

2 달걀물 1/3분량을 붓고
80% 정도 익힌다.
★ 아랫면은 거의 다 익고
윗면은 액체인 상태이다.

3 달걀에 김을 올린다. 뒤집개나
주걱 2개를 이용해 끝까지
돌돌 말아 1분간 익힌다.
과정 ②~③을 2번 반복한다.

chapter
4

볶음·찜 --

메인 메뉴로도 손색없는 볶음과 찜. 재료에 양념이 잘 배도록
레시피의 불 세기와 조리 시간을 잘 확인하세요.

1

볶음 맛있게 하는 요령

1 달군 팬에 기름을 두르고 다진 마늘이나
 다진 파를 먼저 볶아 향을 낸다.

2 볶음은 불 조절이 중요하다. 센 불에서 먼저 볶아 재료의 맛 성분이
 빠지지 않도록 한 후 중간 불로 줄여 속까지 익힌다.

3 양념은 볶는 중간에 넣거나 미리 재료와 버무려 둬야
 재료에 간이 더 잘 밴다.

4 참기름, 들기름은 마지막에 넣어야 향이 살아 있다.

5 많은 재료를 한꺼번에 넣으면 온도가 내려가면서
 골고루 익지 않으므로 2~3번에 나눠 넣고 볶는 것이 좋다.

6 여러 가지 재료를 볶을 때는 단단하거나
 오래 익혀야 하는 것부터 순서대로 넣는다.

2

재료별 볶음 노하우

1 쇠고기

> **채 썬 경우**

센 불에서 볶으면 고기가 뭉쳐지므로 중간 불에서 풀어가며 볶는다.

> **도톰하게 썬 경우**

녹말가루를 입혀 볶으면 윤기가 나고 고기의 육즙도 빠지지 않는다.

2 돼지고기
고추장 양념은 쉽게 탈 수 있으므로 중간 불에서 볶는다.

3 닭고기
익는 시간이 긴 편이고 볶는 과정에서 좋지 않은 닭기름이
녹아 나오기도 한다. 따라서 많은 양을 볶을 때는 토막낸 닭을
껍질째 끓는 물에 데쳐 기름기를 제거한 후 볶는 것이 좋다.

4 주꾸미, 낙지
오래 볶으면 수분이 많이 나오고 식감이 질겨진다.
달군 팬에 먼저 볶아 수분을 제거한 후 채소, 양념과 볶는 것이 좋다.

3

볶음에 어울리는 양념

1 간장 양념
쇠고기 또는 돼지고기 300g 기준

설탕 1과 1/2큰술 + 다진 파 1큰술 + 다진 마늘 1큰술 + 양조간장 3큰술 +

청주 1큰술 + 참기름 1/2큰술 + 후춧가루 약간

2 고추장 양념
돼지고기 200g 기준

설탕 1/2큰술 + 고춧가루 2큰술 + 다진 마늘 1큰술 + 맛술 2큰술 +

양조간장 2큰술 + 고추장 1큰술 + 후춧가루 약간

찜 맛있게 하는 요령

1 바닥이 두꺼운 냄비를 추천한다. 바닥이 너무 얇으면 눌어붙거나
  탈 수 있고, 수분이 빠르게 증발되어 찜이 설익게 된다.

2 고기는 끓는 물에 먼저 데친 후 찌는 것이 좋다.
  잡내가 없어지고, 겉을 먼저 익혔기 때문에 육즙이
  빠져 나오는 것을 막을 수 있어 고기가 더 부드럽게 된다.

3 압력밥솥을 사용할 경우 재료에서 수분이 많이 나오기 때문에
  물의 양을 적게 하고, 양념의 간을 조금 세게 해야
  요리가 완성되었을 때 간이 딱 맞다.

4 양이 많을 때는 양념을 2~3번에 나눠 넣어야 간이 더 잘 밴다.

5 찜은 만든 후 다음 날 다시 데우면 재료 속까지 간이 더 잘 밴다.

재료별 찜 노하우

생선

식으면 비린내가 나므로 만든 즉시 먹는 것이 맛있다.

고기

만든 후 식히면 위에 기름이 굳는데 이를 제거하면
훨씬 깔끔하게 즐길 수 있다.

고기찜에 어울리는 양념 (갈비 1㎏ 기준)

1 간장 양념 아래 재료를 믹서에 간다.

배 1/8개 (또는 파인애플, 50g) + 양파 1/2개 (100g) + 대파 15cm + 마늘 5쪽(25g) +

생강 (마늘 크기) 1톨 + 설탕 2와 1/2큰술 + 양조간장 7큰술 + 참기름 1큰술

2 고추장 양념 아래 재료를 믹서에 간다.

배 1/8개 (또는 파인애플, 50g) + 양파 1/2개 (100g) + 청양고추 1개 + 마늘 3쪽(15g) +

생강 (마늘 크기) 1톨 + 고춧가루 3큰술 + 설탕 2큰술 + 양조간장 5큰술 +

고추장 3큰술 + 참기름 1큰술

tip **시판 고기 양념 활용하기** (갈비 700g 기준)

시판 양념은 단맛이 강한 편. 따라서 시판 양념 60g 기준
양파 1/4개(50g), 다진 마늘 1큰술, 양조간장 4큰술,
참기름 1작은술을 갈아서 더한다.

먹고 남은 볶음 및 찜 활용하기

1 밥에 남은 찜, 볶음을 올려 덮밥으로 즐긴다.
  이때 남은 찜, 볶음이 너무 묽다면 한번 끓인 후 불을 끄고
  녹말물(감자전분 1큰술 + 물 3큰술, 넣기 전에 한 번 섞는다)을 더한다.
  소금으로 부족한 간을 더해도 좋다.

2 먹고 남은 양념에 밥, 송송 썬 김치, 김가루, 다진 양파, 참기름을 더해
  볶음밥으로 즐긴다. 양념이 부족할 경우 고추장을 더한다.

소불고기

- 소불고기
- 버섯불고기

버섯불고기

소불고기

tip

소불고기에 슈레드 피자치즈 더하기
과정 ④까지 진행한 후 불을 끄고
슈레드 피자치즈 1/2컵(50g)을 넣어
녹을 때까지 섞는다.

소불고기

1 대파는 어슷 썬다.
큰 볼에 양념을 섞는다.

2 쇠고기는 4cm 두께로 썬 후
키친타월로 감싸 핏물을 없앤다.

3 ①의 볼에 쇠고기를 섞고
30분간 둔다.

4 달군 팬에 식용유, 쇠고기를 넣어
중간 불에서 4분간 볶은 후
대파를 섞는다. ★ 고기의 두께에 따라
볶는 시간을 조절한다.

버섯불고기

1 쇠고기는 4cm 두께로 썬 후
키친타월로 감싸 핏물을 없앤다.

2 믹서에 양념을 넣고 간다.
볼에 쇠고기, 양념을 섞은 후
30분간 둔다.

3 대파채는 찬물에 담가 바락바락
주물러 2~3번 씻는다. 체에 밭쳐
물기를 뺀다. ★ 대파를 물에
주물러 씻으면 점액질이 없어져
더 깔끔하게 즐길 수 있다.

4 느타리버섯은 밑동을 제거하고
가닥가닥 뜯는다.

5 깊은 팬을 달군 후 쇠고기,
국물 재료를 넣고 센 불에서
끓어오르면 중간 불로 줄여
3분간 볶는다.

6 느타리버섯을 넣고 2분간 볶은 후
불을 끈다. 대파채를 올린다.
★ 대파채를 넣고 약한 불에서
1분간 볶아도 좋다.

— 소불고기

🕐 15~20분
  (+ 고기 재우기 30분)
  / 2인분
🔒 냉장 1~2일

- 쇠고기 불고기용 300g
- 대파 15cm
- 식용유 1/2큰술

양념
- 설탕 1과 1/2큰술
- 다진 파 1큰술
- 다진 마늘 1큰술
- 양조간장 3큰술
- 청주 1큰술
- 참기름 1작은술
- 후춧가루 약간

— 버섯불고기

🕐 35~40분 / 2인분
🔒 냉장 1~2일

- 쇠고기 불고기용 300g
- 시판 대파채 50g
- 느타리버섯 3줌
  (또는 다른 버섯, 150g)

양념
- 양파 1/2개(100g)
- 대파(흰 부분) 5cm
- 설탕 2큰술
- 다진 마늘 1/3큰술
- 양조간장 3큰술
- 참기름 1큰술
- 후춧가루 약간

국물
- 맛술 1큰술
- 양조간장 1큰술
- 물 1컵(200㎖)

별미 불고기

- 콩나물불고기
- 바싹불고기

콩나물불고기

바싹불고기

 tip

콩나물불고기로 볶음밥 만들기
다진 김치, 밥, 김가루를 넣고 볶는다.
고추장으로 부족한 간을 더한다.

콩나물불고기

1 콩나물은 씻어 체에 밭쳐
물기를 없앤다.

2 대파는 어슷 썬다.
깻잎은 돌돌 말아 채 썬다.

3 대패 삼겹살은 밑간과 섞는다.
작은 볼에 양념을 섞는다.

4 깊은 팬을 달군 후 들기름,
고추기름, 콩나물을 넣고
센 불에서 10초간 빠르게 볶는다.
★ 들기름, 고추기름을 함께
사용하면 풍미가 더 좋아진다.

5 대패 삼겹살, 대파를 넣고
1분간 가만히 둔다.
양념을 넣고 2분 30초간 볶는다.
불을 끄고 깻잎을 섞는다.

바싹불고기

1 쇠고기는 키친타월로 감싸
핏물을 없앤다.

2 ①의 쇠고기를 사방 0.3cm 간격으로
5분 이상 칼집을 낸다.
★ 칼집을 많이 넣을수록
더 부드럽게 즐길 수 있다.

3 큰 볼에 양념을 섞는다.
쇠고기를 넣고 버무려
15분간 둔다.

4 달군 팬에 식용유를 두른다.
쇠고기를 조금씩 떼서 지름 6cm,
두께 0.5cm 크기로 올린다.
약한 불에서 뒤집개로 눌러가며 앞뒤로
각각 1~2분씩 노릇하게 굽는다.

콩나물불고기

🕐 20~25분 / 2인분
📦 냉장 2~3일

- 대패 삼겹살 200g
  (또는 돼지고기 불고기용)
- 콩나물 6줌(300g)
- 깻잎 5장(10g)
- 대파 10cm
- 들기름 1큰술
- 고추기름(또는 식용유) 1큰술

밑간

- 청주 2큰술
- 소금 약간
- 후춧가루 약간

양념

- 고춧가루 1큰술
- 양조간장 1과 1/2큰술
- 올리고당 1과 1/2큰술
- 고추장 1/2큰술
- 소금 1/2작은술
- 다진 마늘 1작은술
- 후춧가루 약간

바싹불고기

🕐 15~20분(+ 고기 재우기 15분)
   / 2인분
📦 냉장 2~3일

- 쇠고기 불고기용 400g
- 식용유 1/2큰술

양념

- 설탕 1큰술
- 다진 파 1큰술
- 양조간장 3큰술
- 맛술 1큰술
- 다진 마늘 1작은술
- 참기름 1작은술

돼지불고기

- 제육볶음
- 깻잎불고기

제육볶음

깻잎불고기

제육볶음에 가지 더하기

가지 1개(150g)를 5cm 두께로
썬 후 길이로 6등분한다.
과정 ④에서 양파와 함께 볶는다.
소금으로 부족한 간을 더한다.

제육볶음을 매콤하게 만들기

굵게 다진 청양고추 1~2개를
양념에 더한다.

제육볶음

1 돼지고기는 키친타월로 감싸 핏물을 없앤 후 한입 크기로 썬다.

2 큰 볼에 양념을 섞은 후 돼지고기를 넣고 버무려 30분간 재운다.

3 양파는 0.5cm 두께로 채 썰고, 대파는 어슷 썬다.

4 달군 팬에 식용유, 돼지고기를 넣어 중간 불에서 3분, 양파를 넣고 2분, 대파를 넣고 30초간 볶는다.

★ 고기의 두께에 따라 볶는 시간을 조절한다.

깻잎불고기

1 돼지고기는 키친타월로 감싸 핏물을 없앤 후 한입 크기로 썬다.

2 큰 볼에 양념을 섞은 후 돼지고기를 넣고 버무려 30분간 재운다.

3 양파는 0.5cm 두께로 채 썬다. 깻잎은 돌돌 말아 가늘게 채 썬다.

4 ②의 볼에 양파를 넣고 버무린다.

5 달군 팬에 식용유, ④를 넣어 센 불에서 1분, 중간 불로 줄여 5분간 볶는다.

6 불을 끄고 깻잎을 넣는다.

제육볶음

⏱ **15~20분**
(+ 고기 재우기 30분)
/ 2인분
❄ **냉장 2~3일**

- 돼지고기 불고기용 300g
  (또는 앞다릿살)
- 양파 1/4개(50g)
- 대파 15cm
- 식용유 1큰술

양념

- 설탕 1큰술
- 다진 마늘 1큰술
- 청주 1큰술
- 양조간장 1큰술
- 고추장 3큰술
- 식용유 1큰술

깻잎불고기

⏱ **20~25분**
(+ 고기 재우기 30분)
/ 2인분
❄ **냉장 2~3일**

- 돼지고기 불고기용 300g
  (또는 앞다릿살)
- 깻잎 15장(30g)
- 양파 1/2개(100g)
- 식용유 1큰술

양념

- 설탕 1과 1/2큰술
- 다진 파 1큰술
- 다진 마늘 1큰술
- 양조간장 3큰술
- 청주 1큰술
- 참기름 1/2큰술
- 통깨 1작은술
- 다진 생강 1작은술(생략 가능)
- 후춧가루 약간

갈비찜

- 매운 돼지갈비찜
- 소갈비찜

매운 돼지갈비찜

소갈비찜

 tip

가스 압력밥솥으로 만들기
조리 시간을 단축시킬 수 있고
고기는 더 부드럽게 익는다.

1 과정 ②까지 진행한 후
   압력밥솥에 모든 재료를 넣는다.
2 뚜껑을 덮고 센 불에서
   추가 흔들려 소리가 나면
   중약 불로 줄여 25분간 익힌다.
3 불을 끄고 추의 김이 빠지면
   뚜껑을 연다.

매운 돼지갈비찜을 맵지 않게 만들기
소갈비찜 양념으로 대체한다.

갈비 손질하기

기름

1 돼지갈비 또는 소갈비에
붙어 있는 흰색의 기름을 없앤다.
살 쪽에 10군데 정도
칼집을 깊게 낸다. ★ 칼집을
내야 속까지 양념이 잘 밴다.

2 큰 볼에 갈비, 잠길 만큼의
물을 붓고 30분~1시간 정도 둬
핏물을 뺀다. 이때, 중간중간 물을
갈아준다. 체에 밭쳐 물기를 뺀다.

3 냄비에 고기 데칠 물을 넣고
센 불에서 끓어오르면
갈비를 넣고 3분간 데친다.
씻은 후 체에 밭쳐 물기를 뺀다.

매운 돼지갈비찜

1 믹서에 양념을 넣고 간다.
볼에 손질 돼지갈비, 양념을 넣고
섞은 후 1시간 이상 재운다.

2 감자, 당근은 한입 크기로 썬 후
모서리를 둥글게 깎는다.
양파는 한입 크기로,
대파, 고추는 어슷 썬다.
★ 채소의 모서리를 둥글게
깎으면 익는 과정에서
덜 부서진다.

3 바닥이 두꺼운 냄비에 ①의
돼지갈비, 물 3컵(600㎖)을 넣고
센 불에서 끓어오르면 뚜껑을 덮고
중약 불로 줄여 25분간 익힌다.
감자, 당근, 양파를 넣어 15분,
대파, 고추를 넣고 10분간 끓인다.
★ 눌어붙지 않도록 중간중간 저어준다.

소갈비찜

1 믹서에 양념을 넣고 간다.
볼에 손질 소갈비, 양념을 넣고
섞은 후 1시간 이상 재운다.

2 당근, 무는 한입 크기로 썬 후
모서리를 둥글게 깎는다.
대파는 어슷 썬다.

3 바닥이 두꺼운 냄비에 ①의
소갈비, 물 3컵(600㎖)을 넣고
센 불에서 끓어오르면 뚜껑을 덮고
중약 불로 줄여 30분간 익힌다.
무, 당근을 넣어 10분, 대파를 넣고
5분간 끓인다. ★ 눌어붙지 않도록
중간중간 저어준다.

찜용 갈비 손질하기

- 갈비(찜용, 돼지갈비 또는 소갈비) 1kg

고기 데칠 물
- 물 5컵(1ℓ)
- 양파 1/4개(50g)
- 대파(푸른 부분) 20cm

매운 돼지갈비찜

⏱ 50~55분(+ 갈비 손질하기 2시간,
고기 재우기 1시간) / 2인분

🧊 냉장 2~3일

- 손질 돼지갈비(찜용) 1kg
- 감자 1개(200g)
- 당근 1/2개(100g)
- 양파 1/2개(100g)
- 대파 15cm
- 고추 2개
- 물 3컵(600㎖)

양념
- 배 1/8개(또는 파인애플, 50g)
- 양파 1/2개(100g)
- 청양고추 1개
- 마늘 3쪽(15g)
- 생강 1톨(마늘 크기, 5g)
- 고춧가루 3큰술
- 설탕 2큰술
- 양조간장 5큰술
- 고추장 3큰술
- 참기름 1큰술

소갈비찜

⏱ 50~55분(+ 갈비 손질하기 2시간,
고기 재우기 1시간) / 2인분

🧊 냉장 2~3일

- 손질 소갈비(찜용) 1kg
- 무 지름 10cm, 두께 3cm(300g)
- 당근 1/2개(100g)
- 대파 15cm
- 물 3컵(600㎖)

양념
- 배 1/8개(또는 파인애플, 50g)
- 양파 1/2개(100g)
- 대파 15cm
- 마늘 5쪽(25g)
- 생강 1톨(마늘 크기, 5g)
- 설탕 2와 1/2큰술
- 양조간장 7큰술
- 참기름 1큰술

보쌈

- 수육
- 무김치
- 배추겉절이

배추겉절이

무김치

수육

수육

1 양파는 한입 크기로 썬다.
통삼겹살은 2등분한다.

2 냄비에 모든 재료를 넣고
뚜껑을 덮어 센 불에서 끓인다.

3 끓어오르면 중약 불에서 50분간
삶는다. 삶은 물에 담가 한 김
식힌 후 1cm 두께로 썬다.
★ 삶은 물에 고기를 15~20분
정도 담가둔 후 썰면
속까지 더 촉촉하다.

무김치

1 무는 0.5cm 두께로 채 썬다.
쪽파는 4cm 길이로 썬다.

2 볼에 무, 설탕, 소금을 넣고
섞어 10분간 절인다.
헹군 후 손으로 물기를 꼭 짠다.

★ 무를 구부렸을 때 부러지지 않고
휘어지면 잘 절여진 것이다.

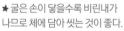

3 굴은 체에 담고 물(3컵)＋
소금(2작은술)에 넣어
흔들어 씻은 후 물기를 없앤다.
★ 굴은 손이 닿을수록 비린내가
나므로 체에 담아 씻는 것이 좋다.

4 큰 볼에 양념을 섞는다.

5 ④의 볼에 절인 무를 넣어 무친 후
굴, 쪽파를 넣고 살살 버무린다.
바로 먹거나 냉장실에 6시간 정도
숙성 시킨 후 먹는다.

배추겉절이

1 배춧잎은 씻은 후 물기를
없앤다. 길이로 2등분한 후
2cm 두께로 썬다.

2 큰 볼에 양념을 섞고 먹기 직전에
배춧잎을 넣어 살살 무친다.

수육

⏱ 1시간~1시간 10분
　(＋수육 식히기 30분)
　/ 2인분
❄ 냉장 2~3일

- 통삼겹살 600g
- 마늘 5쪽(25g)
- 양파 1/2개(100g)
- 대파(푸른 부분) 30cm
- 통후추 10알
- 물 7컵(1.4ℓ)
- 청주 1/4컵(50㎖)
- 된장 1과 1/2큰술

무김치

⏱ 30~35분
　(＋숙성 시키기 6시간)
　/ 2인분
❄ 냉장 2~3일

- 굴 1봉(200g)
- 무 지름 10cm, 두께 5cm(500g)
- 쪽파 1줌(50g)
- 설탕 1큰술
- 소금 2작은술

양념
- 고춧가루 4큰술
- 통깨 1큰술
- 다진 마늘 1/2큰술
- 액젓(까나리 또는 멸치) 1큰술
- 올리고당 2큰술
- 고추장 1/2큰술
- 설탕 2작은술

배추겉절이

⏱ 15~20분 / 2인분
❄ 냉장 1~2일

- 배춧잎 4장
　(또는 알배기배추 약 6장, 160g)

양념
- 고춧가루 1과 1/2큰술
- 설탕 1/2큰술
- 다진 파 1큰술
- 통깨 1작은술
- 다진 마늘 1작은술
- 양조간장 2작은술
- 액젓(까나리 또는 멸치) 1작은술
- 참기름 1작은술

닭볶음

- 닭갈비
- 닭 채소볶음

닭갈비

닭 채소볶음

 tip

닭 채소볶음에 견과류나 꽈리고추 더하기
견과류 1/2컵(호두, 아몬드, 캐슈너트 등,
50g)이나 꼭지를 뗀 꽈리고추 10개(50g)를
과정 ⑥에서 청양고추와 함께 넣고 볶는다.
이때, 꽈리고추는 양념이 잘 배도록 어슷
썰거나 이쑤시개로 구멍을 3~4군데 낸다.

닭갈비에 슈레드 피자치즈 더하기
과정 ⑤까지 진행한 후 불을 끄고
슈레드 피자치즈 1/2컵(50g)을 넣어
녹을 때까지 섞는다.

닭갈비

1 큰 볼에 양념을 섞는다.

2 닭다릿살은 한입 크기로 썬다.
①의 볼에 넣고 버무려
20분간 둔다.

3 떡볶이 떡은 찬물에 헹군 다음
체에 밭쳐 물기를 뺀다.
★ 떡이 딱딱하면 찬물에
20~30분간 담가둔 후 사용한다.

4 고구마는 길이로 2등분한 후
0.5cm 두께로 썬다.
양배추는 떡볶이 떡과 비슷한
크기로 썰고, 대파는 어슷 썬다.

5 달군 팬에 식용유, 닭다릿살,
양배추, 고구마를 넣어
중간 불에서 3분간 볶는다.
중약 불로 줄인 후 떡볶이 떡,
대파를 넣고 5~7분간 볶는다.

닭갈비

🕐 30~35분 / 2인분
❄ 냉장 2~3일

- 닭다릿살 4~5쪽
  (또는 닭안심 14쪽, 360g)
- 떡볶이 떡 1컵
  (또는 떡국 떡, 150g)
- 양배추 5장(손바닥 크기, 150g)
- 고구마 1개(200g)
- 대파 15cm
- 식용유 2큰술

양념

- 고춧가루 1과 1/2큰술
- 다진 마늘 1과 1/2큰술
- 양조간장 2큰술
- 맛술 1과 1/2큰술
- 올리고당 2큰술
- 고추장 3큰술
- 참기름 1큰술
- 통깨 1작은술
- 후춧가루 1/4작은술

닭 채소볶음

1 닭다릿살은 한입 크기로 썬 후
밑간과 버무려 10분간 둔다.
★ 껍질을 없애거나
두꺼운 부분은 칼집을 내도 좋다.

2 애호박은 길이로 2등분한 후
0.5cm 두께로 썬다.
양파는 한입 크기로,
청양고추는 어슷 썬다.

3 작은 볼에 양념을 섞는다.

4 깊은 팬을 달군 후 식용유,
다진 마늘을 넣어
중약 불에서 30초간 볶는다.

5 ①의 닭다릿살을 넣고
센 불에서 2분, 양파를 넣고 2분,
애호박을 넣고 1분간 볶는다.

6 양념을 넣고 중약 불에서 3분,
청양고추를 넣고 1분간 볶는다.

닭 채소볶음

🕐 25~30분 / 2인분
❄ 냉장 2~3일

- 닭다릿살 4~5쪽
  (또는 닭안심 14쪽, 360g)
- 애호박 1/2개(135g)
- 양파 1/2개(100g)
- 청양고추 1개
- 식용유 2큰술
- 다진 마늘 1큰술

밑간

- 청주 2큰술
- 소금 1/2작은술
- 후춧가루 약간

양념

- 고춧가루 2큰술
- 양조간장 2큰술
- 설탕 2작은술

닭볶음탕

가스 압력밥솥으로 만들기

압력밥솥으로 만들면 닭이 더 부드럽고
감자도 포슬포슬하게 잘 익는다.

1 과정 ④까지 진행한다.
2 압력밥솥에 양념에 버무린 닭,
  채소, 물 2와 1/2컵(500㎖)을 넣고
  뚜껑을 덮어 센 불에서 끓인다.
3 추가 흔들려 소리가 나면
  중약 불로 줄여 15분간 익힌다.
4 불을 끄고 추의 김이 빠지면
  뚜껑을 연다.

1 끓는 물(5컵)에 닭을 넣고
2분간 데친다.
체에 받쳐 헹군 후 물기를 뺀다.
★ 두꺼운 부분은 데치기 전에
칼집을 내도 좋다.

2 감자, 양파는 한입 크기로 썬다.

3 대파, 고추는 어슷 썬다.

4 큰 볼에 양념을 섞고
닭, 감자를 넣어 버무린다.

5 달군 냄비에 식용유, ④를 넣어
중간 불에서 2분간 볶는다.

6 물 3컵(600㎖)을 붓고
센 불에서 끓어오르면
중간 불로 줄여 중간중간
저어가며 20분, 양파를 넣고
5분간 끓인다.

7 대파, 고추를 넣고 3분간 끓인다.

🕐 40~45분 / 2인분
🔲 냉장 2~3일

- 닭볶음탕용 1팩(1kg)
- 감자 1개(200g)
- 양파 1/2개(100g)
- 대파 10cm
- 고추 2개
- 식용유 2큰술
- 물 3컵(600㎖)

양념
- 고춧가루 3큰술
- 설탕 1과 1/2큰술
- 다진 마늘 1큰술
- 양조간장 3큰술
- 고추장 2큰술

안동찜닭

tip

가스 압력밥솥으로 만들기

압력밥솥으로 만들면 닭이 더 부드럽고
감자도 더 포슬포슬하게 잘 익는다.

1 과정 ④까지 진행한다.
2 압력밥솥에 닭, 당면, 채소, 양념,
  물 2컵(400㎖)을 넣고 뚜껑을 덮어
  센 불에서 끓인다.
3 추가 흔들려 소리가 나면
  중약 불로 줄여 15분간 익힌다.
4 불을 끄고 추의 김이 빠지면 뚜껑을 연다.

더 맛있게 즐기기

1 담백하게 즐기고 싶다면 닭다릿살을
  닭안심 20쪽(500g)으로 대체한다.
2 감칠맛을 더하고 싶다면 밑간의
  양조간장을 굴소스 1큰술로 대체한다.

1 당면은 잠길 만큼의 찬물에 1시간 정도 담가 불린다.
★ 뜨거운 물에 불리면 당면이 퍼지므로 찬물을 사용한다.

2 당근, 감자는 길이로 2등분한 후 1cm 두께로 썬다.
양파는 2cm 두께로 굵게 썬다.

3 대파는 5cm 두께로 썬 후 길이로 4등분한다.
고추는 어슷 썬다.

4 닭다릿살은 한입 크기로 썬 후 밑간과 버무린다.
★ 두꺼운 부분은 밑간과 버무리기 전에 칼집을 내도 좋다.

5 작은 볼에 양념을 섞는다.

6 달군 냄비에 참기름, 닭다릿살을 넣고 중간 불에서 뒤집어가며 2분간 굽는다. ★ 냄비를 충분히 달구지 않으면 바닥에 닭이 눌어붙을 수 있다.

7 감자, 당근을 넣고 1분간 볶는다.

8 물 2컵(400㎖), 양념 5큰술을 넣고 센 불에서 끓어오르면 중간 불로 줄여 중간중간 저어가며 20분간 끓인다.

9 남은 양념, 당면, 양파, 대파, 고추를 넣고 5분간 저어가며 끓인다.

⏱ 55~60분 / 2인분
🅱 냉장 3일

- 닭다릿살 1팩(500g)
- 당면 1/2줌(50g)
- 감자 1개(200g)
- 당근 1/2개(100g)
- 양파 1/2개(100g)
- 대파(흰 부분) 20cm
- 고추 2개
- 참기름 1큰술
- 물 2컵(400㎖)

밑간
- 양조간장 1큰술
- 설탕 1작은술
- 후춧가루 약간

양념
- 다진 마늘 1큰술
- 양조간장 4와 1/2큰술
- 맛술 2큰술
- 청주 1큰술
- 올리고당 4큰술
- 소금 1/4작은술
- 후춧가루 1/4작은술
- 다진 생강 1/2작은술 (생략 가능)

오징어볶음

- 기본 오징어볶음
- 오삼불고기

기본 오징어볶음

오삼불고기

 tip

오징어볶음에 삶은 콩나물 곁들이기

1 끓는 물 6컵(1.2ℓ) + 소금 1작은술에
   콩나물 4줌(200g)을 넣고 5분간 삶는다.
2 체에 펼쳐 한 김 식힌다.

오징어볶음에 쌈 채소 곁들이기

향이 강한 쌈 채소(치커리, 겨자잎,
깻잎 등)가 잘 어울린다.

덮밥으로 만들기

밥에 기본 오징어볶음이나 오삼불고기를
올린다. 김가루, 슈레드 피자치즈를
더해도 좋다.

오징어 손질하기

1 오징어는 몸통을 길게 갈라 내장을 떼어낸다.

2 내장과 다리의 연결 부분을 잘라 내장을 버린다.

3 다리를 뒤집어 안쪽에 있는 입 주변을 꾹 누른 후 튀어나오는 뼈를 떼어낸다.

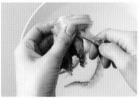

4 다리는 손가락으로 여러 번 훑어 빨판을 제거한다.

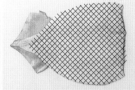

5 몸통 안쪽에 칼을 최대한 눕혀 우물 정(井)자로 칼집을 촘촘하게 낸다. ★ 칼집을 내면 양념이 더 잘 배고, 모양도 예쁘다. 칼을 눕혀야 오징어가 잘리지 않는다.

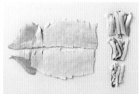

6 몸통은 길이로 2등분한 후 1cm 두께로 썰고, 다리는 5cm 길이로 썬다.

⏱ 30~35분 / 2인분
🗄 냉장 2일

- 오징어 1마리 (270g, 손질 후 180g)
- 양배추 4장 (손바닥 크기, 120g)
- 대파 15cm
- 식용유 1큰술
- 통깨 1작은술
- 참기름 1/2큰술

양념
- 설탕 1큰술
- 고춧가루 1큰술
- 청주 1큰술
- 고추장 1큰술
- 다진 마늘 1작은술
- 양조간장 1과 1/2작은술
- 식용유 1작은술
- 후춧가루 약간

기본 오징어볶음

1 큰 볼에 양념을 섞은 후 손질한 오징어를 넣고 버무려 10분간 둔다.

2 양배추는 2×5cm 크기로 썰고, 대파는 어슷 썬다.

3 달군 팬에 식용유, 대파를 넣어 중간 불에서 30초, 양배추를 넣고 2분간 볶는다.

4 오징어를 넣고 센 불에서 2분간 볶은 후 불을 끈다. 통깨, 참기름을 섞는다. ★ 센 불에서 빠르게 볶아야 물이 생기지 않고 오징어가 질겨지지 않는다.

오삼불고기

⏱ 30~35분 / 2인분
🅱 냉장 2일

- 오징어 1마리
  (270g, 손질 후 180g)
- 삼겹살 300g
- 양파 1/2개(100g)
- 대파 15cm
- 청양고추 1개
- 홍고추 1개
- 식용유 2큰술

밑간
- 다진 마늘 1큰술
- 청주 1큰술

양념
- 고춧가루 3큰술
- 설탕 1큰술
- 다진 마늘 1큰술
- 물 2큰술
- 양조간장 1큰술
- 올리고당 1과 1/2큰술
- 고추장 2큰술
- 참기름 1/2큰술

1 삼겹살은 한입 크기로 썬 후
밑간과 버무린다.
★ 밑간에 다진 생강
1/2작은술을 더해도 좋다.

2 양파는 1cm 두께로 채 썬다.

3 대파, 청양고추, 홍고추는
어슷 썬다.

4 큰 볼에 양념을 섞고 오징어,
삼겹살, 양파를 넣어 버무린다.

5 깊은 팬을 달군 후
식용유, ④를 넣고
중간 불에서 5분간 볶는다.

6 대파, 청양고추, 홍고추를 넣고
센 불에서 1분간 볶는다.

낙지볶음
주꾸미볶음

낙지볶음

주꾸미볶음

치즈 소스 곁들이기

냄비에 슬라이스 치즈 4장,
우유 1/4컵(50㎖)을 넣고
약한 불에서 5분간 끓인다.
뜨거울 때 찍어 먹는다.

소면 곁들이기

1 끓는 물(6컵)에 소면 1줌
  (70g)을 펼쳐 넣고 중간 불에서
  3분 30초간 삶는다.
2 이때, 끓어오를 때마다
  찬물(1/2컵)씩을 2~3번 붓는다.
3 손으로 충분히 비벼 씻어
  전분기를 뺀 후
  체에 밭쳐 물기를 뺀다.

⏱ **30~35분 / 2인분**
🗄 **냉장 2일**

- 낙지 2마리
  (300g, 손질 후 240g)
- 양파 1/2개(100g)
- 대파 15cm
- 청양고추(또는 다른 고추) 1개
- 낙지 볶은 물 2큰술
- 식용유 1큰술
- 참기름 1큰술

양념
- 고춧가루 1큰술
- 설탕 1/2작은술
- 소금 1/2작은술
- 다진 마늘 1작은술
- 양조간장 1과 1/2작은술
- 올리고당 1작은술
- 고추장 2작은술

1 머리의 한쪽을 가위로
길게 자른다.

2 자른 부분을 뒤집는다.

알 내장, 먹물

3 알, 내장, 먹물을 떼어낸다.
내장과 먹물은 제거한다.
★ 터지지 않도록 살살 떼어낸다.
알은 주꾸미에만 있고, 제철인
봄에 볼 수 있으나 없는 경우도
있다. 알은 주로 국물에 더한다.

4 머리에 있는 눈을 가위로
잘라낸다.

5 다리를 뒤집어 입 주변을
꾹 누른 후 튀어나오는 뼈를
떼어낸다.

6 큰 볼에 주꾸미, 밀가루(3큰술)를
넣고 바락바락 주물러 씻는다.
물에 헹군 후 체에 밭쳐 물기를
없앤다. ★ 요리에 따라 한입
크기로 썰거나 통째로 사용한다.

낙지볶음

1 양파는 1cm 두께로 채 썰고,
대파, 청양고추는 어슷 썬다.

2 달군 팬에 손질한 낙지를 넣고
센 불에서 1분간 볶는다.
★ 낙지를 팬에 먼저 볶아 수분을
없애면 완성 후 물이 생기지 않는다.

3 체에 밭쳐 5분간 둔다.
이때, 낙지 볶은 물 2큰술은
따로 둔다.

4 볼에 양념을 섞은 후
낙지 볶은 물을 넣는다.
★ 낙지 볶은 물을 더하면
감칠맛이 깊어진다.

5 ②의 팬을 닦고 달군다.
식용유, 양파를 넣어
중간 불에서 30초간 볶는다.

6 ③의 낙지, 양념을 넣고 센 불에서
1분 30초, 대파, 청양고추를 넣고
30초간 볶는다. 불을 끄고
참기름을 섞는다.

주꾸미볶음

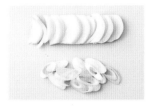

1 양파는 1cm 두께로 채 썰고,
대파는 어슷 썬다.

2 달군 팬에 손질한 주꾸미를
넣고 센 불에서 1분간 볶는다.
★ 주꾸미를 먼저 볶아 수분을
없애면 완성 후 물이 생기지 않는다.

3 체에 받쳐 5분간 둔다.
이때, 주꾸미 볶은 물 2큰술은
따로 둔다.

4 볼에 양념을 섞은 후 주꾸미 볶은
물을 넣는다. ★ 주꾸미 볶은 물을
더하면 감칠맛이 깊어진다.

5 ②의 팬을 닦고 달군다.
식용유, 양파를 넣어
중간 불에서 30초간 볶는다.

6 ③의 주꾸미, 양념을 넣고
센 불에서 1분 30초,
대파를 넣고 30초간 볶는다.
불을 끄고 참기름을 섞는다.

🕐 40~45분 / 2인분
🔁 냉장 2일

- 주꾸미 10마리
  (600g, 손질 후 500g)
- 양파 1/2개(100g)
- 대파 15cm
- 주꾸미 볶은 물 2큰술
- 식용유 2큰술
- 참기름 1작은술

양념
- 고춧가루 3큰술
- 설탕 1큰술
- 다진 마늘 1큰술
- 맛술 2큰술
- 양조간장 1/2큰술
- 고추장 2큰술
- 후춧가루 약간

해물찜

볶음밥으로 즐기기

먹고 남은 해물찜 양념에 밥을 넣고 볶는다.
김가루, 달걀을 넣어도 좋다. 고추장으로 부족한 간을 더한다.

조개 해감하기

보통 마트에서 물과 함께 담겨 봉지째 파는 모시조개나
바지락은 해감된 것이다. 만약 시장에서 해감되지 않은
조개를 샀다면 불투명한 볼에 조개, 물(5컵)＋소금(2작은술)을
함께 담가 검은색 쟁반이나 비닐을 덮은 후 30분간
서늘한 곳(또는 냉장실)에 둔다.

냉동 모둠 해물 사용하기

냉동 모둠 해물은 비린내가 날 수 있으니
청주, 다진 생강 등으로 밑간한 후 사용한다.

1 콩나물은 씻어 체에 밭쳐
물기를 없앤다.

2 조개는 씻는다. 새우는 손질한다.
★ 새우 손질하기 329쪽

3 오징어는 몸통을 길게 갈라
내장을 떼어낸다.

4 내장과 다리의 연결 부분을 잘라
내장을 버린다.

5 다리를 뒤집어 안쪽에 있는
입 주변을 꾹 누른 후
튀어나오는 뼈를 떼어낸다.

6 다리는 손가락으로 여러 번
훑어 빨판을 제거한다.

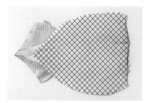

7 몸통 안쪽에 칼을 최대한 눕혀
우물 정(井)자로 칼집을 촘촘하게
낸다. ★ 칼집을 내면 양념이 더
잘 배고, 모양도 예쁘다. 칼을
눕혀야 오징어가 잘리지 않는다.

8 몸통은 길이로 2등분한 후
1cm 두께로 썰고,
다리는 5cm 길이로 썬다.

9 작은 볼에 양념을 섞는다.

10 냄비에 모둠 조개 → 새우 →
오징어 → 콩나물 → 물 3큰술
순으로 담는다.

11 양념을 넣고 뚜껑을 덮어
중간 불에서 5분간 익힌다.

12 뚜껑을 열고 섞은 후
참기름을 섞는다.
★ 젓가락과 주걱을 이용하여
양손으로 섞으면 더 잘 섞인다.

🕐 35~40분 / 2인분
🧊 냉장 1일

- 모둠 조개 500g
  (해감된 것, 모시조개, 바지락 등)
- 새우 10마리(중하, 200g)
- 오징어 1마리
  (270g, 손질 후 180g)
- 콩나물 6줌(300g)
- 물 3큰술
- 참기름 1작은술

양념
- 고춧가루 6큰술
- 설탕 1과 1/2큰술
- 감자전분 1큰술
- 다진 청양고추 1개
- 다진 마늘 1큰술
- 청주 3큰술
- 양조간장 1큰술
- 소금 약간

달걀찜

- 뚝배기 달걀찜
- 채소 달걀찜

tip

찜기로 만들기

달걀, 물, 소금을 섞어 체에 내린 후 내열용기에 담는다. 김이 오른 찜기에 내열용기 그대로 넣고 찜기의 뚜껑을 덮어 약한 불에서 15분간 찐 후 불을 끄고 5분간 뜸을 들인다.

중탕으로 만들기

달걀, 물, 소금을 섞어 체에 내린 후 내열용기에 담아 쿠킹포일로 덮는다. 냄비에 내열용기의 1/2지점 높이까지 닿을 만큼 물을 담아 끓인다. 끓어오르면 내열용기를 넣고 냄비 뚜껑을 덮어 약한 불에서 15분간 찐 후 불을 끈다.

뚝배기 달걀찜

1 뚝배기에 물 1컵(200㎖),
소금을 넣고 센 불에서 끓인다.
달걀은 볼에 풀어둔다.
★ 감칠맛을 더하고 싶다면
물 대신 동량(1컵)의
멸치 국물(234쪽)로 대체한다.

2 끓어오르면 불을 켠 상태에서
달걀을 넣는다.

3 숟가락으로 바닥까지 긁어가며
2~3번 젓는다.

4 뚜껑을 덮고 약한 불로 줄여
2~3분간 끓인다. 불을 끈 후
5분간 그대로 둔다.
★ 송송 썬 쪽파나 대파를
올려도 좋다.

채소 달걀찜

1 자투리 채소를 잘게 다진다.

2 내열용기에 모든 재료를 섞은 후
뚜껑을 덮는다.

3 전자레인지에서 7~8분간
젓가락으로 찔렀을 때
달걀물이 묻어 나오지
않을 때까지 익힌다.

뚝배기 달걀찜

⏱ 10~15분 / 2인분
🧊 냉장 2일

• 달걀 3개
• 물 1컵(200㎖)
• 소금 1/2작은술

채소 달걀찜

⏱ 25~30분 / 2인분
🧊 냉장 2일

• 달걀 3개
• 자투리 채소 50g
　(당근, 피망, 파프리카,
　양파, 대파 등)
• 물 1컵(200㎖)
• 소금 1/2작은술
• 후춧가루 약간

강된장
약고추장
양배추찜

강된장

약고추장

양배추찜

강된장에 감칠맛 더하기

물 대신 동량(1컵)의 쌀뜨물
(쌀을 씻은 2~3번째 물)이나
멸치 국물(234쪽)로 대체해도 좋다.

강된장에 견과류 더하기

굵게 다진 견과류 1컵
(땅콩, 호두, 캐슈너트 등, 50g)을
과정 ④에서 물과 함께 넣는다.

양배추찜을 전자레인지로 익히기

1 내열용기에 양배추 1/8통(200g),
  물 2큰술, 식초 1/2작은술을 넣는다.
2 뚜껑을 덮고 전자레인지에서
  3~4분간 겉잎이 투명해질 때까지
  익힌다.

강된장

1 자투리 채소는 잘게 다진다.

2 작은 볼에 양념을 섞는다.

3 달군 냄비에 들기름,
자투리 채소를 넣어 중간 불에서
3분 30초간 볶는다.
★바닥에 채소가 눌어붙으면
물 2~3큰술 정도 넣으면서 볶는다.

4 양념을 넣고 약한 불에서
1분간 볶는다. 물 1컵(200㎖)을
붓고 센 불에서 끓어오르면
약한 불로 줄여 10분간 끓인다.

약고추장

1 다진 쇠고기는 밑간과 버무린다.
작은 볼에 양념을 섞는다.

2 달군 팬에 참기름,
다진 쇠고기를 넣어
중간 불에서 3분간 볶는다.

3 양념을 넣고 약한 불에서
10분간 볶는다.

양배추찜

1 김이 오른 찜기에 양배추를
넣는다. 중간 불에서 8~9분간
겉잎이 투명해질 때까지 찐다.

2 그릇에 ①의 양배추를 담고
랩을 씌워 냉장실에 넣어
차게 식힌다.

강된장

⏱ 20~25분 / 2인분
🔒 냉장 3일

• 자투리 채소 200g
  (양파, 감자, 당근, 애호박,
  버섯, 가지 등)
• 들기름(또는 참기름) 1큰술
• 물 1컵(200㎖)

양념
• 다진 청양고추 1개분
  (기호에 따라 가감)
• 된장 3큰술
  (집 된장의 경우 2큰술)
• 고추장 1큰술
• 다진 마늘 1작은술

약고추장

⏱ 15~20분 / 2인분
🔒 냉장 7~10일

• 다진 쇠고기 200g
• 참기름 1큰술

밑간
• 다진 파 1/2큰술
• 청주 1큰술
• 후춧가루 1/4작은술
• 다진 마늘 1작은술

양념
• 고추장 6큰술
• 설탕 4큰술
• 양조간장 1/2큰술
• 물 1/2컵(100㎖)

양배추찜

⏱ 10~15분 / 2인분
🔒 냉장 3일

• 양배추 1/8통(200g)

장아찌 · 김치

제철 재료를 사계절 내내 맛볼 수 있는 가장 좋은 방법은 바로 장아찌와 김치!
재료의 물기를 완전히 없앤 후 담가야 오래 저장이 가능하답니다.

① 장아찌 맛있게 담그는 요령

1 장아찌는 제철 재료로 만드는 것이 가장 맛있다.
마늘은 봄, 오이와 깻잎은 여름, 파프리카는
여름에서 초가을, 고추는 늦여름이 제철이다.

2 장아찌 재료는 씻은 후 물기가 남지 않도록 하는 것이
중요하다. 물기가 남아 있으면 저장 중에 쉽게 상하기 때문.

3 고추나 마늘처럼 단단한 재료는 포크나 이쑤시개로
구멍을 내 장아찌물이 충분히 스며들 수 있도록 한다.

4 밀폐용기는 피클물, 장아찌물에 재료가 푹 잠길 수 있는
크기를 선택해야 재료에 골고루 스며들 수 있다.

5 장아찌물을 만들 때 식초는 현미식초나 양조식초
모두 사용할 수 있는데, 사과식초, 레몬식초 등
향이 강한 제품이나 2배 식초는 피한다.

6 장아찌물은 팔팔 끓이는 것이 중요하다.
끓인 간장물은 오이나 고추, 무 등 단단한 재료에는
뜨거울 때 붓고, 깻잎이나 봄나물 등 부드러운 잎재료에는
완전히 식혀서 부어야 재료 본연의 맛이 살아난다.

② 장아찌 보관할 때 주의할 점

1 장아찌를 담글 때는 내열용기를 사용한다.
플라스틱용기는 뜨거운 간장물이나 피클물을 부었을 때
환경호르몬이 검출될 위험이 있다.

2 내열용기는 끓는 물로 소독하여 물기를 완전히
없앤 후 사용하고, 장아찌를 담근 후에 장아찌물이 식으면
플라스틱용기로 옮겨 담아 보관해도 좋다.

3 장아찌를 덜어 먹을 때는 겉물(기존의 장아찌에 없던
물이 섞인 것. 장아찌를 덜 때 젖은 손이나 젖은 조리 도구를
사용하면 생긴다)이 생기지 않도록 하는 것이 중요하다.
겉물이 들어가면 쉽게 상할 수 있기 때문이다.

4 장아찌물이 많은 장아찌는 1개월에 한 번 정도
장아찌물만 걸러 다시 끓인 다음 식혀서 부으면
더 오랜 시간 먹을 수 있다.

③ 장아찌물 기본 비율

장아찌를 만들 때 쓰는 장아찌물은 끓인 후에 재료와 섞어야
재료에 간이 제대로 밴다. 이때 사용하는 간장물의 비율은
다음을 추천한다.

설탕	:	식초	:	양조간장	:	물
= 1	:	1	:	1	:	0.5

208

김치 맛있게 담그는 요령

1 김치를 담글 때 잎채소(부추, 쪽파, 대파, 미나리 등)를
세게 만지면 풋내가 나므로 살살 손질한다.

2 양념이 너무 짜다면 매실청이나 간 무, 간 양파를 더한다.

3 김치는 익는 과정에서 채소의 수분이 나오기 때문에
담근 직후에는 간이 짠 듯 해야 한다. 만약 김치가
너무 싱겁다면 소금을 넣는 것보다 액젓을 넣어
간을 맞추는 것이 좋다.

4 김치를 통에 담을 때는 산소가 들어가지 않도록 꾹꾹 눌러
담는다. 산소가 들어가면 김치가 쉽게 물러지고, 쓴맛이 날 수
있기 때문. 위생팩으로 김치 위를 덮어 두는 것도 방법.

5 김치를 맛있게 익히기 위해서는 처음부터 냉장고에
넣지 말고 바람이 잘 통하는 서늘한 실온에서
서서히 익힌 후에 냉장 보관한다. 담그자마자 냉장 보관하면
발효균이 제대로 형성되지 않아 익지 않은 상태가
계속되면서 맛이 없어질 수 있다.

6 김치에 따라, 날씨에 따라 차이는 있지만
봄, 가을, 겨울에는 1~2일, 여름에는 10~12시간 정도
실온에서 숙성 시키는 것이 좋다.

김치 보관할 때 주의할 점

1 김치를 담는 통은 밀폐가 잘 될수록 좋다. 산소와의 접촉을
막을 수 있어 김치의 상태를 최적으로 유지할 수 있기 때문.

2 김치는 너무 큰 통에 한꺼번에 담지 말고 적당한 크기에
나눠 담는 것이 좋다. 뚜껑을 자주 여닫으면 맛이
빨리 변하기 때문이다.

3 김치는 발효되면서 국물이 생기므로
통의 80% 정도만 채운다.

4 김치를 오래 두고 맛있게 먹으려면 신선한 온도를 유지시키는
것이 가장 중요하다. 가장 적당한 온도는 0~5℃ 정도.
김치냉장고에 보관하는 것이 가장 좋으나, 김치냉장고가
없다면 냉장실 아래 칸의 가장 깊숙한 곳에서 보관한다.

5 김치를 꺼낼 때는 물기가 없는 도구를 사용하고,
김치통에 남은 김치는 다시 꾹꾹 눌러 공기가 들어가지
않도록 해야 김치 맛을 맛있게 유지할 수 있다.

오이장아찌

간장장아찌

- 오이장아찌
- 마늘장아찌
- 고추장아찌
- 양파장아찌
- 마늘종장아찌
- 무장아찌

마늘장아찌

고추장아찌

양파장아찌

마늘종장아찌

무장아찌

 tip

장아찌 고추장무침 만들기
장아찌의 채소만 100g 건져낸다. 고추장 1큰술, 통깨 1작은술,
올리고당 1작은술(기호에 따라 가감), 참기름 1작은술과 무친다.

장아찌물 활용하기
방법 1_ 장아찌물 5큰술, 다진 양파 1/4개(50g)를 섞어
전이나 튀김요리를 먹을 때 초간장 대신 곁들인다.
방법 2_ 채소를 먹고 남은 장아찌물을 다시 끓여 새로운 장아찌를 담근다.
이때, 채소의 양은 장아찌물에 충분히 잠길 정도만 준비한다.

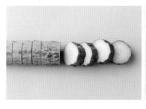

[오이]
칼로 튀어나온 돌기를 긁어낸 후
씻은 다음 물기를 완전히 없앤다.
1.5cm 두께로 썬다.
★ 오이 손질하기 77쪽

[마늘]
씻은 후 물기를 완전히 없앤다.
이쑤시개로 3~4군데 찔러
구멍을 낸다.

[고추]
꼭지를 떼고 씻은 후 물기를 완전히
없앤다. 이쑤시개로 4~5군데 찔러
구멍을 낸다.

[양파]
씻은 후 물기를 완전히 없앤다.
1cm 두께로 채 썬다.

[마늘종]
씻은 후 물기를 완전히 없앤다.
4cm 길이로 썬다.

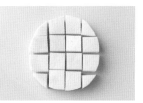

[무]
씻은 후 물기를 완전히 없앤다.
사방 1.5cm 크기로 썬다.

🕐 30~35분
　(+ 숙성 시키기 1일)
　/ 10회분
❄ 냉장 1개월

• 장아찌 담글 채소 1kg
　(오이, 마늘, 고추, 양파,
　마늘종, 무 등)

장아찌물
• 설탕 2컵
• 식초 2컵(400㎖)
• 양조간장 2컵(400㎖)
• 물 1컵(200㎖)

장아찌 담그기

1 내열용기에 끓는 물을 부어
충분히 흔든다. 물기를 완전히
말린다. ★ 물기를 완전히 없애야
장아찌가 상하지 않는다.

2 내열용기에 준비한 채소를
담는다.

★ 단단한 재료인 오이, 마늘, 무는
　장아찌물이 뜨거울 때 붓는다.
　고추, 양파, 마늘종은 장아찌물을
　한 김 식힌 후 붓는다.
★ 장아찌물에 채소가 푹 잠기도록 한다.

3 냄비에 장아찌물을 넣고
센 불에서 설탕이
녹을 때까지 팔팔 끓인다.

4 ②의 용기에 장아찌물을 붓고
한 김 식힌 후 뚜껑을 덮는다.
서늘한 곳에서 1일간
숙성 시킨 후 먹는다.

피클

- 청양고추피클
- 파프리카피클
- 무피클
- 브로콜리피클
- 오이피클

파프리카피클

청양고추피클

브로콜리피클

무피클

오이피클

tip

피클에 향신료 더하기

향신료를 넣으면 더 깊은 맛이 나고,
천연방부제 역할을 해 보관 기간도
늘릴 수 있다. 통계피, 통후추,
정향, 월계수잎 적당량을 더하거나
피클링 스파이스(Pickling spice ;
각종 향신료를 굵게 다져 모아둔
시판 제품. 대형마트나 백화점에서
구입 가능) 1큰술을 피클물을 끓일 때
함께 넣는다.

원하는 채소 손질하기

[청양고추·고추]
꼭지를 떼고 씻은 후 물기를 완전히
없앤다. 1.5cm 두께로 썬다.

[파프리카]
씻은 후 물기를 완전히 없앤다.
길이로 2등분한 후 씨를 제거하고
한입 크기로 썬다.
★ 파프리카 손질하기 19쪽

[무]
씻은 후 물기를 완전히 없앤다.
1×1×5cm 크기로 썬다.

[브로콜리]
송이를 하나씩 썬 후 끓는 물(3컵)
+소금(1/2작은술)에 넣고
20초간 데친다. 헹군 후 키친타월로
감싸 물기를 완전히 없앤다.
★ 브로콜리 손질하기 19쪽

[오이]
칼로 튀어나온 돌기를 긁어낸 후
씻은 다음 물기를 완전히 없앤다.
5cm 두께로 썬 후
길이로 4~6등분한다.

★ 오이 손질하기 77쪽

1 내열용기에 끓는 물을 부어
충분히 흔든다. 물기를 완전히
말린다. ★ 물기를 완전히 없애야
피클이 상하지 않는다.

2 레몬을 소금(1큰술)으로
박박 문질러 씻는다.

3 체에 레몬을 담고
뜨거운 물(2컵)을 붓는다.

4 레몬을 길이로 4등분한 후
1cm 두께로 썬다.

5 냄비에 피클물 재료를 넣고
센 불에서 설탕, 소금이
녹을 때까지 팔팔 끓인다.

6 ①의 용기에 준비한 채소,
⑤의 피클물을 붓고 한 김 식힌 후
뚜껑을 덮는다. 서늘한 곳에서
1일간 숙성 시킨 후 먹는다.
★ 피클물에 채소가 잠기도록 한다.

🕐 **35~40분**
(+숙성 시키기 1일)
/ 10회분
🧊 **냉장 1개월**

• 피클 담글 채소 1kg
 (청양고추, 파프리카, 무,
 브로콜리, 오이 등)

피클물
• 레몬 1개
• 소금 3큰술
• 설탕 2컵(200g)
• 식초 3컵(600㎖)
• 물 2컵(400㎖)

양배추 깻잎초절임

함께 먹기 좋은 요리
구운 고기, 튀김, 전 등의 기름진 요리
또는 매운 음식에 곁들이면 좋다.

1 깻잎은 물기를 완전히 없앤다.
꼭지를 떼고 길이로 2등분한다.

2 양배추는 씻은 후
물기를 완전히 없앤다.
깻잎과 비슷한 크기로 썬다.

3 큰 볼에 양배추, 물(1컵) +
소금(2작은술)을 담고 30분간
절인다. 체에 밭쳐 물기를 뺀다.
★ 중간중간 뒤적이며 절인다.

4 넓고 깊은 밀폐용기에
양배추 1장 → 깻잎 2장씩 순으로
켜켜이 담는다.

5 믹서에 절임물 재료를 넣고
곱게 간다.

6 ④의 용기에 ⑤의 절임물을
붓고 뚜껑을 덮어 실온에서
6시간 숙성 시킨 후 먹는다.

ⓧ 20~25분
　(+ 양배추 절이기 30분,
　숙성 시키기 6시간)
　/ 5~7회분
⑥ 냉장 15일

• 양배추 7장
　(손바닥 크기, 210g)
• 깻잎 25장(50g)

절임물
• 양파 1/5개(40g)
• 마늘 2쪽(10g)
• 설탕 3큰술
• 식초 3큰술
• 소금 2작은술
• 생수 1컵(200㎖)

배추김치

- 배추김치
- 백김치
- 겉절이

배추김치

백김치

겉절이

tip

남은 양념 활용하기
김치를 더 담그거나 겉절이,
무생채 양념, 보쌈에 곁들인다.

배추 양을 늘려 배추김치 담그기
배추 10포기 이하(25~30kg 이하)로 늘릴 경우
배수 그대로 양념과 소를 늘린다.
배추 10포기 이상(30kg 이상)을 늘릴 경우
양념과 소를 배추 기준 90%만 준비한다.

절임 배추로 배추김치 담그기
절임 배추는 11월 전 전국 배추 산지에
미리 예약 주문하는 것이 좋다.
주문할 때는 '푹 절여주세요',
'싱겁게 절여주세요'라고 요청하되,
무른 배추는 빼달라고 말한다.
절임 배추는 받는 즉시 체에 밭쳐
베란다와 같은 서늘한 곳에 밤새 두어
충분히 물기를 뺀 후 사용한다.
수돗물로 씻으면 김장 후 김치가 물러질 수
있으므로 다시 씻지 않는다.

★공통 재료 손질 배추 절이기

1 배추 밑동의 튀어나온 부분을 조금 자른다. 겉의 누렇거나 시든 잎을 떼어낸다.
★밑동을 자르면 겉잎이 떨어져 지저분한 잎이 손질된다.

2 배추 밑동이 위를 향하도록 세우고 2/3지점까지 칼집을 낸다.

3 양손으로 반을 쪼갠다. 같은 방법으로 또 반을 갈라 배추를 4쪽으로 만든다.

4 큰 볼에 배추를 담고 줄기 부분에 굵은소금 1/2분량을 골고루 뿌린다.

5 작은 볼에 미지근한 물 5컵(1ℓ), 남은 굵은소금을 넣고 녹인다. ④의 볼에 골고루 부어 줄기 부분이 휘어질 때까지 1시간~1시간 30분간 절인다.
★중간중간 뒤적이며 절인다.

6 절인 배추를 찬물에 2~3번 헹군다. 썰린 단면이 아래를 향하도록 체에 담아 30분 이상 물기를 뺀다.
★썬 단면이 아래를 향하도록 둬야 물기가 빨리 빠진다.

백김치

1 무, 양파 1/2개, 파프리카, 배 1/2개, 마늘은 가늘게 채 썬다.

2 큰 볼에 ①, 소금, 멸치액젓을 넣고 버무린다.

3 믹서에 양념을 넣고 곱게 간다.

4 ②의 볼에 절인 배추 1쪽씩 담는다. 바깥쪽 겉잎부터 켜켜이 소를 채운다.

5 배추 속 부분이 위를 향하도록 밀폐용기에 꾹꾹 눌러 담는다. ④의 볼의 남은 국물에 ③의 양념을 섞어 김치통에 골고루 붓는다. 실온에서 1~2일, 냉장실에서 1일간 숙성 시킨 후 먹는다.

★배추 속 부분이 위를 향하도록 담아야 양념이 쏟아지지 않는다.

배추 절이기

- 배추 1포기(2.5~3kg)
- 굵은소금 2/3컵(100g)
- 미지근한 물 5컵(1ℓ)

백김치

🕐 25~30분
(+ 배추 절이기 2시간 30분, 숙성 시키기 3일)
/ 15~20회분
🔲 냉장 1개월

- 절인 배추 1포기
- 무 지름 10cm, 두께 2cm(200g)
- 양파 1/2개(100g)
- 파프리카 1개(200g)
- 배 1/2개(200g)
- 마늘 10쪽(50g)
- 소금 1/2큰술
- 멸치액젓 3큰술

양념
- 배 1/4개(100g)
- 양파 1/4개(50g)
- 멸치액젓 1큰술
- 소금 1작은술
- 생수 1컵(200㎖)

배추김치

⏱ 2시간 30분~2시간 40분
(+ 배추 절이기 2시간 30분,
숙성 시키기 2일)
/ 20회분

🧊 냉장 1개월

- 절인 배추 2~3포기
  ★ 배추 절이기 217쪽
- 무 지름 10cm, 두께 7cm(700g)
- 쪽파 1줌(50g)
- 미나리 1줌(70g)
- 고춧가루 8큰술
- 소금 1큰술
- 생수 1컵(200㎖)

양념
- 무 지름 10cm, 두께 1cm(100g)
- 양파 1/4개(50g)
- 배 1/2개(200g)
- 마늘 10쪽(50g)
- 생강 1톨(마늘 크기, 5g)
- 밥 1/4공기(50g)
- 소금 1큰술
- 새우젓 5큰술
  (건더기 3큰술 + 국물 2큰술)
- 멸치액젓 3큰술
- 매실청 5큰술
- 고춧가루 1컵
- 생수 1컵(200㎖)

1 무는 0.5cm 두께로 썬 후
다시 0.5cm 두께로 채 썬다.
★ 무채가 너무 얇으면 금방
물러지고, 너무 굵으면 속이
잘 채워지지 않아 재료가
겉돌게 되므로 레시피를 지킨다.

2 쪽파, 미나리는
물기를 뺀 후 5cm 길이로 썬다.

3 양념의 무, 양파, 배는
한입 크기로 썬다.
생강은 숟가락으로 긁어
껍질을 벗긴다.

4 믹서에 양념 재료를 넣고
곱게 간다.

5 큰 볼에 무, 고춧가루를 넣고
버무린다. ④의 양념을 넣고
버무린다.
★ 무에 소금을 먼저 섞으면
삼투압 현상에 의해 물이
생기면서 고춧가루를 넣었을 때
붉은색이 들지 않는다. 따라서
고춧가루와 먼저 버무린다.

6 쪽파, 미나리를 넣고 풋내가
나지 않도록 가볍게 섞는다.

7 ⑥의 볼에 절인 배추1쪽을
담은 후 바깥쪽 두 번째 겉잎부터
줄기 부분에는 양념을 채우듯이
넣고, 잎 부분에는 바른다.

8 양념이 쏟아지지 않도록 배추를
반으로 접은 후 바깥쪽 겉잎으로
감싼다. 밀폐용기에 배추의
속 부분이 위를 향하도록
차곡차곡 담는다. ★ 익으면서
국물이 생기므로 밀폐용기의
80% 정도만 채운다.

9 양념을 버무렸던 ⑦의 볼에
소금, 생수 1컵(200㎖)을 넣고
섞은 후 ⑧의 밀폐용기에 붓는다.
실온에서 여름에는 10~12시간,
봄, 가을, 겨울에는 1~2일간
숙성 시킨 후 먹는다.
★ 위생팩으로 김치 위를 덮어
산소를 차단해도 좋다.

겉절이

1 배춧잎은 길이로 2등분한 후
2cm 길이로 어슷 썬다.
쪽파는 5cm 길이로 썬다.

2 큰 볼에 미지근한 물(1/2컵)
+소금(3큰술)을 담는다.
배춧잎을 넣고 섞어 15분간 둔다.
★ 중간중간 뒤적이며 절인다.

3 배춧잎을 헹군 후
체에 밭쳐 물기를 뺀다.

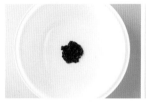

4 큰 볼에 양념을 섞는다.

5 배춧잎을 넣고 버무린다.

6 쪽파를 넣고 가볍게 섞는다.
소금으로 부족한 간을 더한다.

— 겉절이

🕐 10~15분
(+ 배추 절이기 15분)
2~3회분
🧊 냉장 2일

- 배춧잎 5장
  (또는 알배기배추 약 8장, 250g)
- 쪽파 약 3줄기(30g)
- 소금 약간

양념
- 고춧가루 1과 1/2큰술
- 설탕 1/2큰술
- 액젓(멸치 또는 까나리) 1큰술
- 다진 마늘 2작은술
- 새우젓 1작은술

---

 tip

김치 핵심 재료 고르기

배추
제철은 가을~겨울. 초록색 겉잎이 붙어 있고
흰색 줄기가 두꺼운 것, 들었을 때 묵직한 것이 좋다.
높고 한랭한 지역에서 자란 '고랭지 배추'는
낮과 밤의 다른 온도차를 견디다보니 스스로 영양분을
저장, 영양이 풍부하고 조직이 단단해서 특히 좋다.

굵은소금
입자가 굵은 소금. 중국산과 국내산을 눈으로
구별하기는 사실 쉽지 않다. 맛을 보았을 때
중국산이 국내산에 비해 염도가 높고 쓴맛이 강한 편.
또한 바스러뜨렸을 때 중국산은 단단하고,
국내산은 쉽게 바스러진다. 중국산을 사용하면 배추에
제대로 스며들지 않고 배추가 금방 물러진다.

고춧가루
마른 고추를 직접 가루 내어 쓰는 것이 가장 좋지만
쉽지 않은 일이므로 믿을 만한 제품으로 구입한다.
묵은 고춧가루보다 그해 수확해서 빻은 햇 고춧가루가
좋다. 보통 8월 중순 이후 출하된다.

젓갈
김치에서 가장 흔히 사용하는 것이 멸치액젓.
까나리는 다른 액젓에 비해 비린맛이 적어 바로 먹는
겉절이에 추천. 새우젓은 담근 시기에 따라 구분되는데
산란을 앞둔 철에 잡혀 살이 통통하고 육질이
부드러운 6월 육젓이 가장 우수한 새우젓으로 불린다.
김치를 담글 때 새우젓만 사용하면 깊은 맛이 약하므로
멸치나 까나리액젓과 주로 함께 사용된다.

무김치

- 섞박지
- 깍두기

섞박지

깍두기

깍두기와 섞박지의 차이
깍두기는 무를 작은 크기로 깍둑
썰어 담근 무김치. 섞박지는 설렁탕
전문점에서 먹을 수 있는 무김치로,
무를 큼직하고 납작하게 썬 후
설탕과 소금에 절여 깍두기보다
달달하면서 시원한 맛이 난다.

섞박지

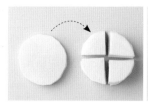

1 무는 1.5cm 두께로 썬 후
열십(+)자로 썬다.

2 큰 볼에 무, 설탕, 굵은소금을
넣고 버무린다.

3 무가 쉽게 휘어질 때까지
1시간~1시간 30분간 절인 후
체에 받쳐 물기를 뺀다.
★ 중간중간 뒤적이며 절인다.

4 믹서에 양념 재료를 넣고
곱게 간 후 사이다를 섞는다.
★ 사이다를 따로 섞어야
톡 쏘는 맛이 살아 있다.

5 큰 볼에 ④의 양념, 절인 무를
넣고 버무린다. 밀폐용기에 담아
실온에서 1~2일, 냉장실에서
1일간 숙성 시킨 후 먹는다.

깍두기

1 무는 사방 1.5cm 크기로 썬다.

2 큰 볼에 무, 굵은소금을 넣고
버무려 실온에서 1시간 동안
절인다. 체에 받쳐 물기를 뺀다.
★ 중간중간 뒤적이며 절인다.

3 큰 볼에 양념을 섞고 무를 넣어
버무린다. 밀폐용기에 담아
실온에서 1~2일, 냉장실에서
1일간 숙성 시킨 후 먹는다.

섞박지

🕐 15~20분
　(+ 무 절이기 1시간 30분,
　숙성 시키기 2~3일)
　/ 8~10회분
🗄 냉장 15일

- 무 지름 10cm, 두께 15cm(1.5kg)
- 설탕 1큰술
- 굵은소금 2큰술
- 사이다 1/2컵(100㎖)

양념
- 양파 1/2개(100g)
- 마늘 5쪽(25g)
- 고춧가루 8큰술
- 설탕 2큰술
- 소금 1큰술
- 멸치액젓 3큰술

깍두기

🕐 15~20분
　(+ 무 절이기 1시간,
　숙성 시키기 2~3일)
　/ 8~10회분
🗄 냉장 15일

- 무 지름 10cm, 두께 15cm(1.5kg)
- 굵은소금 1큰술

양념
- 고춧가루 8큰술
- 소금 1큰술
- 다진 마늘 2큰술
- 멸치액젓 3큰술
　(액젓 염도에 따라 가감)
- 매실청 3큰술
　(기호에 따라 가감)

나박김치

- 기본 나박김치
- 빨간 나박김치

빨간 나박김치

기본 나박김치

나박김치 더 깔끔하게 만들기
과정 ⑦에서 만든 국물을
면보나 체에 한번 거르면
국물이 더욱 깔끔해진다.

222

기본 나박김치 · 빨간 나박김치

1 무는 2.5×2.5cm 크기로 납작하게 썬다.

2 배춧잎은 2.5×2.5cm 크기로 썰고, 쪽파는 2cm 길이로 썬다.

3 큰 볼에 무, 배춧잎, 소금을 담고 20분간 절인다. 이때, 절이면서 생긴 물은 버리지 않는다.

4 믹서에 풀물 재료를 곱게 간다.

5 냄비에 ④의 풀물을 넣고 중약 불에서 끓어오르면 3분간 저어가며 끓인 후 한 김 식힌다.

6 믹서에 양념을 넣고 곱게 간다.

7 밀폐용기에 생수 14컵(2.8ℓ), ⑤의 풀물, ⑥의 양념을 넣고 섞는다. ★ 빨간 나박김치를 만들고 싶다면 고춧가루 2큰술을 체에 밭쳐 풀어 넣는다.

8 ③의 절인 무와 배춧잎, 절이면서 생긴 물, 쪽파를 넣고 뚜껑을 덮어 실온에서 1일간 숙성 시킨 후 먹는다.

🕐 30~35분
(+숙성 시키기 1일)
/ 10회분
🧊 냉장 15일

- 무 지름 10cm, 두께 3cm(300g)
- 배춧잎 10장(300g)
- 쪽파 약 3줄기(30g)
- 소금 2큰술
- 생수 14컵(2.8ℓ)

풀물
- 밥 1/4공기(50g)
- 물 3/4컵(150㎖)

양념
- 배 약 1/6개(60g, 또는 배즙 6큰술)
- 마늘 3쪽(15g)
- 생강 2톨(마늘 크기, 10g)
- 소금 4큰술
- 설탕 1과 1/2큰술
- 물 1컵(200㎖)

열무 물김치

열무김치

- 열무 물김치
- 열무김치

열무김치

1 열무는 뿌리 부분을 칼로
살살 긁어 잔뿌리, 흙을 없앤다.

2 큰 볼에 열무, 잠길 만큼의
물을 넣고 흔들어 씻는다.
★ 세게 만지면 풋내가 나므로
살살 씻는다.

3 열무는 5cm 길이로 썬다.
두꺼운 뿌리는
길이로 2등분한다.

4 큰 볼에 열무, 소금을 넣고
버무려 줄기가 휘어질 때까지
20~30분간 절인다.

5 찬물에 담가 살살 씻은 후
체에 받쳐 물기를 뺀다.

6 대파는 어슷 썰고,
마늘은 편 썬다.

7 고추는 어슷 썬다.

8 믹서에 양념 재료를 넣고
곱게 간 후 큰 볼에 넣는다.

9 열무를 넣고 살살 버무린 후
마늘, 대파, 고추를 섞는다.

10 밀폐용기에 ⑨를 담고
생수 4와 1/2컵(900㎖)을 부어
실온에서 6시간
숙성 시킨 후 먹는다.

열무 물김치

🕐 35~40분
(+ 열무 절이기 30분,
숙성 시키기 6시간)
/ 20회분

❄ 냉장 15일

- 열무 5줌(500g)
- 소금 6큰술
- 마늘 10쪽(50g)
- 대파(흰 부분) 15cm
- 고추 4개
- 생수 4와 1/2컵(900㎖)

양념

- 밥 1/4공기(50g)
- 홍고추 2개
- 마늘 5쪽(25g)
- 생강 1/2톨(마늘 크기, 약 3g)
- 고춧가루 2큰술
- 굵은소금 1과 1/2큰술
- 멸치액젓 1큰술
- 생수 1/2컵(100㎖)

열무김치

열무김치

🕐 35~40분
　(+ 숙성 시키기 6시간)
　/ 10회분
⑥ 냉장 15일

• 열무 5줌(500g)
• 대파(흰 부분) 15cm
• 고추 4개(기호에 따라 가감)

풀물
• 밥 1/4공기(50g)
• 물 3/4컵(150㎖)

양념
• 홍고추 3개
• 마늘 5쪽(25g)
• 생강 1/2톨(마늘 크기, 약 3g)
• 고춧가루 2큰술
• 소금 1과 1/2큰술
• 멸치액젓 1큰술
• 생수 1/4컵(50㎖)

1 열무는 뿌리 부분을 칼로 살살 긁어 잔뿌리, 흙을 없앤다.

2 큰 볼에 열무, 잠길 만큼의 물을 넣고 흔들어 씻는다.
★ 세게 만지면 풋내가 나므로 살살 씻는다.

3 열무는 5cm 길이로 썬다. 두꺼운 뿌리는 길이로 2등분한다.

4 믹서에 풀물 재료를 넣고 곱게 간다.

5 냄비에 풀물을 넣고 중약 불에서 끓어오르면 3분간 저어가며 끓인 후 한 김 식힌다.

6 믹서에 양념 재료를 넣고 곱게 간다. 큰 볼에 양념, ⑤의 풀물을 섞는다.

7 대파, 고추는 어슷 썬다.

8 ⑥의 볼에 열무를 넣고 살살 버무린 후 대파, 고추를 섞는다.

9 밀폐용기에 담고 실온에서 6시간 숙성 시킨 후 먹는다.

226

오이김치

오이소박이 •
오이깍두기 •

오이소박이

오이깍두기

오이소박이

🕐 30~35분
   (+ 숙성 시키기 1일)
   / 10~15회분
🧊 냉장 7일

- 오이 4개(800g)
- 부추 1줌(50g)

절임

- 소금 1과 1/2큰술
- 설탕 1큰술
- 물 1큰술

양념

- 고춧가루 4큰술
- 소금 1/3큰술
- 다진 마늘 1큰술
- 새우젓 1큰술
  (건더기 2/3큰술 + 국물 1/3큰술)
- 생수 4큰술
- 올리고당 1큰술

1 오이는 칼로 튀어나온 돌기를
굵어낸 후 씻는다.

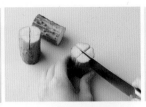

2 6cm 길이로 썬다. 세워서
열십(+)자 모양이 되도록
4cm 깊이로 칼집을 넣는다.

3 큰 볼에 오이, 절임 재료를 넣고
버무려 15분간 둔다.
★ 설탕과 소금을 함께 넣고
절이면 짜지 않고, 수분이 빠르게
빠져 절이는 시간을 줄일 수 있다.

4 부추는 2cm 길이로 썬다.

5 ③의 절인 오이를 체에 밭쳐
뜨거운 물(3컵)을 끼얹고
헹궈 물기를 뺀다.
★ 뜨거운 물을 부으면
오이가 더 아삭해진다.

6 큰 볼에 양념을 섞은 후
부추를 넣고 살살 버무려
소를 만든다.

7 오이 칼집에 ⑥의 소를
적당히 채워 넣는다.
★ 잘 절여질수록
칼집이 잘 벌어진다.

8 바로 먹거나 밀폐용기에 담아
실온에서 1일간 숙성 시킨 후
냉장 보관한다.

오이깍두기

1 오이는 칼로 튀어나온 돌기를 긁어낸 후 씻는다.

2 길이로 4등분한 후 씨 부분을 제거한 다음 2cm 길이로 썬다.

3 큰 볼에 오이, 절임 재료를 넣고 버무려 15분간 둔다.
★ 설탕과 소금을 함께 넣고 절이면 짜지 않고, 수분이 빠르게 빠져 절이는 시간을 줄일 수 있다.

4 부추는 2cm 길이로 썬다.

5 ③의 절인 오이를 체에 밭쳐 뜨거운 물(3컵)을 끼얹는다.
★ 뜨거운 물을 부으면 오이가 더 아삭해진다.

6 헹궈 물기를 뺀다.

7 큰 볼에 양념을 섞고 오이를 넣어 버무린다.

8 부추를 넣고 살살 버무린 후 바로 먹거나 밀폐용기에 담아 냉장 보관한다.

오이깍두기

🕐 20~25분 / 10~15회분
🔲 냉장 7일

- 오이 4개(800g)
- 부추 1줌(50g)

절임
- 소금 1과 1/2큰술
- 설탕 1큰술
- 물 1큰술

양념
- 고춧가루 4큰술
- 소금 1/3큰술
- 다진 마늘 1큰술
- 새우젓 1큰술
  (건더기 2/3큰술 + 국물 1/3큰술)
- 올리고당 1큰술

쪽파김치
부추김치

쪽파김치

부추김치

tip

쪽파김치 & 부추김치 예쁘게 담기

방법 1_ 한 번 먹을 분량만큼 잡고 매듭을 묶는다. 그릇에 어슷하게 담는다.
방법 2_ 한입에 먹기 좋은 크기로 썬 후 나란히 담는다.

쪽파김치

1 쪽파는 지저분한 겉껍질을 벗긴다.

2 큰 볼에 쪽파, 뿌리가 잠길 만큼의 물을 담고 흔들어 씻은 후 체에 밭쳐 물기를 뺀다.
★ 뿌리 쪽에 흙이 많다면 10분간 담가둬도 좋다.

3 믹서에 풀물 재료를 넣고 곱게 간다.

4 냄비에 풀물을 넣고 중약 불에서 끓어오르면 3분간 저어가며 끓인 후 한 김 식힌다.

5 볼에 양념, ④의 풀물을 넣어 섞는다.

6 밀폐용기에 쪽파 1/3분량을 펼쳐 담고 양념 1/3분량을 대강 바른다. 이 과정을 반복한다. 실온에서 3~4시간, 냉장실에서 2일간 숙성 시킨 후 먹는다.

부추김치

1 큰 볼에 부추, 뿌리가 잠길 만큼의 물을 담고 흔들어 씻은 후 체에 밭쳐 물기를 뺀다. ★ 뿌리 쪽에 흙이 많다면 10분간 담가둬도 좋다.

2 믹서에 풀물 재료를 넣고 곱게 간다.

3 냄비에 풀물을 넣고 중약 불에서 끓어오르면 3분간 저어가며 끓인 후 한 김 식힌다.

4 볼에 양념, ③의 풀물을 넣어 섞는다.

5 밀폐용기에 부추 1/3분량을 펼쳐 담고 양념 1/3분량을 대강 바른다. 이 과정을 반복한다. 실온에서 3~4시간 숙성 시킨 후 먹는다. ★ 여름에는 냉장실에서 2~3일간 숙성 시키는 것이 좋다.

쪽파김치

⏱ 35~40분
(+ 숙성 시키기 2일)
/ 20회분
🧊 냉장 2주

• 쪽파 8줌(400g)

풀물
• 밥 1/2공기(100g)
• 물 1컵(200mℓ)

양념
• 고춧가루 6큰술
• 다진 마늘 1큰술
• 멸치액젓 5큰술
  (액젓 염도에 따라 가감)
• 매실청 2큰술
• 설탕 1작은술

부추김치

⏱ 35~40분
(+ 숙성 시키기 3~4시간)
/ 20회분
🧊 냉장 7일

• 부추 8줌(400g)

풀물
• 밥 1/2공기(100g)
• 물 1컵(200mℓ)

양념
• 고춧가루 6큰술
• 다진 마늘 1큰술
• 멸치액젓 4큰술
  (액젓 염도에 따라 가감)
• 설탕 1큰술

231

국물 요리

깔끔한 첫맛, 진한 감칠맛이 느껴지는 국물의 비법은? 바로 밑국물을 잘 만드는 것!
단, 맛이 잘 우러나는 재료를 사용할 때는 따로 국물을 만들 필요가 없답니다.

밑국물로 가장 많이 쓰이는 대표 국물 멸치, 조개, 고기 국물

★ 미리 넉넉하게 만들어 한 김 식힌 후 냉장 또는 냉동해두면
빠르게 국물 요리를 완성할 수 있어요.

멸치 국물

국물용 멸치는 연한 황금빛과 윤기가 나는 것, 쩐내가 나지 않는 것이 신선하다.
가을 이후부터 이듬해 봄까지 잡은 멸치가 국물용으로 좋다.

🕐 15~20분 / 4컵(800㎖) 분량
❄ 냉장 7일, 냉동 3개월

- 국물용 멸치 15마리(15g)
- 다시마 5×5cm 3장
- 물 5컵(1ℓ)

1 냄비에 모든 재료를 넣고
센 불에서 끓인다.

2 끓어오르면 중약 불로 줄여
5분간 끓인 후 다시마를 건져낸다.
★ 다시마는 오래 끓이면
진액이 나오므로 먼저 건져낸다.

3 10분간 더 끓인 후 멸치를 건져낸다.

tip

비린내 없이 더 고소하게 만들기

멸치의 내장, 머리를 없앤 후
달군 냄비에 넣고 중간 불에서
1분간 볶은 후 사용한다.

조개 국물

해산물이 들어간 국물 요리에 적합. 바지락은 감칠맛을, 모시조개는 시원한 맛을 낸다.
한 가지만 또는 두 가지를 함께 써도 좋다. 해감 조개를 구입하면 편하다.

🕐 15~20분 / 4컵(800㎖) 분량
❄ 냉장 2일, 냉동 1개월

- 해감 조개 1봉
  (바지락 또는 모시조개, 200g)
- 마늘 3쪽(15g)
- 청주 2큰술
- 물 5컵(1ℓ)

1 마늘은 편 썬다. 냄비에 모든 재료를 넣고
센 불에서 끓인다.

2 끓어오르면 중약 불에서 거품을 걷어내며
10분간 끓인 후 조개, 마늘을 건져낸다.
★ 조개는 살만 발라낸 후 요리에 더해도 좋다.

tip

조개 해감하기

불투명한 볼에 조개, 물(5컵) + 소금(2작은술)을
함께 담가 검은색 쟁반이나 비닐로 덮은 후 30분간
서늘한 곳(또는 냉장고)에 둔다. 볼의 바닥에
흙이나 모래 등이 많이 나오면 해감이 잘 된 것이다.

고기 국물

기름이 있어 고소한 맛이 좋은 양지머리, 담백하고 쫄깃한 사태는 국물용으로 좋다.
고기의 핏물을 충분히 제거하고, 끓이면서 생기는 거품을 걷어내야 깔끔한 국물을 만들 수 있다.

🕐 1시간 30분~1시간 40분
(+고기 핏물빼기 1시간)
/ 7컵(1.4ℓ)분량
📦 냉장 4일, 냉동 3개월

- 쇠고기 양지머리 300g
- 쇠고기 사태 150g
- 무 지름 10cm, 두께 1.5cm(150g)
- 대파 15cm 3대
- 마늘 2쪽(10g)
- 물 10컵(2ℓ)
- 다시마 5×5cm 2장

1 볼에 양지머리, 사태, 잠길 만큼의 물을 담고
30분~1시간 정도 둔다.
이때, 중간중간 물을 갈아준다.

2 끓는 물(4컵)에 양지머리, 사태를 넣고 2분간 데친다.
★ 한 번 데치면 핏물, 불순물이 없어진다.

3 냄비에 다시마를 제외한 재료를 넣고
뚜껑을 덮어 센 불에서 끓어오르면 중약 불로 줄여
떠오르는 거품을 걷어내며 1시간 20분간 끓인다.

4 다시마를 넣고 5분간 끓인 후 체에 받쳐 국물을 거른다.
★ 삶은 고기는 결대로 찢거나 썰어 요리에 넣어도 좋다.

+recipe

황태 머리로 국물 만들기

냄비에 물 5컵(1ℓ), 황태 머리 1개, 무 지름 10cm, 두께 1cm(100g), 대파 15cm를 넣고
중간 불에서 20분간 끓인다. 국물 요리뿐만 아니라, 김치를 담글 때 양념에 더하면
깊고 시원한 맛을 낼 수 있다.

가쓰오부시로 국물 만들기

냄비에 물 4컵(800㎖), 다시마 5×5cm 2장을 넣고 중간 불에서 10분간 끓인 후 불을 끈다.
가쓰오부시 1컵을 넣고 5분간 그대로 둔다. 가쓰오부시는 끓이면 쓴맛이 나오므로 불을 끄고 넣을 것.
일본 요리의 가장 기본이 되는 국물로 감칠맛이 좋아서 우동이나 일본식 미소된장국 등에 제격이다.

기본 냉국

- 가지냉국
- 오이 미역냉국

가지냉국

tip

시판 냉면 육수로 만들기

동량(3컵)의 시판 냉면 육수를
사용해도 좋다. 단, 냉면 육수
자체에 간이 되어 있어 양념된
오이나 가지와 섞었을 때
짤 수 있으므로 마지막에 국물 맛을
본 후 얼음이나 생수를
넣어 간을 조절한다.

더 맛있게 즐기기

완성된 냉국에 연겨자나 식초를
취향에 따라 더한다.

더 시원하게 즐기기

먹기 직전에 얼음을 넣는다.
단, 녹으면서 싱거워질 수
있으므로 주의한다.

오이 미역무침으로 만들기

오이 미역냉국의 국물 재료를
생략한다. 과정 ⑤까지 진행한 후
통깨를 넣어 무친다.

오이 미역냉국

가지냉국

1 볼에 국물을 섞어 냉장실에 넣어 차게 둔다.
★ 냉동실에서 살짝 얼려도 좋다.

2 가지는 5cm 두께로 썬 후 길이로 6등분한다. 대파는 송송 썬다.

3 평평한 내열용기에 키친타월을 깐다. 껍질이 바닥에 닿도록 담고 뚜껑을 덮어 전자레인지에서 3분 30초간 익힌다. ★ 익으면서 껍질의 보라색이 그릇에 묻으므로 키친타월을 까는 것이 좋다.

4 펼쳐 한 김 식힌다.

5 다른 큰 볼에 양념, 가지를 넣고 무친다.

6 ⑤의 볼에 ①의 국물을 붓는다. 대파, 통깨, 참기름을 넣는다.
★ 얼음을 넣어도 좋다.

오이 미역냉국

1 볼에 국물을 섞어 냉장실에 넣어 차게 둔다. ★ 냉동실에서 살짝 얼려도 좋다.

2 다른 볼에 미역, 잠길 만큼의 물을 넣고 10분간 불린다. ★ 미역을 불린 후 한입 크기로 썰어도 좋다.

3 오이는 0.5cm 두께로 채 썬다. 홍고추는 송송 썬다.

4 끓는 물(6컵)에 불린 미역을 넣고 30초간 데친다. 찬물에 2~3번 주물러 거품이 나오지 않을 때까지 헹군 후 물기를 꼭 짠다.
★ 냉국용 미역은 데치지 않고 그대로 사용한다.

5 큰 볼에 미역, 오이, 홍고추, 설탕, 식초, 소금을 넣고 무친다.

6 ⑤의 볼에 ①의 국물을 붓고 통깨를 넣는다.
★ 얼음을 넣어도 좋다.

가지냉국

⏱ 15~20분 / 2인분
🧊 냉장 2일

- 가지 2개(300g)
- 대파 10cm
- 통깨 1작은술
- 참기름 1/2작은술

국물
- 설탕 2큰술
- 식초 1과 1/2큰술
- 소금 2작은술
- 생수 3컵(600㎖)

양념
- 설탕 1큰술
- 식초 1큰술
- 국간장 1큰술
- 고춧가루 1작은술
- 다진 마늘 1/2작은술

오이 미역냉국

⏱ 15~20분 / 2인분
🧊 냉장 2일

- 말린 실미역 1줌(5g, 또는 불린 냉국용 미역 50g)
- 오이 1/2개(100g)
- 홍고추 1개
- 설탕 1큰술
- 식초 2큰술
- 소금 1/2작은술
- 통깨 1작은술

국물
- 설탕 1과 1/2큰술
- 식초 3큰술
- 소금 1작은술
- 생수 2컵(400㎖)

기본 맑은 국

- 달걀국
- 애호박국
- 감자국

달걀국

애호박국

감자국

달걀국에 소면 더하기

1 끓는 물(6컵)에 소면 1줌(70g)을
   펼쳐 넣고 중간 불에서 3분 30초간 삶는다.
2 이때, 끓어오를 때마다
   찬물(1/2컵)씩을 2~3번 붓는다.
3 손으로 충분히 비벼 씻어 전분기를 뺀 후
   체에 발쳐 물기를 뺀 다음 마지막에 더한다.

달걀국 더 맛있게 끓이기

1 달걀을 넣고 많이 저으면 국물이 탁해지고
   식감이 좋지 않으므로 가볍게 2~3번만 젓는다.
2 오래 끓이면 달걀이 단단해지므로
   레시피의 시간을 지킨다.

달걀국

1 양파는 0.5cm 두께로 채 썰고, 대파는 송송 썬다. 볼에 달걀을 푼다.

2 냄비에 멸치 국물, 양파를 넣고 센 불에서 끓어오르면 달걀물을 둘러가며 넣는다. 숟가락으로 2~3번만 휘저어 3분간 끓인다.
★ 많이 저으면 국물이 탁해지므로 2~3번만 휘젓는다.

3 대파, 후춧가루, 소금을 넣고 30초간 끓인다.

애호박국

1 애호박은 길이로 4등분한 후 0.5cm 두께로 썬다. 양파는 0.5cm 두께로 채 썰고, 대파, 홍고추는 어슷 썬다.

2 냄비에 멸치 국물, 애호박, 양파를 넣고 센 불에서 끓어오르면 중약 불로 줄여 5분간 끓인다.

3 대파, 홍고추, 소금을 넣고 30초간 끓인다.

감자국

1 감자는 열십(+) 자로 4등분한 후 0.5cm 두께로 썬다. 대파, 청양고추는 어슷 썬다.

2 냄비에 멸치 국물, 감자를 넣고 센 불에서 끓어오르면 중약 불로 줄여 6분간 끓인다.

3 대파, 청양고추, 소금을 넣고 30초간 끓인다.

달걀국

🕐 25~30분 / 2인분
🧊 냉장 2일

- 달걀 2개
- 양파 1/4개(50g)
- 대파 15cm
- 멸치 국물 3과 1/2컵 (700㎖, 234쪽)
- 후춧가루 약간
- 소금 약간

애호박국

🕐 25~30분 / 2인분
🧊 냉장 2일

- 애호박 1/2개(135g)
- 양파 1/4개(50g)
- 대파 10cm
- 홍고추 1개
- 멸치 국물 4컵(800㎖, 234쪽)
- 소금 약간

감자국

🕐 25~30분 / 2인분
🧊 냉장 2일

- 감자 1개(200g)
- 대파 10cm
- 청양고추 1개(생략 가능)
- 멸치 국물 4컵(800㎖, 234쪽)
- 소금 약간

김치국·콩나물국

- 김치국
- 김치 콩나물국
- 콩나물국

김치국

김치 콩나물국

콩나물국

 tip

콩나물국 더 깔끔하게 끓이기
재료의 다진 마늘 대신 마늘 5쪽(25g)을
얇게 편 썰어 넣는다.

김치국

1 두부는 사방 1cm 크기로 썰고, 대파, 청양고추는 어슷 썬다. 김치는 1cm 두께로 썬다.

2 달군 냄비에 식용유, 다진 마늘, 김치를 넣어 중약 불에서 3분간 볶는다. 멸치 국물을 붓고 센 불에서 끓인다.

3 끓어오르면 두부, 대파, 청양고추, 국간장, 소금을 넣고 5분간 끓인다.

김치 콩나물국

1 콩나물은 씻은 후 체에 밭쳐 물기를 뺀다. 쪽파는 송송 썰고, 김치는 1cm 두께로 썬다.

2 냄비에 멸치 국물을 넣고 센 불에서 끓어오르면 김치, 콩나물, 김치 국물을 넣고 중간 불에서 3분간 끓인다.

3 다진 마늘, 새우젓을 넣고 떠오르는 거품을 걷어내며 2분, 쪽파를 넣고 30초간 끓인다.

콩나물국

1 콩나물은 씻은 후 체에 밭쳐 물기를 뺀다. 대파는 어슷 썬다.

2 냄비에 멸치 국물, 콩나물을 넣고 센 불에서 끓어오르면 중간 불로 줄여 뚜껑을 덮고 5분간 끓인다.
★ 끓이는 도중에 뚜껑을 열면 콩나물 비린내가 날 수 있으므로 주의한다.

3 뚜껑을 열어 대파, 소금, 다진 마늘을 넣고 1분간 끓인다.

김치국

ⓒ 25~30분 / 2인분
🔒 냉장 2일

• 익은 배추김치 1컵(150g)
• 두부 큰 팩 1/3모(찌개용, 100g)
• 대파 10cm
• 청양고추 1개
• 다진 마늘 1/2큰술
• 식용유 1큰술
• 멸치 국물 4컵(800mℓ, 234쪽)
• 국간장 1/2작은술
• 소금 약간

김치 콩나물국

ⓒ 25~30분 / 2인분
🔒 냉장 2일

• 익은 배추김치 1/2컵(75g)
• 콩나물 1줌(50g)
• 쪽파 3줄기(약 30g)
• 멸치 국물 4컵(800mℓ, 234쪽)
• 김치 국물 1/4컵(50mℓ)
• 다진 마늘 1/2큰술
• 새우젓 1/2큰술

콩나물국

ⓒ 25~30분 / 2인분
🔒 냉장 2일

• 콩나물 2줌(100g)
• 대파 10cm
• 멸치 국물 4컵(800mℓ, 234쪽)
• 소금 1작은술
  (또는 새우젓, 기호에 따라 가감)
• 다진 마늘 1작은술

북어국

- 콩나물 북어국
- 무채 북어국
- 달걀 북어국

tip

북어채를 다른 재료로 대체하기
동량(2컵)의 황태채나 통 북어포
40g으로 대체할 수 있다.
통 북어포는 젖은 면보로 감싸
10분간 둔다. 밀대로 부드러워질
때까지 두들긴 후 결대로 찢는다.
북어채 불리는 과정부터
동일하게 진행한다.

북어와 황태의 차이
북어 명태를 건조시킨 것
황태 명태를 바닷바람에 얼렸다 녹이는
과정을 반복하며 서서히 건조시킨 것

콩나물 북어국

무채 북어국

달걀 북어국

북어채 불린 후 밑간하기

1 볼에 북어채, 따뜻한 물(5컵)을 담고 10~15분간 불린다.

2 북어채의 물기를 꼭 짠 후 밑간과 버무린다. 이때, 북어채 불린 물(4컵)은 따로 둔다.

★ 북어채의 크기가 크다면 밑간 전에 한입 크기로 자른다.

콩나물 북어국

1 콩나물은 씻은 후 체에 밭쳐 물기를 뺀다. 대파는 어슷 썬다.

2 달군 냄비에 참기름, 밑간한 북어채를 넣어 중간 불에서 2분간 볶는다. 북어채 불린 물 4컵(800㎖), 콩나물, 다시마를 넣고 끓어오르면 10분간 끓인다.

3 다시마를 건져내고 대파, 국간장, 소금을 넣고 1분간 끓인다.

무채 북어국

1 무는 0.5cm 두께로 채 썬다. 대파는 어슷 썬다.

2 달군 냄비에 참기름, 밑간한 북어채를 넣어 중간 불에서 30초, 무를 넣고 1분 30초간 볶는다. 북어채 불린 물 4컵(800㎖), 다시마를 넣고 끓인다.

3 끓어오르면 국간장을 넣고 10분간 끓인다. 다시마를 건져내고 대파, 소금을 넣어 1분간 끓인다.
★ 떠오르는 거품은 걷어낸다.

달걀 북어국

1 볼에 달걀을 푼다. 대파는 어슷 썬다.

2 달군 냄비에 참기름, 밑간한 북어채를 넣어 중간 불에서 2분간 볶는다. 북어채 불린 물 4컵(800㎖), 다시마를 넣고 끓어오르면 10분간 끓인다.

3 다시마를 건져내고 달걀물, 대파를 넣고 2~3번 저은 후 1분간 끓인다. 국간장, 소금, 후춧가루를 더한다.

북어채 불린 후 밑간하기

• 북어채 2컵(40g)

밑간
• 청주 1큰술
• 다진 마늘 1작은술
• 참기름 2작은술

콩나물 북어국

🕐 25~30분 / 2인분
❄ 냉장 2일

• 밑간한 북어채 2컵(40g)
• 콩나물 2줌(100g)
• 대파 10cm
• 북어채 불린 물 4컵(800㎖)
• 참기름 1큰술
• 다시마 5×5cm 3장
• 국간장 1큰술
• 소금 1/4작은술

무채 북어국

🕐 25~30분 / 2인분
❄ 냉장 2일

• 밑간한 북어채 2컵(40g)
• 무 지름 10cm, 두께 1.5cm(150g)
• 대파 10cm
• 북어채 불린 물 4컵(800㎖)
• 참기름 1큰술
• 다시마 5×5cm 3장
• 국간장 1작은술
• 소금 2/3작은술

달걀 북어국

🕐 25~30분 / 2인분
❄ 냉장 2일

• 밑간한 북어채 2컵(40g)
• 달걀 2개
• 대파 10cm
• 북어채 불린 물 4컵(800㎖)
• 참기름 1큰술
• 다시마 5×5cm 3장
• 국간장 1큰술
• 소금 1/4작은술
• 후춧가루 약간

기본 된장국

- 시금치된장국
- 배추된장국

시금치된장국

배추된장국

 tip

조개 국물로 된장국 끓이기
멸치 국물 대신 동량(4컵)의
조개 국물(234쪽)로 대체해도 좋다.
동일하게 만들되, 건진 조개와
마늘을 마지막에 넣는다.

시판 된장과 집 된장(재래 된장)의 차이

시판 된장
끓일수록 뒷맛이 시큼해지기 때문에
10~15분 정도 짧은 시간만 끓여야
구수하고 깔끔한 맛을 살릴 수 있다.

집 된장
오래 끓일수록 깊은 맛이 나며,
시판 된장에 비해 색이 진하고
짠맛이 강한 편이니 양을 조절한다.

시금치된장국

1 시든 잎은 떼어낸다.
뿌리의 흙을 칼로 살살 긁어
없앤다.

2 큰 볼에 시금치, 잠길 만큼의
물을 담고 흔들어 씻는다.
이 과정을 3~4번 반복한다.

3 큰 것은 뿌리 쪽에 열십(+)자로
칼집을 내 4등분한다.

4 대파는 어슷 썬다.

5 냄비에 멸치 국물을 붓고
센 불에서 끓어오르면
된장, 시금치를 넣어 끓인다.

6 끓어오르면 뚜껑을 덮고
중간 불에서 10분, 대파,
다진 마늘을 넣고 1분간 끓인다.
소금으로 부족한 간을 더한다.

배추된장국

1 알배기배추는 길이로
2등분한 후 2cm 두께로 썬다.
청양고추는 송송 썬다.

2 냄비에 멸치 국물을 붓고
센 불에서 끓어오르면
된장, 알배기배추를 넣는다.
뚜껑을 덮고 중간 불로 줄여
10분간 끓인다.

3 청양고추, 다진 마늘을 넣고
1분간 끓인다. 소금으로
부족한 간을 더한다.

시금치된장국

⏱ 30~35분 / 2인분
❄ 냉장 3일

- 시금치 2줌(100g)
- 대파 10cm
- 멸치 국물 4컵(800㎖, 234쪽)
- 된장 2와 1/2큰술
  (집 된장의 경우 2큰술)
- 다진 마늘 1작은술
- 소금 약간

배추된장국

⏱ 30~35분 / 2인분
❄ 냉장 3일

- 알배기배추 4장
  (손바닥 크기, 120g)
- 청양고추 1개(생략 가능)
- 멸치 국물 4컵(800㎖, 234쪽)
- 된장 2와 1/2큰술
  (집 된장의 경우 2큰술)
- 다진 마늘 1작은술
- 소금 약간

별미 된장국

- 냉이된장국
- 아욱된장국

냉이된장국

아욱된장국

tip

근대된장국 만들기

1 근대 2/3줌(100g)을 아욱과 같은
  방법으로 과정 ①까지 손질한다.
2 아욱된장국의 과정 ④부터 진행한다.

246

냉이된장국

1 냉이는 시든 잎을 떼어낸 후 뿌리를 칼로 살살 긁어 흙과 잔뿌리를 없앤다.

2 볼에 냉이, 잠길 만큼의 물을 담고 흔들어 씻는다. 크기가 큰 것은 2~3등분한다.

3 대파는 어슷 썬다.

4 냄비에 멸치 국물을 붓고 센 불에서 끓어오르면 된장, 냉이를 넣어 끓인다.

5 끓어오르면 뚜껑을 덮고 중약 불에서 10분, 대파, 다진 마늘을 넣고 1분간 끓인다. 소금으로 부족한 간을 더한다.

아욱된장국

1 아욱은 줄기 끝을 꺾어 투명한 실 같은 섬유질을 벗겨낸다. 이 과정을 반복한다.

2 볼에 아욱, 약간의 물을 넣고 주물러 푸른 즙이 나올 때까지 2~3번 주물러 씻은 후 물기를 꼭 짠다. ★ 주물러 씻어야 아욱의 쓴맛이 없어진다.

3 아욱은 열십(+)자로 썰고, 대파는 어슷 썬다.

4 냄비에 멸치 국물을 붓고 센 불에서 끓어오르면 된장, 아욱, 건새우를 넣고 끓인다.

5 끓어오르면 뚜껑을 덮고 중간 불에서 10분, 대파, 다진 마늘을 넣고 1분간 끓인다. 소금으로 부족한 간을 더한다.

냉이된장국

⏱ 30~35분 / 2인분
❄ 냉장 2일

- 냉이 5줌(100g)
- 대파 10cm
- 멸치 국물 4컵(800㎖, 234쪽)
- 된장 2와 1/2큰술 (집 된장의 경우 2큰술)
- 다진 마늘 1작은술
- 소금 약간

아욱된장국

⏱ 30~35분 / 2인분
❄ 냉장 2일

- 아욱 1줌(100g)
- 두절 건새우 1/2컵(12g)
- 대파 10cm
- 멸치 국물 4컵(800㎖, 234쪽)
- 된장 2와 1/2큰술 (집 된장의 경우 2큰술)
- 다진 마늘 1작은술
- 소금 약간

기본 미역국

- 쇠고기미역국
- 바지락미역국

쇠고기미역국

바지락미역국

 tip

미역국용 쇠고기 고르기

양지머리 80g + 사태 70g
적은 양을 끓일 때 맛있고
고소한 맛을 쉽게 낼 수 있다.

양지머리 80g + 등심 70g
국물 맛이 진하고 고소하나
다소 느끼할 수 있다.
그릇에 담았을 때 기름이 많이 뜬다.

양지머리 150g
오랜 시간 푹 끓여야 깊은 맛이 난다.
짧은 시간에 끓이려면
고기 양을 2배로 늘린다.

바지락 해감하기

불투명한 볼에 조개, 물(5컵) +
소금(2작은술)을 함께 담가
검은색 쟁반이나 비닐로 덮은 후
30분간 서늘한 곳(또는 냉장고)에
둔다. 볼의 바닥에 흙이나 모래 등이
많이 나오면 해감이 잘 된 것이다.

★공통 재료 손질 미역 불린 후 밑간하기

1 큰 볼에 미역, 잠길 만큼의 물을 담고 15분간 불린다.

2 2~3번 주물러 거품이 나오지 않을 때까지 헹군 후 물기를 꼭 짠다.

3 국간장 1작은술을 넣어 무친다.

쇠고기미역국

1 쇠고기는 키친타월로 감싸 핏물을 없앤다. 양념과 버무린다.

2 달군 냄비에 참기름, 쇠고기를 넣어 중간 불에서 1분, 밑간한 미역을 넣고 2분, 물 1컵(200㎖)을 붓고 2분간 볶는다.
★ 약간의 물과 함께 볶으면 재료의 맛이 더 잘 우러난다.

3 물 6컵(1.2ℓ), 국간장을 넣고 센 불에서 끓어오르면 중약 불로 줄여 뚜껑을 덮고 30분간 끓인다. 소금으로 부족한 간을 더한다.

바지락미역국

1 바지락은 씻은 후 체에 밭쳐 물기를 뺀다.

2 달군 냄비에 들기름, 밑간한 미역을 넣고 중간 불에서 2분, 물 1컵(200㎖)을 넣고 2분간 볶는다.

3 물 6컵(1.2ℓ), 국간장, 다진 마늘을 넣고 뚜껑을 덮어 중약 불에서 20분, 바지락을 넣고 입을 벌릴 때까지 5분간 끓인다. 소금으로 부족한 간을 더한다.

쇠고기미역국

⏱ 50~55분 / 2인분
🧊 냉장 3일

- 말린 실미역 3줌(15g)
- 쇠고기 양지머리 150g
- 물 1컵(200㎖) + 6컵(1.2ℓ)
- 국간장 1큰술
- 참기름 1큰술
- 소금 약간

양념

- 다진 마늘 1/2큰술
- 청주 1작은술
- 국간장 1작은술
- 참기름 1작은술
- 후춧가루 약간

바지락미역국

⏱ 40~45분 / 2인분
🧊 냉장 2일

- 말린 실미역 3줌(15g)
- 해감 바지락 2봉(400g)
- 물 1컵(200㎖) + 6컵(1.2ℓ)
- 들기름(또는 참기름) 1큰술
- 국간장 1큰술
- 다진 마늘 1/2큰술
- 소금 약간

별미 미역국

- 들깨미역국
- 참치미역국

들깨미역국

참치미역국

미역국에 파를 넣지 않는 이유
영양 효율은 물론이고 맛도 떨어진다.
파에는 인과 유황 성분이 많아
미역국에 넣으면 미역의 칼슘 흡수를
방해하기 때문. 또한 미역과 파가 가진
미끈한 성분이 음식 맛을 느끼는
혀의 세포 표면을 덮어 미역 고유의
맛을 느끼기 어렵게 한다.

★미역 불린 후 밑간하기 249쪽

들깨미역국

1 달군 냄비에 들기름,
밑간한 미역을 넣고 중간 불에서
2분, 물 1컵(200㎖)을 붓고
2분간 볶는다.

2 다시마, 국간장, 다진 마늘,
물 6컵(1.2ℓ)을 넣고 센 불에서
끓어오르면 중약 불로 줄여
뚜껑을 덮고 10분간 끓인다.
다시마는 건져낸다.

3 들깻가루를 넣고 15분간 끓인다.
소금으로 부족한 간을 더한다.

참치미역국

1 참치는 체에 밭쳐 기름을 뺀다.

2 달군 냄비에 참기름, 밑간한 미역을
넣고 중간 불에서 2분,
물 1컵(200㎖)을 붓고 2분간 볶는다.

3 물 4컵(800㎖), 국간장,
다진 마늘을 넣고
센 불에서 끓인다.

4 끓어오르면 참치를 넣고
뚜껑을 덮어 중약 불에서
10분간 끓인다.
소금으로 부족한 간을 더한다.

★ 끓일 때 생기는 기름을 걷어내면
더 담백하게, 그대로 두면
더 고소하게 즐길 수 있다.

들깨미역국

🕐 40~45분 / 2인분
📦 냉장 3일

• 말린 실미역 3줌(15g)
• 다시마 5×5cm 6장
• 들기름 1큰술
• 국간장 1큰술
• 다진 마늘 1/2큰술
• 들깻가루 3큰술
  (기호에 따라 가감)
• 물 1컵(200㎖) + 6컵(1.2ℓ)
• 소금 약간

참치미역국

🕐 20~25분 / 2인분
📦 냉장 3일

• 말린 실미역 3줌(15g)
• 통조림 참치 1캔(중간 것, 150g)
• 참기름(또는 들기름) 1큰술
• 국간장 1/2큰술
• 다진 마늘 1/2큰술
• 물 1컵(200㎖) +4컵(800㎖)
• 소금 약간

무국

- 어묵 무국
- 새송이버섯 무국
- 쇠고기 무국

어묵 무국

새송이버섯 무국

쇠고기 무국

어묵 무국

1 무는 0.5cm 두께로 채 썬다.
어묵은 5cm 길이로 채 썰고,
고추는 송송 썬다.

2 어묵은 체에 밭쳐
뜨거운 물(2컵)을 끼얹는다.

★ 어묵의 기름기가 제거되어
국물이 더 깔끔하다.

3 냄비에 멸치 국물, 무를 넣고
센 불에서 끓어오르면
중간 불로 줄여 2분간 끓인다.

4 어묵, 국간장을 넣고 2분,
고추, 다진 마늘, 후춧가루를 넣고
1분간 끓인다.

새송이버섯 무국

1 무는 0.5cm 두께로 채 썬다.
대파는 어슷 썬다.

2 새송이버섯은 2등분한 후
0.5cm 두께로 썬다.

3 달군 냄비에 참기름,
다진 마늘, 무를 넣어
중약 불에서 1분 30초간 볶는다.

4 새송이버섯을 넣고 1분 30초간
볶은 후 멸치 국물을 넣고
센 불에서 끓인다.
★ 떠오르는 거품은 걷어낸다.

5 끓어오르면 중약 불로 줄여
5분간 끓인다.

6 대파, 국간장, 소금을 넣고
1분간 끓인다.

어묵 무국

🕐 25~30분 / 2인분
📦 냉장 5일

• 무 지름 10cm, 두께 1cm(100g)
• 사각 어묵 2장
 (또는 다른 어묵, 100g)
• 고추 1/2개
• 멸치 국물 4컵(800㎖, 234쪽)
• 국간장 1큰술
• 다진 마늘 1작은술
• 후춧가루 약간

새송이버섯 무국

🕐 35~40분 / 2인분
📦 냉장 3일

• 무 지름 10cm, 두께 2cm(200g)
• 새송이버섯 2개
 (또는 다른 버섯, 160g)
• 대파 15cm
• 멸치 국물 4컵(800㎖, 234쪽)
• 참기름 1큰술
• 다진 마늘 1작은술
• 국간장 1작은술
• 소금 1/2작은술
 (기호에 따라 가감)

쇠고기 무국

⏱ 50~55분 / 2인분
🧊 냉장 2일

- 쇠고기 양지머리 200g
- 무 지름 10cm, 두께 2cm(200g)
- 콩나물 1줌(50g)
- 대파 15cm
- 다시마 5×5cm 4장
- 물 1/4컵(50㎖) + 6컵(1.2ℓ)
- 국간장 1큰술
- 고춧가루 1큰술
- 다진 마늘 1/2큰술
- 양조간장 1작은술
- 소금 약간
- 후춧가루 약간

1 쇠고기는 키친타월로 감싸
핏물을 없앤 후 한입 크기로 썬다.

2 콩나물은 씻은 후 체에 밭쳐
물기를 뺀다. 무는 2.5×2.5cm
크기로 납작하게 썰고,
대파는 송송 썬다.

3 달군 냄비에 무, 물 1/4컵(50㎖),
국간장을 넣고 중간 불에서
5분간 무가 투명해질 때까지
볶는다.

4 물 6컵(1.2ℓ), 쇠고기,
다시마, 고춧가루를 넣고
센 불에서 끓어오르면
중약 불로 줄여 10분간 끓인다.

5 다시마를 건져낸 후
뚜껑을 덮고 20분간 끓인다.
★ 다시마는 채 썰어
마지막에 넣어도 좋다.

6 콩나물, 대파, 다진 마늘,
양조간장을 넣고 뚜껑을 덮어
약한 불에서 5분간 끓인다.
후춧가루, 소금으로
부족한 간을 더한다.

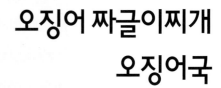

오징어 짜글이찌개
오징어국

오징어 짜글이찌개

오징어국

오징어국 & 찌개 더 맛있게 끓이기

1 오징어는 오래 끓이면
   식감이 질겨지므로
   레시피의 시간을 확인한다.

2 오징어 껍질에는 타우린과 같은
   좋은 성분이 많이 들어 있어
   그대로 넣고 요리하는 것이 좋다.
   단, 국물이 탁해질 수 있으므로
   원한다면 껍질을 벗겨도 된다.

255

오징어 손질하기

오징어 짜글이찌개

⏱ 30~40분 / 2~3인분
🧊 냉장 2일

- 오징어 1마리
  (270g, 손질 후 180g)
- 두부 큰 팩 1모(부침용, 300g)
- 애호박 1/3개(90g)
- 대파(푸른 부분) 15cm 2대
- 홍고추 1개(생략 가능)
- 다시마 5×5cm 2장
- 물 2컵(400㎖)

양념
- 고춧가루 3큰술
- 설탕 1큰술
- 다진 마늘 1큰술
- 국간장 2큰술
- 맛술 1큰술
- 고추장 2큰술
- 후춧가루 약간

1 오징어는 몸통을 길게 갈라 내장을 떼어낸다.

2 내장과 다리의 연결 부분을 잘라 내장을 버린다.

3 다리를 뒤집어 안쪽에 있는 입 주변을 꾹 누른 후 튀어나오는 뼈를 떼어낸다.

4 다리는 손가락으로 여러 번 훑어 빨판을 제거한다.

오징어 짜글이찌개

1 애호박은 1cm 두께로 썬 후 9등분한다.

2 대파는 5cm 두께로 썬 후 길이로 2등분하고, 홍고추는 어슷 썬다. 작은 볼에 양념을 섞는다.

3 오징어는 손질한다. 몸통은 길이로 2등분한 후 1cm 두께로 썰고, 다리는 5cm 길이로 썬다.

4 냄비에 물 2컵(400㎖), 다시마, 양념을 넣고 섞는다. 두부는 한입 크기로 떼어 넣는다.

5 센 불에서 끓어오르면 오징어, 애호박을 넣고 중간 불에서 5분, 대파, 홍고추를 넣고 5분간 끓인 후 다시마를 건져낸다.

오징어국

1 무는 3×3cm 크기로 납작하게 썬다. 대파는 어슷 썬다.

2 오징어는 손질한다. 몸통은 길이로 2등분한 후 1cm 두께로 썰고, 다리는 5cm 길이로 썬다.

3 냄비에 무, 멸치 국물을 넣고 센 불에서 끓어오르면 중약 불로 줄여 5분간 끓인다.

4 오징어를 넣고 중간 불에서 3분간 끓인다.

5 대파, 다진 마늘, 국간장, 소금을 넣고 2분간 끓인다. 소금으로 부족한 간을 더한다.

— **오징어국**

🕐 30~35분 / 2인분
🧊 냉장 2일

- 오징어 1마리
  (270g, 손질 후 180g)
- 무 지름 10cm, 두께 1cm(100g)
- 대파 15cm
- 멸치 국물 3과 1/2컵
  (700㎖, 234쪽)
- 다진 마늘 1작은술
- 국간장 2작은술
- 소금 1/3작은술
  (기호에 따라 가감)

청국장

- 기본 청국장
- 김치청국장

기본 청국장

김치청국장

 tip

청국장 끓일 때 주의할 점
청국장은 너무 오래 끓이면
구수한 맛이 날아가고 우리 몸에 좋은
바실러스균이 파괴된다.
따라서 레시피의 시간을 지킨다.

청국장 더 진하게 끓이기
국물을 더 구수하고 진하게 내고 싶다면
물을 동량(2와 1/2컵)의 쌀뜨물
(쌀을 씻은 2~3번째 물)로 대체한다.

기본 청국장

1 두부는 사방 1cm 크기로 썰고, 새송이버섯은 사방 1.5cm 크기로 썬다.

2 애호박은 길이로 4등분한 후 0.5cm 두께로 썬다.

3 양파는 2×2cm 크기로 썰고, 고추는 어슷 썬다.

4 냄비에 멸치 국물, 새송이버섯, 애호박, 양파를 넣고 센 불에서 끓어오르면 중간 불로 줄여 5분간 끓인다.

5 청국장을 풀고 두부, 고추, 다진 마늘, 소금을 넣고 3분간 끓인다.

김치청국장

  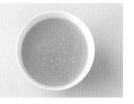

1 삼겹살은 1cm 두께로 썬 후 밑간과 버무린다.

2 두부는 1cm 두께로 큼직하게 썬다. 대파는 어슷 썰고, 김치는 속을 털어낸 후 3cm 두께로 썬다.

3 볼에 물 2컵(400㎖), 청국장을 섞는다.

4 달군 냄비에 들기름, ①의 삼겹살을 넣어 중약 불에서 2분간 볶는다.

5 김치, 김치 국물, 설탕, 국간장, 물 1/2컵(100㎖)을 넣고 중약 불에서 6분간 볶은 후 ③을 붓는다.

6 센 불에서 끓어오르면 두부를 넣고 중간 불로 줄여 5분, 대파, 소금을 넣고 30초간 끓인다.
★ 간을 보고 지나치게 시큼하면 설탕을 약간 더 넣는다.

기본 청국장

⏱ 25~30분 / 2인분
🅱 냉장 2일

- 두부 큰 팩 1/3모(찌개용, 100g)
- 새송이버섯 1개 (또는 다른 버섯, 80g)
- 애호박 1/4개(약 70g)
- 양파 1/4개(50g)
- 고추 2개
- 청국장 5큰술(염도에 따라 가감)
- 멸치 국물 2와 1/2컵 (500㎖, 234쪽)
- 다진 마늘 1작은술
- 소금 1/3작은술 (기호에 따라 가감)

김치청국장

⏱ 25~30분 / 2인분
🅱 냉장 2일

- 익은 배추김치 1컵(150g)
- 삼겹살 100g
- 두부 큰 팩 1/3모(찌개용, 100g)
- 대파 15cm(생략 가능)
- 들기름 1큰술
- 김치 국물 2큰술
- 설탕 1/2작은술
- 국간장 1/2작은술
- 물 2컵(400㎖) + 1/2컵(100㎖)
- 청국장 5큰술(염도에 따라 가감)
- 소금 1/2작은술 (기호에 따라 가감)

밑간
- 다진 마늘 1큰술
- 맛술 1큰술
- 고춧가루 1작은술
- 다진 생강 1/4작은술
- 후춧가루 약간

순두부찌개

- 굴 순두부찌개
- 바지락 순두부찌개

굴 순두부찌개

바지락 순두부찌개

 tip

고추기름 만들기

내열용기에 식용유(4큰술)+
고춧가루(2큰술)를 넣고
전자레인지에서 1분간 돌린다.
꺼내 저어준 후 체에 키친타월을 깔고
걸러 식힌다.

조개 해감하기

마트에서 물과 함께 담겨 봉지째 파는
모시조개나 바지락은 해감된 것이다.
만약 시장에서 해감되지 않은 조개를 샀다면
불투명한 볼에 조개, 물(3컵)+소금(1작은술)을
함께 담가 검은색 쟁반이나 비닐을 덮은 후
30분간 서늘한 곳(또는 냉장실)에 둔다.

굴 순두부찌개

1 굴은 체에 담고 물(3컵) +
소금(1작은술)에 넣어 흔들어
씻은 후 물기를 없앤다.

2 무는 3×4cm 크기로
납작하게 썬다.

3 미나리는 5cm 길이로 썬다.
대파, 홍고추는 어슷 썬다.

4 냄비에 무, 멸치 국물을
넣고 센 불에서 끓어오르면
중약 불로 줄여 10분간 끓인다.

5 순두부를 넣고 숟가락으로
큼직하게 가른 후
센 불에서 5분간 끓인다.

6 굴을 넣고 1분, 미나리, 대파,
홍고추, 새우젓, 소금을 넣고
1분간 끓인다.

바지락 순두부찌개

1 바지락은 씻은 후 물기를 뺀다.

2 오징어 몸통은 1cm 크기로,
다리는 5cm 길이로 썬다.
★ 오징어 손질하기 256쪽
남은 오징어 보관하기 38쪽

3 달군 냄비에 고추기름, 다진 마늘,
송송 썬 대파, 청양고추를 넣고
중약 불에서 2분간 볶는다.

4 바지락, 오징어, 고춧가루를 넣고
중간 불에서 1분간 볶는다.

5 물 2컵(400㎖)을 붓고
5분간 끓인다. 순두부를 넣고
숟가락으로 갈라 3분간 끓인다.

6 소금, 후춧가루로 간을 하고
달걀을 넣어 1분간 끓인다.
★ 달걀을 넣고 휘저으면 국물이
탁해지므로 그대로 끓인다.

굴 순두부찌개

⏱ 25~30분 / 2인분
🧊 냉장 2일

- 순두부 1봉(330g)
- 굴 1봉(200g)
- 무 지름 10cm, 두께 2cm(200g)
- 미나리 1줌(70g)
- 대파 15cm
- 홍고추 1개
- 멸치 국물 5컵(1ℓ, 234쪽)
- 새우젓 1큰술
- 소금 1/2작은술(기호에 따라 가감)

바지락 순두부찌개

⏱ 25~30분 / 2인분
🧊 냉장 2일

- 순두부 1봉(330g)
- 해감 바지락 1봉
  (또는 모시조개, 200g)
- 오징어 1/2마리(손질 후, 90g)
- 송송 썬 대파 30cm
- 송송 썬 청양고추 1개(생략 가능)
- 물 2컵(400㎖)
- 고춧가루 1큰술
- 고추기름 2큰술
- 다진 마늘 1/2큰술
- 소금 약간
- 후춧가루 약간
- 달걀 1개(생략 가능)

된장찌개

- 기본 된장찌개
- 차돌박이 된장찌개

기본 된장찌개

차돌박이 된장찌개

 tip

기본 된장찌개에 봄나물 더하기
달래, 냉이 등을 손질한 후
과정 ④에서 두부와 함께 넣는다.
오래 끓이면 향이 날아가므로
주의한다. ★ 봄나물 손질하기 104쪽

기본 된장찌개에 조개 더하기
해감 바지락이나 모시조개를
과정 ④에서 두부와 함께 넣는다.
오래 끓이면 질겨지므로 주의한다.
★ 조개 해감하기 234쪽

시판 된장과 집 된장(재래 된장)의 차이
시판 된장
끓일수록 뒷맛이 시큼해지기 때문에
10~15분 정도 짧은 시간만 끓여야
구수하고 깔끔한 맛을 살릴 수 있다.
집 된장
오래 끓일수록 깊은 맛이 나며,
시판 된장에 비해 색이 진하고
짠맛이 강한 편이니 양을 조절한다.

1 두부는 사방 1cm 크기로 썬다.
양파는 사방 2.5cm 크기로 썰고,
대파는 어슷 썬다.

2 감자는 0.3cm 두께로 썰고,
애호박은 0.5cm 두께로 썬다.

3 냄비에 멸치 국물, 감자,
애호박, 양파를 넣고
중간 불에서 5분간 끓인다.

4 두부, 된장, 다진 마늘을 넣고
끓어오르면 2분간 끓인다.
대파, 소금을 넣고 30초간 끓인다.
★ 두부를 넣을 때 고춧가루, 청양고추를
더해 매콤하게 즐겨도 좋다.

차돌박이 된장찌개

1 양파는 2×2cm 크기로 썰고,
부추는 5cm 길이로 썬다.
표고버섯은 0.5cm 두께로 썬다.

2 두부는 사방 1.5cm 크기로 썬다.
대파는 송송 썰고,
청양고추는 어슷 썬다.

3 차돌박이는 키친타월로 감싸
핏물을 없애고 2cm 두께로 썬다.

4 달군 냄비에 차돌박이를 넣고
중약 불에서 1분간 볶는다.
고춧가루, 다진 마늘, 후춧가루를
넣고 1분간 볶는다.

5 물 2컵(400mℓ), 된장, 국간장을
넣고 센 불에서 끓어오르면
두부, 양파, 표고버섯을 넣고
중간 불로 줄여 3분간 끓인다.

6 부추, 대파, 청양고추를 넣고
1분간 끓인다.

기본 된장찌개

🕐 25~30분 / 2인분
🔲 냉장 3일

- 두부 작은 팩 1모(찌개용, 180g)
- 감자 1/4개(50g)
- 애호박 1/4개(75g)
- 양파 1/4개(50g)
- 대파 15cm
- 멸치 국물 2와 1/2컵
  (500mℓ, 234쪽)
- 된장 2와 1/2큰술
  (집 된장의 경우 1과 1/2큰술)
- 다진 마늘 1작은술
- 소금 1/3작은술
  (기호에 따라 가감)

차돌박이 된장찌개

🕐 30~35분 / 2인분
🔲 냉장 2일

- 쇠고기 차돌박이 150g
- 두부 큰 팩 1/2모(찌개용, 150g)
- 양파 1/4개(50g)
- 표고버섯 2개
  (또는 다른 버섯, 50g)
- 부추 1/2줌(25g)
- 대파 15cm
- 청양고추 1개(생략 가능)
- 고춧가루 1큰술
- 다진 마늘 1/2큰술
- 된장 2큰술
  (집 된장의 경우 1과 1/2큰술)
- 국간장 1작은술
- 후춧가루 약간
- 물 2컵(400mℓ)

김치찌개

- 참치 김치찌개
- 돼지고기 김치찌개

참치 김치찌개

돼지고기 김치찌개

 tip

김치 사용하기
김치의 신맛이 강하다면
김치를 볶을 때 설탕을 약간 더한다.
김치가 덜 익었다면
액젓(멸치 또는 까나리) 1/2큰술을
마지막에 더한다.

김치찌개에 두부 더하기
두부 작은 팩 1모(찌개용, 200g)를
8등분한 후 완성하기 1분 전에 넣는다.

참치 김치찌개

1 양파는 1cm 두께로 채 썰고, 대파, 청양고추는 어슷 썬다.

2 김치는 2cm 두께로 썬다.

3 참치는 체에 밭쳐 기름을 뺀다.

4 냄비에 식용유, 다진 마늘을 넣어 중약 불에서 30초, 양파를 넣고 1분간 볶는다.

5 김치, 참치, 고춧가루, 김치 국물, 물 2와 1/2컵(500㎖)을 넣고 센 불에서 끓어오르면 중간 불로 줄여 5분간 끓인다.

6 대파, 청양고추를 넣고 1분간 끓인다. 소금으로 부족한 간을 더한다.

돼지고기 김치찌개

1 양파는 1cm 두께로 채 썰고, 대파, 청양고추는 어슷 썬다.

2 김치는 2cm 두께로 썬다.

3 삼겹살은 1cm 두께로 썬 후 양념과 버무린다.

4 달군 팬에 식용유, 다진 마늘, 김치, 삼겹살, 양파를 넣어 중간 불에서 2분간 볶는다.

5 김치 국물, 물 3컵(600㎖)을 넣고 센 불에서 끓어오르면 중간 불로 줄여 5분간 끓인다.

6 대파, 청양고추를 넣고 2분간 끓인다. 소금으로 부족한 간을 더한다.

참치 김치찌개

🕐 30~35분 / 2인분
🔲 냉장 2일

- 익은 배추김치 1컵(150g)
- 통조림 참치 1캔(중간 것, 150g)
- 양파 1/2개(100g)
- 대파 15cm
- 청양고추 1개(생략 가능)
- 다진 마늘 1큰술
- 고춧가루 1큰술
- 김치 국물 1/4컵(50㎖)
- 물 2와 1/2컵(500㎖)
- 식용유 2큰술
- 소금 약간

돼지고기 김치찌개

🕐 25~30분 / 2인분
🔲 냉장 2일

- 익은 배추김치 1과 1/2컵(225g)
- 삼겹살 200g
- 양파 1/2개(100g)
- 대파 15cm
- 청양고추 1개(생략 가능)
- 다진 마늘 1과 1/2큰술
- 김치 국물 1/4컵(50㎖)
- 물 3컵(600㎖)
- 식용유 2큰술
- 소금 약간

양념
- 고춧가루 1큰술
- 청주 1큰술
- 고추장 1큰술
- 국간장 1작은술
- 된장 1작은술
  (집 된장의 경우 1/2작은술)

고추장찌개

- 감자 고추장찌개
- 쇠고기 고추장찌개

감자 고추장찌개

쇠고기 고추장찌개

 tip

더 맛있게 끓이기

1 물 대신 동량의 쌀뜨물
 (쌀을 씻은 2~3번째 물)로 끓이면
 쌀의 효소작용으로 인해 찌개를
 좀 더 부드럽고 진하게 끓일 수 있다.

2 재료의 맛이 국물에 충분히 우러나고,
 고추장의 텁텁한 맛을 줄이기 위해서는
 중간 불에서 뭉근하게 끓인다.

3 처음 끓였을 때보다 몇 번 데워 먹으면
 국물이 더 진득하고 맛있다.

감자 고추장찌개

1 감자, 애호박은 길이로
4등분한 후 0.5cm 두께로 썬다.

2 깻잎은 2cm 두께로 썰고,
양파는 2×2cm 크기로 썬다.
대파는 어슷 썬다.

3 냄비에 멸치 국물, 감자, 고춧가루,
고추장을 넣고 센 불에서
끓어오르면 중간 불로 줄여
4분간 끓인다.

4 애호박, 양파를 넣고
3분간 끓인다.

5 깻잎, 대파, 다진 마늘을 넣고
1분간 끓인다.

쇠고기 고추장찌개

1 애호박은 0.5cm 두께로 썰고,
양파는 2×2cm 크기로 썬다.
대파는 송송 썬다.

2 냄비에 쇠고기, 다시마,
물 4와 1/2컵(900㎖)을 넣고
센 불에서 끓인다.

3 끓어오르면 중간 불에서
거품을 걷어내며 10분간 끓인 후
다시마를 건져낸다.

4 애호박, 양파, 다진 마늘,
고추장을 넣어
중간 불에서 5분간 끓인다.

5 국간장을 넣고 3분,
대파를 넣고 3분간 끓인다.

감자 고추장찌개

🕐 30~35분 / 2인분
🧊 냉장 2일

- 감자 1과 1/2개(300g)
- 애호박 1/4개(65g)
- 양파 1/4개(50g)
- 깻잎 3장(6g)
- 대파 10cm
- 멸치 국물 3컵(600㎖, 234쪽)
- 고춧가루 1/2큰술
- 고추장 3큰술
- 다진 마늘 1작은술

쇠고기 고추장찌개

🕐 30~35분 / 2인분
🧊 냉장 2일

- 쇠고기 국거리용 200g
- 애호박 1/2개(135g)
- 양파 1/4개(50g)
- 대파 15cm
- 다시마 5×5cm 3장
- 물 4와 1/2컵(900㎖)
- 다진 마늘 1/2큰술
- 고추장 4와 1/2큰술
- 국간장 1큰술

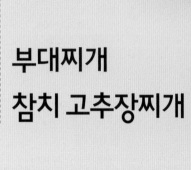

부대찌개
참치 고추장찌개

부대찌개

참치 고추장찌개

tip

부대찌개에 다양한 재료 더하기

슈레드 피자치즈, 통조림 콩
(베이크드 빈스)은 마지막에 넣는다.
라면사리, 수제비, 쫄면, 떡볶이 떡은
완성하기 5분 전에 더한다.

부대찌개

1 양파는 1cm 두께로 채 썰고, 대파는 어슷 썬다.

2 햄은 0.5cm 두께로 썰고, 비엔나 소시지는 2~3군데 어슷하게 칼집을 넣는다.

3 김치는 2cm 두께로 썬다.

4 작은 볼에 양념을 섞는다.

5 달군 냄비에 식용유, 김치, 양파, 양념을 넣고 중약 불에서 4분간 볶는다.

6 사골 육수, 대파, 햄, 소시지, 떡국 떡을 넣고 센 불에서 끓어오르면 10분간 끓인다. 소금으로 부족한 간을 더한다.
★ 시판 사골 육수는 제품마다 염도가 다르므로 국물 맛을 본 후 간을 한다.

참치 고추장찌개

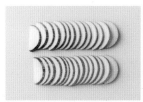

1 애호박은 길이로 2등분한 후 0.5cm 두께로 썬다.

2 양파는 1cm 두께로 채 썰고, 대파, 청양고추는 어슷 썬다.

3 냄비에 물 4컵(800㎖), 다진 마늘, 국간장, 맛술, 고추장을 넣고 센 불에서 끓인다.

4 끓어오르면 참치를 넣고 중간 불에서 15분간 끓인다.
★ 통조림 참치에 들어 있는 기름까지 함께 넣어야 국물이 더욱 진하고 고소하다.

5 애호박, 양파, 대파, 청양고추, 후춧가루를 넣고 1분간 끓인다. 소금으로 부족한 간을 더한다.

— 부대찌개

🕐 20~25분 / 2인분
🔲 냉장 2일

- 익은 배추김치 2/3컵(100g)
- 양파 1/2개(100g)
- 대파 15cm
- 통조림 햄 1캔(작은 것, 200g)
- 비엔나 소시지 12개(100g)
- 떡국 떡 1/2컵(50g)
- 식용유 1큰술
- 시판 사골 육수
  2와 1/2컵(무염, 500㎖)
- 소금 약간

양념

- 고춧가루 2큰술
- 다진 청양고추 1개
- 다진 파 1큰술
- 다진 마늘 1큰술
- 고추장 1큰술
- 설탕 1작은술
- 국간장 2작은술
- 김치 국물 1/4컵(50㎖)

— 참치 고추장찌개

🕐 30~35분 / 2인분
🔲 냉장 2일

- 통조림 참치 1캔(큰 것, 250g)
- 애호박 1/2개(135g)
- 양파 1/2개(100g)
- 대파(흰 부분) 15cm
- 청양고추 1개
- 물 4컵(800㎖)
- 다진 마늘 1큰술
- 국간장 1/2큰술
- 맛술 1/2큰술
- 고추장 4큰술
- 후춧가루 약간
- 소금 1작은술(기호에 따라 가감)

육개장

 tip

시래기 구입 & 말린 시래기 손질하기
마트의 나물 코너에서 판매하는
삶은 시래기를 구입한다.
말린 시래기 손질법은
109쪽에서 확인한다.

1 숙주는 씻은 후 체에 밭쳐
물기를 뺀다.

2 삶은 고사리, 토란줄기는
씻은 후 물기를 꼭 짜고
4cm 길이로 썬다.

3 무는 2×3cm 크기로
납작하게 썬다.

4 대파, 청양고추는 어슷 썬다.

5 큰 볼에 양념을 섞고
쇠고기, 고사리, 토란줄기를
넣어 버무린다.

6 달군 냄비에 식용유, ⑤를 넣어
중약 불에서 5분간 볶는다.

7 사골 육수, 물 2컵(400㎖),
무를 넣고 센 불에서 끓어오르면
뚜껑을 덮고 10분간 끓인다.

8 숙주, 대파, 청양고추를 넣고
중간 불에서 5분간 끓인 후
소금으로 부족한 간을 한다.
★ 시판 사골 육수는 제품마다
염도가 다르므로 국물 맛을 본 후
소금으로 부족한 간을 더한다.

🕐 40~45분 / 2인분
❄️ 냉장 4일

- 쇠고기 국거리용 100g
- 숙주 2줌(100g)
- 삶은 고사리 100g
- 삶은 토란줄기 100g
- 무 지름 10cm, 두께 1cm(100g)
- 대파 15cm 2대
- 청양고추 1개
- 식용유 4큰술
- 시판 사골 육수 2와 1/2컵
  (무염, 500㎖)
- 물 2컵(400㎖)
- 소금 약간

양념
- 고춧가루 5큰술
- 다진 파 2큰술
- 다진 마늘 1큰술
- 국간장 1큰술

알탕
명란 버섯찌개

알탕

명란 버섯찌개

tip

명태알 구입 & 해동하기

명태알은 냉장 또는 냉동 상태로
판매한다. 냉동 명태알을 구입할 경우
해동을 잘해야 비린내가 나지 않는다.
물(1컵) + 소금(1작은술)에 담가
5분간 둔 후 흔들어 씻는다.
알끼리 붙어 있는 경우 억지로 떼어내면
알이 터질 수 있으므로 해동한 후
자연스럽게 떨어지도록 한다.

알탕

1 콩나물은 씻어
체에 받쳐 물기를 뺀다.
미나리는 5cm 길이로 썬다.

2 무는 5×5cm 크기로
납작하게 썬다.
작은 볼에 양념을 섞는다.

3 대파, 청양고추, 홍고추는
어슷 썬다.

4 냄비에 멸치 국물 1/2분량,
무를 넣고 센 불에서 끓어오르면
5분, 명태알, 콩나물, 양념을
넣고 2~3분간 끓인다.

5 남은 멸치 국물을 붓고 2~3분간
끓인 후 미나리, 대파, 청양고추,
홍고추, 소금을 넣고
약한 불에서 2분간 끓인다.

명란 버섯찌개

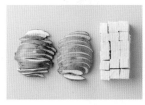

1 표고버섯은 0.5cm 두께로 썰고,
두부는 사방 1cm 크기로 썬다.

2 청양고추, 대파는 어슷 썬다.

3 명란젓은 양념을 씻은 후
2cm 두께로 썬다.

4 냄비에 멸치 국물, 두부,
표고버섯, 다진 마늘을 넣고
중간 불에서 5분간 끓인다.

5 명란젓, 청양고추, 대파를 넣어
3분간 끓인 후 불을 끈다.
참기름, 후춧가루를 넣는다.

알탕

🕐 30~35분 / 2인분
❄ 냉장 2일

- 명태알 10개(작은 것, 200g)
- 콩나물 2줌(100g)
- 미나리 1줌(70g)
- 무 지름 10cm, 두께 1cm(100g)
- 대파 15cm
- 청양고추 1개
- 홍고추 1개
- 멸치 국물 6컵(1.2ℓ, 234쪽)
- 소금 1/2작은술

양념

- 고춧가루 1큰술
- 다진 마늘 2큰술
- 국간장 2큰술
- 청주 1큰술
- 고추장 1큰술
- 후춧가루 약간

명란 버섯찌개

🕐 30~35분 / 2인분
❄ 냉장 2일

- 두부 큰 팩 1/2모(찌개용, 150g)
- 명란젓 3개(120g)
- 표고버섯 2개
  (또는 다른 버섯, 50g)
- 청양고추 1개
- 대파 10cm
- 멸치 국물 3컵(600㎖, 234쪽)
- 다진 마늘 1작은술
- 참기름 약간
- 후춧가루 약간

생선 매운탕

생태와 동태
대구를 동량의 생태나 동태로
대체해도 좋다

생태
말리거나 얼리지 않은 그대로의 명태.
대부분 손질한 상태로 판매.
손질이 안 된 경우 가위로 지느러미를
잘라낸 후 칼끝으로 배를 갈라
알과 내장을 꺼낸다. 씻은 후
토막내어 대구와 동일하게 사용한다.

동태
명태를 얼린 것. 생태보다 살이
단단하고 간이 잘 배어 찜이나
탕 요리에 많이 쓰인다.
동태는 냉장실에서 자연해동한 후
생태와 동일하게 손질한다.
이때, 해동하면서 나오는 수분은
비린내가 많이 나므로
키친타월로 완전히 없앤다.

1 작은 볼에 양념을 섞는다.

2 콩나물은 씻은 후
체에 밭쳐 물기를 뺀다.

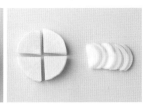

3 무는 열십(+)자로 4등분한 후
0.3cm 두께로 썰고,
양파는 1cm 두께로 채 썬다.

4 쑥갓은 5cm 길이로 썰고,
대파, 고추는 어슷 썬다.

5 볼에 대구, 소금(1작은술)을
담고 10분간 둔다.
★ 소금을 뿌리면 속까지 간이
잘 배고, 살이 더 단단해져
끓이는 도중 풀어지지 않는다.

6 대구를 체에 밭쳐
뜨거운 물(4컵)을 끼얹는다.
★ 뜨거운 물을 끼얹으면
불순물이 제거되어 끓였을 때
국물이 더 깔끔하다.

7 냄비에 멸치 국물을 넣고
센 불에서 끓어오르면
대구, 무, 청주를 넣고
2분간 끓인다.

8 양념을 넣고 중약 불에서 8분,
콩나물, 양파를 넣고
5분간 끓인다.

9 쑥갓, 대파, 고추를 넣고
1분간 끓인다. 소금으로
부족한 간을 더한다.

🕐 40~45분 / 2인분
🔒 냉장 2일

- 손질 대구 1마리(토막낸 것,
  또는 생태, 동태, 550g)
- 무 지름 10cm, 두께 1cm(100g)
- 양파 1/4개(50g)
- 콩나물 1줌(50g)
- 쑥갓 1/2줌(25g)
- 대파 15cm
- 고추 2개
- 멸치 국물 5컵(1ℓ, 234쪽)
- 청주 1큰술
- 소금 약간

양념
- 고춧가루 3큰술
- 다진 마늘 2큰술
- 양조간장 2큰술
- 다진 생강 1작은술(생략 가능)
- 액젓(멸치 또는 까나리) 1/2작은술

꽃게탕

tip

암게와 수게

암게
뒤집었을 때 배딱지가 둥근 모양.
봄철에 속이 알차고 맛있다.
알을 가진 암게는 끓이면 텁텁한
맛이 나므로 찜이나 탕보다 게장에
적합하다.

수게
뒤집었을 때 배딱지가 산 모양.
암게보다 전체적으로 크기가 큰 편이다.
알이 없는 대신 속살이 많아
다양한 요리에 활용하기 좋으며,
특히 가을철에는 암게보다 살이 많다.

암게   수게

살아 있는 꽃게 손질하기
꽃게를 뒤집어 배 쪽에 뜨거운 물을
붓거나 냉동실에 잠깐 넣어
기절 시킨 후 빠른 시간 안에 손질한다.

꽃게 손질하기

1 조리용 솔(또는 수세미)로 씻는다. 배 쪽의 배딱지를 들어 올린다.

2 몸통과 게딱지 사이에 양쪽 엄지손가락을 넣어 힘주어 분리한다.

3 가위로 입을 잘라낸다.

4 아가미를 잘라낸다.

5 뽀족한 다리 끝을 잘라낸다. 몸통은 2~4등분한다.

⏱ 30~35분 / 2인분
🔲 냉장 2일

- 꽃게 2마리(400g)
- 해감 모시조개 1/2봉(100g)
- 무 지름 10cm, 두께 1cm(100g)
- 애호박 1/4개(65g)
- 양파 1/4개(50g)
- 홍고추 1개
- 물 5컵(1ℓ)

양념
- 다진 마늘 3큰술
- 청주 2큰술
- 된장 1큰술
  (집 된장의 경우 1/2큰술)
- 고추장 1/2큰술
- 고춧가루 2큰술
- 다진 생강 1작은술(생략 가능)
- 후춧가루 약간

꽃게탕

1 모시조개는 씻은 후 체에 밭쳐 물기를 뺀다.
★ 조개 해감하기 234쪽

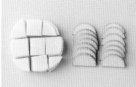

2 무는 2×3cm 크기로 납작하게 썬다. 애호박은 길이로 2등분한 후 0.5cm 두께로 썬다.

3 양파는 2×2cm 크기로 썰고, 홍고추는 어슷 썬다.

4 작은 볼에 양념을 섞는다.

5 냄비에 물 5컵(1ℓ), 손질한 꽃게, 모시조개, 무를 넣고 센 불에서 끓어오르면 중약 불로 줄여 10분간 끓인다.

6 애호박, 양파, 홍고추, 양념을 넣고 떠오르는 거품을 걷어내며 8분간 끓인다.

홍합탕
조개탕

홍합탕

조개탕

 tip

조개탕 더 맛있게 끓이기

1 조개가 가진 짠맛의 정도가 다르므로
   마지막에 국물이 싱겁다면 소금을 더 넣는다.
   짜다면 물을 조금 더 넣고 끓인다.
2 모시조개, 바지락은 동량으로 대체 가능하다.

조개 해감하기

마트에서 물과 함께 담겨 봉지째 파는
모시조개나 바지락은 해감된 것이다.
만약 시장에서 해감되지 않은 조개를 샀다면
불투명한 볼에 조개, 물(3컵) + 소금(1작은술)을
함께 담가 검은색 쟁반이나 비닐을 덮은 후
30분간 서늘한 곳(또는 냉장실)에 둔다.

홍합탕

1 홍합은 수염을 뗀다.

2 껍질끼리 비벼 불순물을 없앤다. 씻은 후 체에 밭쳐 물기를 뺀다.

3 마늘은 편 썰고, 청양고추는 어슷 썬다.

4 대파는 어슷 썬다.

5 냄비에 소금을 제외한 재료를 넣고 센 불에서 끓인다.

6 끓어오르면 거품을 걷어내며 홍합이 입을 벌릴 때까지 4분간 끓인다. 소금으로 부족한 간을 더한다. ★ 홍합의 크기에 따라 끓이는 시간을 조절한다.

조개탕

1 모시조개, 바지락은 씻은 후 체에 밭쳐 물기를 뺀다.

2 마늘은 편 썰고, 청양고추는 어슷 썬다.

3 대파는 어슷 썬다.

4 냄비에 소금을 제외한 재료를 넣고 센 불에서 끓어오르면 거품을 걷어내며 조개가 입을 벌릴 때까지 2분간 끓인다. 소금으로 부족한 간을 더한다.

홍합탕

🕐 20~25분 / 2인분
🔲 냉장 3일

- 홍합 40개(800g)
- 마늘 5쪽(25g)
- 청양고추 1개(생략 가능)
- 대파 15cm
- 청주 1큰술
- 물 4컵(800㎖)
- 소금 약간

조개탕

🕐 20~25분 / 2인분
🔲 냉장 3일

- 해감 모시조개 1봉(200g)
- 해감 바지락 1봉(200g)
- 마늘 3쪽(15g)
- 청양고추 1개(생략 가능)
- 대파 15cm
- 청주 1큰술
- 물 3컵(600㎖)
- 소금 약간

chapter
7

일품요리 --

매번 남아 골칫거리인 소스, 구하기 어려운 식재료 대신 기본적인 조리법과 냉장고 속 재료면 OK!
매일 먹는 밥이 물릴 때, 안주가 생각날 때, 아이 간식이 필요할 때 함께해요.

간단 밥죽

- 쇠고기 버섯죽
- 채소 달걀죽

쇠고기 버섯죽

채소 달걀죽

 tip

밥 대신 쌀로 만들기

재료 멥쌀 3/4컵(120g, 불린 후
160g), 물 5컵(1ℓ), 참기름 1큰술

1 볼에 멥쌀, 잠길 만큼의 물을 넣고
  30분 이상 불린다.
2 체에 밭쳐 물기를 뺀 후 쌀의
  1/2분량만 믹서에 굵게 간다.
3 약한 불로 달군 냄비에
  참기름, 멥쌀을 모두 넣고
  투명해질 때까지 3분간 볶는다.
4 물 5컵(1ℓ)을 붓고 저어가며
  15~17분간 끓인다. 다진 쇠고기,
  다진 채소를 물과 함께 넣어도 좋다.

죽 냉동 보관하기

소금을 넣으면 빨리 상하므로
보관할 경우 소금을 넣지 않는다.
한 김 식힌 후 한 번 먹을 분량씩
지퍼백에 담아 냉동(14일).
자연해동한 후 다시 끓여 먹기 직전에
소금으로 부족한 간을 더한다.

쇠고기 버섯죽

1 쇠고기는 키친타월로 감싸 핏물을 없앤 후 양념과 섞는다.

2 새송이버섯은 사방 1cm 크기로, 쪽파는 송송 썬다.

3 달군 냄비에 식용유, 다진 쇠고기를 넣고 중간 불에서 1분간 볶는다.

4 새송이버섯을 넣고 1분간 볶는다.

5 밥, 물 2와 1/2컵(500㎖)을 넣고 센 불에서 끓어오르면 중약 불로 줄여 밥알이 퍼질 때까지 6~7분간 저어가며 끓인다.

6 쪽파를 넣는다.

채소 달걀죽

1 볼에 달걀을 푼다.

2 달군 냄비에 식용유, 다진 자투리 채소를 넣어 중간 불에서 30초간 볶는다.

3 밥, 물 2와 1/2컵(500㎖)을 넣고 센 불에서 끓어오르면 중약 불로 줄여 밥알이 퍼질 때까지 6~7분간 저어가며 끓인다.

4 달걀물을 두르고 그대로 30초, 저어가며 30초간 끓인다.

5 통깨, 소금, 참기름을 넣는다.

★ 좀 더 고소한 맛을 원한다면 통깨 간 것 또는 들깻가루를 더한다.

— 쇠고기 버섯죽

🕐 20~25분 / 2인분
🔲 냉장 1일

- 밥 1과 1/2공기(300g)
- 다진 쇠고기 100g
- 새송이버섯 1개
  (또는 다른 버섯, 80g)
- 쪽파 2줄기
- 식용유 1작은술
- 물 2와 1/2컵(500㎖)

양념

- 청주 1큰술
- 국간장 1큰술
- 설탕 1/2작은술
- 다진 마늘 1작은술
- 후춧가루 약간

— 채소 달걀죽

🕐 15~20분 / 2인분
🔲 냉장 1일

- 밥 1공기(200g)
- 다진 자투리 채소 1컵
  (양파, 당근, 애호박,
  파프리카 등, 100g)
- 달걀 1개
- 식용유 1/2큰술
- 물 2와 1/2컵(500㎖)
- 통깨 1/2작은술
- 소금 1/2작은술
  (기호에 따라 가감)
- 참기름 1/2작은술

김밥

- 참치김밥
- 땡초김밥
- 마약김밥

참치김밥

땡초김밥

 tip

김밥 깔끔하게 말기 & 썰기

깔끔하게 말기
김의 끝부분에 물을 살짝 바른 후 만다.

깔끔하게 썰기
만 후 바로 썰지 않고, 평평한 곳에
김의 끝부분이 닿도록 잠시 둔다.
칼날에 참기름이나 찬물을 묻혀가며
톱질하듯 썬다.

김밥 김 사용하기
김밥 김의 앞면은 부드럽고,
뒷면은 거친 편이다. 김밥 김의 거친 면이
위를 향하도록 두고 재료를 올려야
완성 후 식감이 매끄럽다.

김밥 옆구리가 터졌다면
터진 부분을 가릴 수 있는 크기로
김을 자른다. 자른 김의 사방에 물을 살짝
묻힌 후 터진 부위에 붙여 5분 정도 둔다.

마약김밥

참치김밥

1 깻잎은 물기를 완전히 없앤 후 꼭지를 떼어낸다.

2 오이는 길이로 4등분한 후 가운데 씨 부분을 없앤다.

3 참치는 체에 받쳐 기름을 뺀다. 양파는 잘게 다진다.

4 볼에 속재료를 섞는다.

5 다른 볼에 밥, 양념을 섞는다. 밥 1/4분량을 김의 2/3지점까지 펼쳐 올린다. ★ 밥이 너무 뜨거우면 김이 눅눅해지므로 한 김 식힌 후 사용한다.

6 밥에 깻잎 2장, 오이 1줄, 속재료 1/4분량을 올린 후 꾹꾹 눌러가며 돌돌 말아 한입 크기로 썬다. 같은 방법으로 3개 더 만든다.

땡초김밥

1 청양고추 4개, 당근은 잘게 다진다.

2 간장 소스의 청양고추 1개는 4등분한다.

3 작은 냄비에 간장 소스 재료를 넣고 약한 불에서 가장자리가 끓어오르면 5분간 저어가며 졸인다. 청양고추는 건져낸다.

4 큰 볼에 밥, 간장 소스 4큰술, 청양고추, 당근, 통깨, 참기름을 넣고 섞는다.

5 밥 1/5분량을 김의 2/3지점까지 펼쳐 올린다. ★ 밥이 너무 뜨거우면 김이 눅눅해지므로 한 김 식힌 후 사용한다.

6 돌돌 말아 한입 크기로 썬다. 나머지도 같은 방법으로 만든다.

참치김밥

🕐 30~35분 / 2~3인분

- 따뜻한 밥 3공기(600g)
- 김밥 김 4장
- 깻잎 8장
- 오이 1/2개
  (길이로 2등분한 것, 100g)

속재료
- 통조림 참치 1캔(큰 것, 250g)
- 양파 1/4개(50g)
- 마요네즈 4큰술
- 소금 1/3작은술
- 후춧가루 약간

양념
- 소금 1/3작은술
- 참기름 1큰술
- 통깨 약간

땡초김밥

🕐 20~25분 / 2~3인분

- 따뜻한 밥 3공기(600g)
- 김밥 김 5장
- 청양고추 4개
- 당근 약 1/5개(40g)
- 통깨 1큰술
- 참기름 2큰술

간장 소스(4큰술 분량)
- 청양고추 1개
- 물 6큰술
- 양조간장 4큰술
- 설탕 1/2작은술
- 다진 마늘 1작은술

마약김밥

■ **마약김밥**

🕐 40~45분 / 2인분

- 따뜻한 밥 1과 1/2공기(300g)
- 김밥 김 3장
- 시금치 3줌(150g)
- 당근 1/2개(100g)
- 단무지 6개
- 식용유 1/2큰술
- 참기름 약간
- 통깨 약간
- 소금 약간

겨자장
- 설탕 1/2큰술
- 생수 2큰술
- 양조간장 1큰술
- 식초 1/2큰술
- 연겨자 1/2작은술
  (기호에 따라 가감)

양념
- 참기름 1/2큰술
- 소금 1/3작은술
- 통깨 약간

1 작은 볼에 겨자장을 섞는다.

2 당근은 0.3cm 두께로 가늘게 채 썬다. 단무지는 당근과 비슷한 크기로 썬다.

3 김은 4등분한다.

4 큰 볼에 밥, 양념을 섞는다.

5 달군 팬에 식용유, 당근, 소금을 넣고 중간 불에서 2분간 볶는다.

6 시금치는 시든 잎은 떼어낸다. 뿌리, 줄기 사이의 흙을 칼로 살살 긁어 없앤다.

7 큰 볼에 시금치, 잠길 만큼의 물을 담고 흔들어 씻는다. 이 과정을 3~4번 반복한다.
★ 흙이 많은 시금치라면 물에 10분간 담갔다가 씻어도 좋다.

8 큰 것은 뿌리 쪽에 열십(+)자로 칼집을 내 4등분한다.

9 끓는 물(4컵)에 시금치를 넣고 센 불에서 30초간 삶는다. 찬물에 헹궈 물기를 짠 다음 3~4등분한다.

10 볼에 시금치, 참기름, 통깨, 소금을 넣고 무친다.

11 밥 1/12분량을 김의 2/3 지점까지 펼쳐 올린다. 시금치, 당근, 단무지를 조금씩 올린다.
★ 밥이 너무 뜨거우면 김이 눅눅해지므로 한 김 식힌 후 사용한다.

12 속재료를 꾹꾹 눌러가며 돌돌 만다. 같은 방법으로 11개 더 만들고 겨자장을 곁들인다.

주먹밥

잔멸치 깻잎주먹밥 ·
진미채주먹밥 ·
치치주먹밥 ·

잔멸치 깻잎주먹밥

 tip

치치 주먹밥
김치와 참치의 뒷글자를
따서 지은 이름

주먹밥용 밥 만들기
찰기가 있으면서 고슬고슬한 것이
좋다. 너무 진밥은 찐득한 느낌이
있어 식감이 좋지 않다.
찬밥을 사용할 경우 전자레인지에서
데워서 사용한다.

주먹밥 꾸미기
김밥 김을 길게 잘라 주먹밥 아래나
전체를 감싼다. 이때, 밥이 너무 따뜻하면
김이 쪼그라들게 되므로 살짝 식힌 후
붙인다. 잘 붙지 않는다면 물을 발라도 좋다.

치치주먹밥

진미채주먹밥

잔멸치 깻잎주먹밥

1 깻잎은 돌돌 말아 가늘게 채 썬다.

2 슬라이스 치즈는 비닐째 칼로 12등분한다.

3 작은 볼에 양념을 섞는다.

4 달군 팬에 잔멸치, 다진 견과류를 넣고 중간 불에서 30초간 볶는다.

5 양념을 넣고 1분 30초간 볶는다.

6 큰 볼에 밥, ⑤, 깻잎, 참기름을 넣고 섞는다.

7 밥을 6등분해 동그랗게 만든다.

8 밥의 가운데에 손가락으로 구멍을 만든다.

9 치즈 2조각을 넣고 감싸 동그랗게 만든다. ★ 밥 속에 치즈를 넣는 것이 번거롭다면 밥과 치즈를 섞어도 좋다.

9-1 동그랗게 만든 주먹밥을 왼쪽 손바닥에 올린다. 밥을 돌려가며 오른손 엄지손가락와 검지손가락을 이용해 삼각형 모양을 만든다.

1 볼에 진미채, 잠길 만큼의
따뜻한 물을 담고 5분간 둬
짠맛을 뺀 후 물기를 꼭 짠다.

2 진미채는 가위로 잘게 썬다.

3 고추는 잘게 다진다.

4 큰 볼에 밥과 밥 양념을 섞는다.

5 다른 큰 볼에 진미채와
진미채 양념을 섞는다.
④의 밥, 고추를 넣고 섞는다.

6 꼭꼭 눌러 한입 크기의
주먹밥을 만든다.

치치주먹밥

1 참치는 체에 밭쳐 기름을 뺀다.
김치는 국물을 꼭 짠 후
잘게 다진다.

2 볼에 속재료를 넣고 섞는다.

3 다른 큰 볼에 밥,
양념을 섞은 후 6등분해
동그랗게 만든다.

4 밥의 가운데에 손가락으로
구멍을 만들어 ②의 속재료를
1/6분량씩 넣는다. ★ 밥 속에
속재료를 넣는 것이 번거롭다면
밥과 속재료를 섞어도 좋다.

5 밥으로 감싸 동그랗게 만든다.
김가루를 꼭꼭 눌러가며
겉에 묻힌다.

진미채주먹밥

🕐 20~25분 / 2인분

- 따뜻한 밥 1공기(200g)
- 진미채 1과 1/2컵(약 70g)
- 풋고추(또는 청양고추) 2개

밥 양념
- 참기름 1작은술
- 소금 약간
- 통깨 약간

진미채 양념
- 마요네즈 1/2큰술
- 고추장 1과 1/2큰술
- 통깨 1작은술
- 다진 마늘 1작은술
- 올리고당 1/2작은술
- 참기름 1작은술

치치주먹밥

🕐 20~25분 / 2인분

- 따뜻한 밥 1과 1/2공기(300g)
- 김가루 1/2컵

속재료
- 통조림 참치 1/2캔
  (작은 것, 50g)
- 익은 배추김치 2/3컵(100g)
- 통깨 1작은술
- 설탕 1작은술
- 참기름 1작은술

양념
- 통깨 1작은술
- 소금 1/3작은술
- 참기름 2작은술

볶음밥

- 대파 달걀볶음밥
- 김치볶음밥

대파 달걀볶음밥

김치볶음밥

tip

**김치볶음밥의 베이컨을
다른 재료로 대체하기**

통조림 햄, 소시지로 대체해도 좋다.
단, 제품에 따라 염도가 다르므로
동량(100g)을 넣되 싱거울 경우
소금을, 짤 경우 밥을 마지막에 더한다.

김치볶음밥에 슈레드 피자치즈 더하기

마지막에 슈레드 피자치즈 1컵(100g)을
넣고 녹을 때까지 섞는다.

대파 달걀볶음밥

1 큰 볼에 달걀물, 밥을 섞는다.
★ 밥알이 달걀물을 흡수해서
속까지 촉촉하고 고소해진다.

2 대파는 송송 썬다.

3 깊은 팬을 달궈 식용유, 대파를
넣고 중약 불에서 3분간 볶는다.

4 ①을 넣고 센 불에서 2분간
밥알을 풀어가며 볶는다.
소금으로 부족한 간을 더한다.

김치 볶음밥

1 베이컨, 김치는 1cm 두께로 썬다.

2 달걀 프라이를 반숙으로
2개 만든다.

3 ②의 팬을 닦고 중약 불로
달군 후 식용유 1큰술,
김치, 베이컨을 넣어
3분간 볶는다.

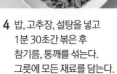

4 밥, 고추장, 설탕을 넣고
1분 30초간 볶은 후
참기름, 통깨를 섞는다.
그릇에 모든 재료를 담는다.

★ 완숙으로 먹고 싶다면
뒤집어 1분 30초간 더 익힌다.
달걀 프라이 만들기 41쪽

대파 달걀볶음밥

⏱ 15~20분 / 2인분
🥡 냉장 2일

- 밥 2공기(400g)
- 대파 20cm
- 식용유 3큰술
- 소금 약간

달걀물
- 달걀 2개
- 맛술 1큰술
- 소금 1/2작은술
- 후춧가루 약간

김치볶음밥

⏱ 15~20분 / 2인분
🥡 냉장 2일

- 밥 1과 1/2공기(300g)
- 익은 배추김치 1과 1/3컵(200g)
- 베이컨 7장(약 100g)
- 달걀 2개
- 식용유 1큰술 + 1큰술
- 고추장 1큰술
- 설탕 1/3작은술
- 참기름 1작은술
- 통깨 약간

영양밥

- 간단 콩나물밥
- 감자 영양밥

간단 콩나물밥

감자 영양밥

 tip

냄비로 콩나물밥 만들기

재료 멥쌀 1과 1/2컵(240g, 불린 후 300g),
콩나물 3줌(150g), 물 1컵(200㎖), 소금 1작은술

1 볼에 멥쌀, 잠길 만큼의 물을 담고 30분 이상 불린다. 체에 밭쳐 물기를 뺀다.
2 바닥이 두꺼운 냄비에 불린 쌀, 물 1컵(200㎖), 소금을 넣고
  섞은 후 콩나물을 펼쳐 올린다.
3 뚜껑을 덮어 센 불에서 끓어오르면 약한 불로 줄여 15분간 끓인다.
4 불을 끄고 섞은 후 뚜껑을 덮어 5분간 그대로 둔다.

간단 콩나물밥

1 다진 쇠고기는 키친타월로 감싸 핏물을 없앤다. 볼에 다진 쇠고기, 쇠고기 양념을 넣고 섞는다. 다른 작은 볼에 양념장을 섞는다.

2 콩나물은 씻은 후 체에 밭쳐 물기를 뺀다.

3 대파는 어슷 썬다. 팽이버섯은 밑동을 제거하고 가닥가닥 뜯어 2cm 길이로 썬다.

4 내열용기에 밥 → 다진 쇠고기 → 콩나물 순으로 펼쳐 올린다. 랩을 씌워 젓가락으로 3~4군데 구멍을 낸 후 전자레인지에서 7분간 익힌다. ★ 재료를 잘 펼쳐 올려야 익힌 후 뭉치지 않는다.

5 랩을 벗긴 후 뜨거울 때 팽이버섯, 대파를 넣고 섞는다. 양념장을 곁들인다. ★ 뜨거울 때 섞어야 남은 열로 팽이버섯, 대파가 익는다.

감자 영양밥

1 큰 볼에 멥쌀, 잠길 만큼의 물을 넣고 30분 이상 불린다.

2 부추는 송송 썰고, 감자는 사방 2cm 크기로 썬다.

3 다른 볼에 감자, 잠길 만큼의 물을 넣고 10분간 둔 후 체에 밭쳐 물기를 뺀다. ★ 감자를 물에 담가 두면 전분기가 빠져 더욱 포슬포슬하다.

4 다진 쇠고기는 키친타월로 감싸 핏물을 없앤다. 작은 볼에 양념장을 섞는다.

5 냄비에 멥쌀, 감자, 물 1과 3/4컵 (350㎖)을 넣고 센 불에서 끓어오르면 약한 불로 줄여 뚜껑을 덮고 10분간 익힌다. 불을 끄고 그대로 10분간 둔다.

6 다른 냄비를 달궈 식용유, 다진 쇠고기, 다진 파를 넣어 중간 불에서 1분, 양념장을 넣고 3분간 끓인다. 그릇에 밥, 부추를 담고 양념장을 곁들인다.

간단 콩나물밥

🕐 20~25분 / 2인분

- 밥 2공기(400g)
- 콩나물 2줌(100g)
- 다진 쇠고기 50g
- 팽이버섯 1줌(50g)
- 대파 15cm

쇠고기 양념

- 청주 1큰술
- 설탕 1/2작은술
- 양조간장 1작은술
- 참기름 1작은술

양념장

- 설탕 1/2큰술
- 양조간장 2큰술
- 생수 1큰술
- 참기름 1/2큰술
- 통깨 1작은술
- 고춧가루 1작은술
- 다진 마늘 1작은술
- 후춧가루 약간

감자 영양밥

🕐 40~45분
(+ 멥쌀 불리기 30분)
/ 2~3인분

🔒 냉장 2일

- 멥쌀 1과 1/2컵 (240g, 불린 후 300g)
- 감자 1개(또는 고구마, 200g)
- 부추 1줌(50g)
- 물 1과 3/4컵(350㎖)
- 다진 쇠고기 100g
- 다진 파 1큰술
- 식용유 1큰술

양념장

- 통깨 1/2큰술
- 고춧가루 1/2큰술
- 양조간장 2큰술
- 국간장 1/2큰술
- 참기름 1작은술
- 물 1/4컵(50㎖)

오므라이스

완성 사진과 같이 오므라이스 담기
과정 ⑦까지 진행한 후 볶아둔 밥
1/2분량을 지단의 1/2지점까지
올린다. 뒤집개로 지단을 접어 밥을
덮은 후 그릇에 담는다. 소스통에
소스를 넣고 모양을 내 뿌린 후
허브, 통후추 간 것으로 장식한다.

**달걀 지단을 달걀 프라이,
스크램블 에그로 대체하기**
동량으로 대체할 수 있다.
달걀 프라이, 스크램블 에그
만드는 법은 41쪽에서 확인한다.

1 작은 냄비에 소스 재료를 넣고 센 불에서 끓어오르면 중약 불로 줄여 10분간 저어가며 끓인다.
★ 큰 냄비에 끓이면 증발량이 많으므로 작은 냄비를 선택한다.

2 양송이버섯은 밑동을 제거하고 모양대로 썬다.

3 대파는 송송 썰고, 다진 자투리 채소를 준비한다.

4 볼에 달걀을 푼다.
★ 달걀물을 체에 한 번 내리면 알끈이 제거되어 더 얇고 매끄럽게 부칠 수 있다.

5 달군 팬에 식용유 2큰술, 대파를 넣어 중간 불에서 30초, 양송이버섯, 자투리 채소를 넣고 1분간 볶는다.

6 밥을 넣고 2분, 양조간장, 토마토케첩을 넣고 1분간 볶은 후 2개의 그릇에 나눠 담는다.

7 ⑥의 팬을 닦고 약한 불로 달군다. 식용유 1/2큰술을 두르고 달걀물 1/2분량을 부어 펼친 후 1분 30초간 익힌다.
★ 코팅이 잘 된 팬을 사용한다.

8 ⑥의 볶음밥에 ⑦을 올리고 ①의 소스를 끼얹는다. 과정 ⑦~⑧을 한 번 더 진행한다.
★ 팬을 기울여 달걀을 올리면 더 안전하게 옮길 수 있다.

⏱ 35~40분 / 2인분
❄ 냉장 2일

- 밥 1과 1/2공기(300g)
- 양송이버섯 3개
  (또는 다른 버섯, 60g)
- 다진 자투리 채소 1컵
  (피망, 당근, 양파 등, 100g)
- 대파 15cm
- 달걀 3개
- 식용유 2큰술 + 1/2큰술 + 1/2큰술
- 양조간장 1큰술
- 토마토케첩 1과 1/2큰술

소스

- 청주 1큰술
- 양조간장 1큰술
- 토마토케첩 3큰술
- 올리고당 1큰술
  (기호에 따라 가감)
- 물 1컵(200㎖)

오므라이스 예쁘게 담기

1 과정 ⑥의 볶음밥을 밥공기에 꾹꾹 눌러 담는다.
★ 꾹꾹 눌러 담아야 엎었을 때 흐트러지지 않는다.

2 완성 그릇에 밥공기를 엎은 후 그릇을 살살 들어 올린다. 달걀을 올린 후 소스를 끼얹는다.

295

샌드위치

- 길거리토스트
- 달걀샌드위치

길거리토스트

달걀샌드위치

tip

샌드위치 예쁘게 썰기

방법 1_ 샌드위치의 꼭짓점
4곳에 이쑤시개를 꽂아 고정시킨 후
썬다. 먹기 전에 이쑤시개는 없앤다.
방법 2_ 종이 포일(또는 유산지)로
감싼 후 칼로 톱질하듯이 썬다.
이때, 샌드위치를 잡고 있는 손의 힘을
최대한 빼야 빵이 눌리지 않는다.

296

길거리토스트

1 달군 팬에 스프레드 재료를 넣고 중약 불에서 3분간 저어가며 끓인다.

2 자투리 채소는 가늘게 채 썬다. 볼에 달걀, 설탕, 소금과 함께 넣고 섞는다.

3 달군 팬에 식빵을 올려 중약 불에서 앞뒤로 각각 1분 30초씩 굽는다. 같은 방법으로 더 굽는다.

4 식빵은 2장씩 서로 기대도록 세워 한 김 식힌다.
★ 구운 식빵은 닿는 면적이 적어야 눅눅해지지 않는다.

5 달군 팬에 식용유 1/2큰술, ②의 달걀물 1/2분량을 부어 중약 불에서 앞뒤로 각각 1분씩 식빵 크기로 모양을 잡아가며 굽는다. 같은 방법으로 1장 더 굽는다.

6 2장의 식빵 한쪽 면에 스프레드 → ⑤ → 토마토케첩 순으로 나눠 올리고 남은 식빵으로 덮는다.

달걀샌드위치

1 오이는 칼로 튀어나온 돌기를 긁어낸 후 씻는다. 길이로 2등분해 0.3cm 두께로 얇게 썬다.
★ 오이 손질하기 77쪽

2 볼에 오이, 물(1큰술)+ 소금(1작은술)을 넣고 10분간 절인 후 헹궈 물기를 꼭 짠다.

3 큰 볼에 삶은 달걀을 넣고 포크로 굵게 다진다.
★ 달걀 삶기 41쪽

4 오이, 소스를 넣고 섞는다.
★ 포크로 섞으면 뭉치지 않고 더 잘 섞인다.

5 4장의 식빵 한쪽 면에 마요네즈 1/2작은술씩 펴 바른다.
★ 식빵을 구워도 좋다.

6 2장의 식빵에 ④의 속재료를 나눠 올리고 남은 식빵으로 덮는다.

길거리토스트

🕐 30~35분 / 2인분

- 식빵 4장
- 자투리 채소 100g
  (양배추, 당근, 양파 등)
- 달걀 3개
- 설탕 1작은술
- 소금 1/2작은술
- 식용유 1/2큰술 + 1/2큰술
- 토마토케첩 1큰술

스프레드
- 설탕 2큰술
- 물 1큰술
- 마요네즈 4큰술
- 파슬리가루 1/2작은술(생략 가능)
- 소금 약간

달걀샌드위치

🕐 20~25분 / 2인분

- 식빵 4장
- 삶은 달걀 2개(41쪽)
- 오이 1/2개(100g)
- 마요네즈 2작은술

소스
- 마요네즈 2와 1/2큰술
- 머스터드 1과 1/2작은술
  (또는 홀그레인 머스터드)
- 올리고당 1작은술
- 후춧가루 약간

별미 샌드위치

- BLT샌드위치
- 참치샌드위치

BLT 샌드위치

참치샌드위치

tip
BLT 샌드위치

베이컨(Bacon), 양상추(Lettuce),
토마토(Tomato)를 주재료로 만든
샌드위치. 각 재료의 영어 앞글자를
따서 이름을 붙였다.

BLT샌드위치

1 달군 팬에 식빵을 올려 중약 불에서 앞뒤로 각각 1분 30초씩 굽는다. 서로 기대도록 세워 한 김 식힌다.

2 토마토는 모양을 살려 4등분한다. 키친타월에 올려 소금을 뿌린다.

3 로메인은 그대로, 또는 2등분한다. 작은 볼에 스프레드를 섞는다.

4 달군 팬에 베이컨을 넣고 중간 불에서 2분간 뒤집어가며 노릇하게 굽는다.

5 2장의 식빵 한쪽 면에 스프레드를 1/2분량씩 펴 바른다.

6 스프레드를 바른 2장의 식빵에 로메인 → 토마토 → 베이컨 순으로 나눠 올린 후 남은 식빵으로 덮는다.

참치샌드위치

1 달군 팬에 식빵을 올려 중약 불에서 앞뒤로 각각 1분 30초씩 노릇하게 굽는다.

2 식빵을 2장씩 서로 기대도록 세워 한 김 식힌다.

3 통조림 참치는 체에 밭쳐 기름을 뺀다. 작은 볼에 스프레드를 섞는다.

4 큰 볼에 참치, 다진 양파, 다진 피클, 설탕, 마요네즈, 후춧가루를 넣고 섞는다.

5 2장의 식빵 한쪽 면에 스프레드를 1/2분량씩 펴 바른다.

6 스프레드를 바른 2장의 식빵에 양상추 → ④ 순으로 나눠 올린 후 남은 식빵으로 덮는다.

BLT샌드위치

🕐 20~25분 / 2인분

- 식빵 4장
- 로메인 8장(또는 양상추, 40g)
- 토마토 1개
- 베이컨 8장(약 100g)
- 소금 약간

스프레드
- 파마산 치즈가루 1큰술
- 마요네즈 1큰술
- 올리고당 1작은술
- 다진 마늘 1/2작은술
- 후춧가루 약간

참치샌드위치

🕐 20~25분 / 2인분

- 식빵 4장
- 통조림 참치 1캔(중간 것, 150g)
- 양상추 6장(손바닥 크기, 90g)
- 다진 양파 1/8개(25g)
- 다진 피클 3큰술(30g)
- 설탕 1/2작은술
- 마요네즈 3큰술
- 후춧가루 약간

스프레드
- 마요네즈 1큰술
- 머스터드 1큰술 (또는 홀그레인 머스터드)
- 설탕 1작은술

수프

- 단호박수프
- 양송이버섯수프

수프 냉동 보관하기
소금을 넣으면 빨리 상하므로
보관할 경우 소금을 넣지 않는다.
한 김 식힌 후 한 번 먹을 분량씩
지퍼백에 담아 냉동(1개월).
해동한 후 다시 끓여 먹기 직전에
소금으로 부족한 간을 더한다.

감자수프 만들기
양송이수프에
감자 1/2개(100g)를 더한다.
1 감자는 4등분한 후
　　0.5cm 두께로 썬다.
2 과정 ③에서 함께 볶는다.

가니쉬 만들기
수프는 재료를 갈아서 만들기 때문에
원재료를 가니쉬(완성된 요리에
더하는 장식)로 올리면 모양도
예쁘고, 수프의 종류도 구분할 수 있다.

식빵 크루통
1 식빵 1장을 사방 1cm 크기로 썬다.
2 볼에 식빵, 식용유 1/2큰술,
　　소금 약간, 통후추 간 것 약간을
　　넣고 버무린다.
3 달군 팬에 ②를 넣고 중약 불에서
　　2~3분간 굴려가며 노릇하게 굽는다.

단호박 칩
1 단호박은 사방 1cm 크기로 썬다.
2 달군 팬에 넣고 중간 불에서
　　3~4분간 뒤집어가며 굽는다.

양송이버섯 칩
1 양송이버섯은 0.5cm 두께로 썬다.
2 달군 팬에 넣고 센 불에서
　　2~3분간 뒤집어가며 굽는다.

단호박수프

양송이버섯수프

단호박수프

1 단호박은 숟가락으로 씨 부분을 파낸다. 평평한 부분을 바닥에 두고 칼로 껍질을 조금씩 도려내며 벗긴다.

2 단호박은 6등분한 후 0.5cm 두께로 썬다. 양파는 0.5cm 두께로 채 썬다.

3 달군 냄비에 올리브유, 단호박, 양파를 넣어 중간 불에서 5분간 볶는다.

4 우유를 넣어 3분간 끓인 후 한 김 식힌다.

5 믹서에 ④를 넣어 곱게 간 후 다시 냄비에 넣는다.

6 생크림, 설탕, 소금, 통후추 간 것을 넣어 3분간 저어가며 끓인다.

양송이버섯수프

1 양송이버섯은 0.5cm 두께로 썬다.

2 양파는 0.5cm 두께로 채 썬다.

3 달군 냄비에 올리브유, 양송이버섯, 양파를 넣어 중간 불에서 7분간 볶는다.

4 우유를 넣어 3분간 끓인 후 한 김 식힌다.

5 믹서에 ④를 넣어 곱게 간 후 다시 냄비에 넣는다.

6 생크림, 파마산 치즈가루, 소금, 통후추 간 것을 넣어 3분간 저어가며 끓인다.

단호박수프

🕐 35~40분 / 2인분
🔲 냉장 3일

- 단호박 1/2개(400g)
- 양파 1/2개(100g)
- 올리브유 2큰술
- 우유 2컵(400㎖)
- 생크림 1컵(200㎖)
- 설탕 1큰술
- 소금 1/2작은술
- 통후추 간 것 약간

양송이버섯수프

🕐 25~30분 / 2인분
🔲 냉장 3일

- 양송이버섯 25개(500g)
- 양파 1/2개(50g)
- 올리브유 2큰술
- 우유 2컵(400㎖)
- 생크림 1컵(200㎖)
- 파마산 치즈가루 1큰술
- 소금 1/3작은술
- 통후추 간 것 약간

떡국
만둣국

만둣국

떡국

tip

시판 사골 육수로 만들기

1 달군 냄비에 참기름 1큰술,
  쇠고기 국거리용 150g을 넣어
  중약 불에서 5분간 볶는다.

2 시판 사골 육수 4컵(무염, 800㎖),
  물 2컵(400㎖)을 붓고
  센 불에서 끓어오르면
  떡국 떡 또는 만두를 넣는다.

3 떡이나 만두가 떠오를 때까지
  5분간 끓인 후 대파를 넣는다.
  시판 사골 육수는 제품마다
  염도가 다르므로 국물 맛을 본 후
  간을 더한다.

냉동이나 딱딱한 떡국 떡 사용하기

찬물에 20~30분간 담가 둔 후
사용한다.

302

1 볼에 쇠고기 양지머리,
잠길 만큼의 물을 넣고
30분~1시간 정도 둔다.
★ 중간중간 물을 갈아준다.

2 끓는 물(4컵)에 양지머리를
넣고 2분간 데친다.
체에 밭쳐 물기를 뺀다.

3 다시 냄비에 양지머리, 무, 대파,
마늘, 물 10컵(2ℓ)을 넣고
뚜껑을 덮어 센 불에서 끓어오르면
중약 불로 줄여 1시간 20분,
다시마를 넣고 5분간 끓인다.
★ 떠오르는 거품은 걷어낸다.

4 체에 밭쳐 국물을 거른다.
이때, 양지머리는 따로 둔다.
★ 다시마는 채 썰어
마지막에 넣어도 좋다.

5 삶은 양지머리는 결대로 찢어
쇠고기 양념과 무친다.

6 대파는 어슷 썬다.

7 냄비에 ④의 국물, 국물 양념을
넣고 센 불에서 끓어오르면
떡국 떡 또는 만두를 넣는다.
★ 떡국 떡과 만두를 1/2분량씩
넣어 떡 만둣국으로 즐겨도 좋다.

8 떡국 떡 또는 만두가 위로
떠오를 때까지 5분간
끓인 후 대파를 넣는다.
그릇에 담고 ⑤의
양지머리를 올린다.

★ 과정 ④에서 건진 다시마나
달걀 지단을 채 썰어 올려도 좋다.
달걀 지단 만들기 311쪽

떡국
만둣국

🕐 **25~30분**
(+고기 국물 만들기 3시간)
/ 2인분

• 떡국 떡 4컵(400g)
또는 만두 10개(300g)
★ 만두 만들기 304쪽
• 쇠고기 양지머리 300g
• 대파 15cm

국물
• 무 지름 10cm, 두께 1.5cm(150g)
• 대파(푸른 부분) 15cm
• 마늘 2쪽(10g)
• 물 10컵(2ℓ)
• 다시마 5×5cm 2장

쇠고기 양념
• 다진 파 2큰술
• 다진 마늘 1/2큰술
• 국간장 1큰술
• 참기름 2작은술

국물 양념
• 소금 1작은술
(기호에 따라 가감)
• 다진 마늘 2작은술
• 국간장 1작은술
• 후춧가루 약간

만두

- 고기 만두
- 김치만두

김치만두

고기만두

tip

만두 냉동 보관하기

1 완성한 만두를 한 김 식힌 후
　서로 달라붙지 않도록
　평평한 접시에 올린다.
2 냉동실에 접시째 넣어 얼린다.
3 얼린 만두를 지퍼백에 옮겨 담아
　냉동(3개월). 해동 없이
　그대로 찌거나 요리에 활용한다.

고기만두

1 다진 쇠고기는 키친타월로 감싸 핏물을 없앤 후 다진 돼지고기와 섞는다.

2 두부는 칼 옆면으로 눌러 곱게 으깬다.

3 면보로 감싸 물기를 꼭 짠다.

4 끓는 물(2컵)에 숙주를 넣고 30초간 데친 후 접시에 펼쳐 한 김 식힌다.

5 물기를 꼭 짠 후 잘게 썬다.

6 부추는 송송 썬다.

7 큰 볼에 양념을 섞은 후 만두피를 제외한 모든 재료를 넣고 버무려 10분간 둔다.

8 만두피에 ⑦의 속재료 1과 1/2큰술을 올린 후 가장자리에 물을 바른다.
★ 만두피와 빚은 만두는 마르지 않도록 젖은 면보로 덮어둔다.

9-1 반으로 접어 가장자리를 꾹꾹 눌러 붙인다.

9-2 양쪽 끝을 모아 물을 묻히고 서로 붙인다.
★ 본 과정을 생략해도 좋다.

10 김이 오른 찜기에 만두가 서로 달라붙지 않도록 올린다. 중간 불에서 10~11분간 만두피가 투명해질 때까지 찐다.
★ 양념장(143쪽)을 곁들여도 좋다.

⏱ 50~55분 / 14개분
🔲 냉장 3일, 냉동 3개월

• 만두피(지름 10cm) 14장
• 다진 쇠고기 50g
• 다진 돼지고기 50g
• 두부 큰 팩 1/2모(부침용, 150g)
• 숙주 8줌(400g)
• 부추 1/2줌(25g)

양념
• 다진 파 1큰술
• 다진 마늘 1/2큰술
• 청주 1/2큰술
• 참기름 1큰술
• 설탕 1/2작은술
• 다진 생강 1/3작은술
• 양조간장 1작은술
• 소금 약간
• 후춧가루 약간

김치만두

🕐 50~55분 / 14개분
🔒 냉장 2일, 냉동 3개월

- 만두피(지름 10cm) 14장
- 익은 배추김치 1컵(150g)
- 다진 돼지고기 80g
- 두부 큰 팩 1/2모(부침용, 150g)
- 숙주 2줌(100g)
- 부추 1/2줌(25g)

양념
- 다진 파 2큰술
- 다진 마늘 1큰술
- 참기름 1과 1/2큰술
- 설탕 1/2작은술
- 다진 생강 1/3작은술
- 양조간장 1작은술
- 후춧가루 약간

1 두부는 칼 옆면으로 눌러 곱게 으깬다.

2 면보로 감싸 물기를 꼭 짠다.

3 끓는 물(2컵)에 숙주를 넣고 30초간 데친 후 접시에 펼쳐 한 김 식힌다.

4 물기를 꼭 짠 후 잘게 썬다.

5 부추는 송송 썬다.

6 김치는 잘게 다진 후 물기를 꼭 짠다.

7 큰 볼에 양념을 섞은 후 만두피를 제외한 모든 재료를 넣고 버무려 10분간 둔다.

8 만두피에 ⑦의 속재료 1과 1/2큰술을 올린 후 가장자리에 물을 바른다.
★ 만두피와 빚은 만두는 마르지 않도록 젖은 면보로 덮어둔다.

9-1 반으로 접어 가장자리를 꾹꾹 눌러 붙인다.

9-2 양쪽 끝을 모아 물을 묻히고 서로 붙인다.
★ 본 과정은 생략해도 좋다.

10 김이 오른 찜기에 만두가 서로 달라붙지 않도록 올린다. 중간 불에서 10~11분간 만두피가 투명해질 때까지 찐다.

칼국수

닭칼국수 •
바지락칼국수 •

닭칼국수

바지락칼국수

tip

칼국수 국물을 걸쭉하게 끓이기

닭칼국수
과정 ⑧에서 들깻가루 1/2큰술을
함께 넣는다.

바지락칼국수
감자 1개(200g)를 4등분한 후
0.5cm 두께로 썰어
과정 ⑨에 함께 넣는다.

닭칼국수

🕐 50~55분 / 2인분

- 칼국수 면 1/2봉(250g)
- 닭다리 6개(600g)
- 애호박 1/2개(135g)
- 양파 1/2개(100g)
- 대파 15cm
- 후춧가루 1/4작은술
- 참기름 1작은술
- 소금 1/4작은술
  (기호에 따라 가감)

국물
- 대파(푸른 부분) 20cm 3대
- 마늘 5쪽(25g)
- 생강 2톨(마늘 크기, 10g)
- 물 10컵(2ℓ)

1 애호박, 양파는 0.5cm 두께로 채 썬다.

2 대파는 어슷 썬다.

3 닭다리는 2~3군데 깊게 칼집을 낸다.

4 끓는 물(10컵)에 닭다리를 넣어 1분간 데친 후 체에 밭쳐 물기를 뺀다. ★ 한 번 데치면 기름을 없앨 수 있다.

5 냄비에 데친 닭다리, 국물 재료를 넣고 센 불에서 끓어오르면 중약 불로 줄여 40분간 끓인 후 불을 끈다. 체로 건더기를 건져내고 국물은 그대로 둔다.

6 닭다리는 한 김 식혀 살만 발라낸다.

7 한입 크기로 찢은 후 후춧가루, 참기름과 버무린다.

8 ⑤의 국물을 센 불에서 끓인다. 끓어오르면 칼국수 면을 넣고 1~2분간 끓인다.

9 애호박, 양파를 넣고 중간 불에서 4분간 끓인다.

10 대파, 소금을 넣고 1분간 끓인다. 그릇에 담고 ⑦의 닭다릿살을 올린다.

바지락칼국수

🕐 30~35분 / 2인분

- 칼국수 면 1/2봉(250g)
- 해감 바지락 2봉
  (또는 모시조개, 400g)
- 애호박 2/3개(180g)
- 양파 1/3개(70g)
- 마늘 3쪽(15g)
- 물 8컵(1.6ℓ)
- 청주 1큰술
- 소금 1과 1/2작은술
  (기호에 따라 가감)

양념장
- 고춧가루 1과 1/2큰술
- 송송 썬 쪽파 2큰술
- 다진 청양고추 1큰술
- 생수 1과 1/2큰술
- 설탕 1/2작은술
- 다진 마늘 1/2작은술
- 국간장 2작은술
- 양조간장 1작은술
- 참기름 1작은술

1 바지락은 씻은 후
체에 밭쳐 물기를 뺀다.
★ 바지락 해감하기 234쪽

2 애호박, 양파는 0.5cm 두께로
채 썰고, 마늘은 얇게 편 썬다.

3 작은 볼에 양념장을 섞는다.

4 냄비에 바지락, 마늘,
물 8컵(1.6ℓ), 청주를 넣고
센 불에서 끓어오르면
중간 불로 줄여 10분간 끓인다.

5 바지락, 마늘은 건져둔다.

6 ④의 국물에 애호박, 양파를
넣고 센 불에서 끓어오르면
중간 불로 줄여
5분간 끓인 후 불을 끈다.

7 다른 냄비에 끓는 물(5컵),
칼국수 면을 넣고 저어가며
센 불에서 2분간 삶는다.

8 체에 밭쳐 찬물에 헹군 후
물기를 뺀다.

9 ⑥의 국물에 삶은 칼국수 면,
소금을 넣고 저어가며
3~4분간 끓인다.
★ 국물이 많이 식었으면
한 번 끓인 후 과정 ⑨를 진행한다.

10 ⑤의 바지락, 마늘을 넣고
1분간 끓인다. 그릇에 담고
양념장을 곁들인다.

잔치국수

tip

김치 잔치국수 만들기

익은 배추김치 1컵(150g)을
송송 썬 후 과정 ⑥에서
다진 마늘과 함께 넣는다.
소금으로 부족한 간을 더한다.

소면 예쁘게 담기

1 삶은 소면의 1/3 분량을 한 손에
잡고 쓸어가며 가지런히 정리한다.

2 면을 잡고 있는 손을 중심으로
돌돌 만 다음 그릇에 담는다.

3 과정 ①~②를 반복한다.

★ 공통 재료 손질 소면 삶기

1 끓는 물(6컵)에 소면을 펼쳐 넣고 중간 불에서 3분 30초간 삶는다. ★ 소면을 펼쳐 넣어야 면이 서로 엉겨 붙지 않는다.

2 끓어오를 때마다 찬물을 1/2컵씩 2~3번 붓는다. ★ 찬물을 부으면 끓어 넘치지 않고, 면이 더 쫄깃해진다.

3 삶은 소면은 재빨리 찬물에 담가 손으로 충분히 비벼 씻어 전분기를 뺀 후 체에 밭쳐 물기를 뺀다.

🕐 30~35분 / 2인분

- 소면 2줌(140g)
- 애호박 1/3개(90g)
- 당근 1/4개(50g)
- 표고버섯 2개(50g)
- 달걀 1개
- 국간장 1작은술
- 다진 마늘 1작은술
- 소금 약간
- 후춧가루 약간
- 멸치 국물 6컵(1.2ℓ, 234쪽)
- 식용유 1/2큰술 + 1큰술

양념장
- 고춧가루 1큰술
- 통깨 간 것 1큰술
- 다진 파 1큰술
- 생수 1큰술
- 양조간장 1큰술

잔치국수

1 애호박, 당근은 0.5cm 두께로 채 썰고, 표고버섯은 0.3cm 두께로 썬다.

2 볼에 달걀을 푼다. 다른 작은 볼에 양념장을 섞는다.

3 달군 팬에 식용유 1/2큰술을 넣고 키친타월로 펴 바른다. 달걀을 펼쳐 넣고 약한 불에서 1분 30초, 뒤집어 30초간 익힌다.

4 한 김 식힌 후 가늘게 채 썬다.

5 달군 팬에 식용유 1큰술, 애호박, 당근, 표고버섯, 소금, 후춧가루를 넣고 중간 불에서 3분간 볶는다.

6 냄비에 멸치 국물, 국간장, 다진 마늘을 넣고 센 불에서 3분간 끓인다. 그릇에 삶은 소면, 국물, ④, ⑤를 담고 양념장을 곁들인다.

비빔국수

- 간장 비빔국수
- 김치 비빔국수

간장 비빔국수

김치 비빔국수

소면을 다른 면으로 대체하기
냉면, 메밀면, 쫄면 등 다른 면을
사용할 경우 제품 포장지에
표기된 시간만큼 삶아 찬물에
3~4번 정도 헹궈 사용한다.

★ 소면 삶기 311쪽

간장 비빔국수

1 오이는 0.3cm 두께로
편 썬 후 다시 채 썬다.
볼에 오이, 설탕(1/3작은술),
소금(1/4작은술)을 넣고 버무려
10분간 둔 후 물기를 꼭 짠다.

2 작은 볼에 양념을 섞는다.
다른 볼에 쇠고기, 밑간,
양념 1큰술을 넣고 버무린다.

3 달군 팬에 식용유, 쇠고기,
오이를 넣고 중간 불에서
3~4분간 볶는다.

4 볼에 삶은 소면, ②의 남은 양념을
넣고 버무린다.

5 통깨, 참기름, ③을 넣고 버무린다.

김치 비빔국수

1 김치는 1cm 두께로 썬 후
김치 양념과 무친다.

2 쌈 채소는 한입 크기로 썬다.

3 작은 볼에 양념을 섞는다.

4 삶은 소면, 양념 5큰술을 버무린다.
김치, 쌈 채소를 섞은 후 간을 보며
남은 양념을 조금씩 더한다.

★ 삶은 달걀(41쪽)을 더해도 좋다.

수제비

- 감자수제비
- 고추장수제비

고추장수제비

감자수제비

tip

감자수제비를 매콤하게 만들기
송송 썬 청양고추 1개를
과정 ⑥에서 재료와 함께 넣는다.

밀가루 구입하기
밀가루는 글루텐(Gluten; 밀가루의
찰진 식감을 주는 성분)의 함량에 따라
강력분, 중력분, 박력분으로 나뉜다.
글루텐 함량이 높아 쫄깃한 식감이
가장 좋은 강력분은 주로 빵에,
가장 낮은 박력분은 쿠키나 케이크에
사용한다. 중간 정도의 함량인
중력분은 다목적용이라 불리며
각종 요리(수제비, 칼국수 등)에
활용하기 좋다.

감자수제비

1 볼에 반죽 재료를 넣고 매끈해질 때까지 5분간 치댄다. 랩을 씌워 냉장실에서 15분간 숙성 시킨다.

2 감자는 4등분한 후 0.5cm 두께로 썬다.

3 애호박은 4등분한 후 0.5cm 두께로 썰고, 대파는 어슷 썬다.

4 냄비에 멸치 국물, 감자, 국간장, 다진 마늘을 넣고 센 불에서 끓인다.

5 끓어오르면 중약 불에서 반죽을 얇게 떠 넣는다.
★ 반죽이 질다면 손에 밀가루를 조금 묻힌다. 반죽을 당겨가며 뜨면 얇게 만들 수 있다.

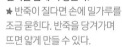

6 애호박, 대파, 소금을 넣고 5분간 끓인다.

고추장수제비

1 볼에 반죽 재료를 넣고 매끈해질 때까지 5분간 치댄다. 랩을 씌워 냉장실에서 15분간 숙성 시킨다.

2 표고버섯은 0.5cm 두께로 썬다.

3 애호박은 길이로 2등분한 후 0.5cm 두께로 썬다. 대파, 청양고추는 어슷 썬다.

4 냄비에 멸치 국물, 된장, 고추장을 풀어 센 불에서 끓어오르면 중약 불로 줄인다.

5 애호박, 표고버섯을 넣고 반죽을 얇게 떠 넣는다.
★ 반죽이 질다면 손에 밀가루를 조금 묻힌다. 반죽을 당겨가며 뜨면 얇게 만들 수 있다.

6 센 불에서 5분, 대파, 청양고추, 다진 마늘, 국간장, 소금을 넣고 1분간 끓인다. ★ 눌어붙지 않도록 중간중간 저어준다.

감자수제비

🕐 **30~35분 / 2인분**

- 감자 1개(200g)
- 애호박 1/2개(135g)
- 대파 15cm
- 국간장 1작은술
- 소금 1작은술
- 다진 마늘 1작은술
- 멸치 국물 8컵(1.6ℓ, 234쪽)

반죽
- 밀가루(중력분) 1과 1/2컵
- 찬물 1/2컵(100㎖)
- 소금 1/2작은술

고추장수제비

🕐 **30~35분 / 2인분**

- 애호박 1/2개(135g)
- 표고버섯 4개
  (또는 다른 버섯, 100g)
- 대파 10cm
- 청양고추 1개
- 된장 2큰술
  (집 된장의 경우 1/2큰술)
- 고추장 3큰술
- 다진 마늘 1/2큰술
- 국간장 1큰술
- 소금 1/2작은술
  (기호에 따라 가감)
- 멸치 국물 8컵(1.6ℓ, 234쪽)

반죽
- 밀가루(중력분) 1과 1/2컵
- 찬물 1/2컵(100㎖)
- 소금 1/2작은술

우동

- 기본 우동
- 카레우동

기본 우동

카레우동

 tip

기본 우동에 다양한 재료 더하기
완성된 우동에 송송 썬 대파,
삶은 유부, 어묵 등을 넣어도 좋다.

기본 우동

1 쑥갓은 5cm 길이로 썰고, 양파는 0.5cm 두께로 채 썬다.

2 냄비에 다시마, 물 6컵(1.2ℓ)을 넣고 센 불에서 끓어오르면 중약 불로 줄여 5분간 끓인다.

3 불을 끄고 가쓰오부시를 넣어 5분간 둔다. 체로 건더기만 건져내고, 국물은 그대로 둔다.

4 다른 냄비의 끓는 물(3컵)에 우동면, 소금(약간)을 넣고 2분간 젓지 않고 삶은 후 체에 밭쳐 물기를 뺀다.
★ 우동면은 젓게 되면 끊어지므로 그대로 삶는다.

5 ③의 국물에 양조간장, 맛술, 양파를 넣어 센 불에서 끓어오르면 2분간 끓인다.

6 삶은 우동면을 넣고 1분간 끓인 후 그릇에 담는다. 쑥갓, 김가루, 고춧가루를 올린다.

카레우동

1 양파는 0.5cm 두께로 채 썰고, 대파는 송송 썬다.

2 쇠고기는 키친타월로 감싸 핏물을 없앤다. 한입 크기로 썬 후 밑간과 버무린다.

3 냄비에 식용유, 양파를 넣고 중약 불에서 5분, 쇠고기를 넣어 5분간 볶는다.

4 물 4와 1/2컵(900㎖), 우유, 맛술, 양조간장을 넣고 센 불에서 끓어오르면 고형카레를 넣고 푼다. 중약 불로 줄여 10분간 저어가며 끓인다.

5 다른 냄비에 끓는 물(3컵), 우동면, 소금(약간)을 넣고 2분간 젓지 않고 삶은 후 체에 밭쳐 물기를 뺀다.
★ 우동면은 젓게 되면 끊어지므로 그대로 삶는다.

6 그릇에 모든 재료를 나눠 담는다.

— 기본 우동

🕐 25~30분 / 2인분

- 우동면 2팩(380g)
- 쑥갓 1줌(50g)
- 양파 1/4개(50g)
- 양조간장 1/4컵 (50㎖, 기호에 따라 가감)
- 맛술 1/4컵(50㎖)
- 김가루 약간
- 고춧가루 약간
- 다시마 5×5cm 5장
- 물 6컵(1.2ℓ)
- 가쓰오부시 1컵(5g)

— 카레우동

🕐 20~30분 / 2인분

- 우동면 2팩(380g)
- 쇠고기 불고기용 200g
- 양파 1개(200g)
- 대파 20cm
- 식용유 1큰술
- 시판 고형카레 2조각 (또는 카레가루 4큰술, 60g)
- 맛술 2큰술
- 양조간장 1큰술
- 물 4와 1/2컵(900㎖)
- 우유 1/2컵(100㎖)

밑간

- 청주(또는 소주) 1큰술
- 다진 마늘 1작은술
- 소금 약간
- 후춧가루 약간

별미 우동

- 볶음우동
- 냉우동 샐러드

냉우동 샐러드

볶음우동

tip

볶음우동에 숙주 더하기

숙주 2줌(100g)을 과정 ⑥에서
우동면과 함께 넣어 볶는다.

냉우동 샐러드에 다양한 재료 더하기

래디시, 방울토마토, 미니 파프리카 등 붉은색의
아삭한 재료를 더하면 식감과 색깔이 살아서 더 맛있다.

볶음우동

1 냉동 생새우살은 10분간
물에 담가 해동한 후
키친타월로 감싸 물기를 없앤다.
양파는 0.5cm 두께로 채 썬다.

2 홍합은 수염을 떼고
껍데기끼리 비벼
이물질을 없앤다.

3 끓는 물(3컵)에 우동면,
소금(약간)을 넣고 2분간
젓지 않고 삶은 후
체에 밭쳐 물기를 뺀다.
★ 우동 면은 젓게 되면
끊어지므로 그대로 삶는다.

4 달군 팬에 고추기름, 양파를 넣어
중간 불에서 30초간 볶는다.

5 홍합, 생새우살을 넣고
센 불에서 2분간 볶는다.

6 우동면, 양조간장, 설탕을 넣고
1분 30초간 볶는다. 그릇에
담고 가쓰오부시를 뿌린다.

냉우동 샐러드

1 깻잎은 돌돌 말아 가늘게
채 썰고, 로메인은 한입 크기로
썬다. 씻은 후 체에 밭쳐
물기를 뺀다.

2 끓는 물(3컵)에 우동면,
소금(약간)을 넣고 2분간
젓지 않고 삶는다. 헹군 후
체에 밭쳐 물기를 뺀다.

★ 우동 면은 젓게 되면
끊어지므로 그대로 삶는다.

3 큰 볼에 드레싱을 섞은 후
우동면을 넣어 버무린다.

4 깻잎, 로메인을 넣고 살살 섞는다.
★ 채소는 먹기 직전에 버무려야
숨이 죽지 않고 싱싱하다.

볶음우동

🕐 20~25분 / 2인분

- 우동면 1팩(190g)
- 홍합 10개(200g)
- 냉동 생새우살 10~13마리
  (킹사이즈, 150g)
- 양파 1/4개(50g)
- 고추기름 1과 1/2큰술
- 양조간장 2큰술
- 설탕 2작은술
- 가쓰오부시 약간(생략 가능)

냉우동 샐러드

🕐 15~20분 / 2인분

- 우동면 1팩(190g)
- 깻잎 15장(30g)
- 로메인 1줌(또는 쌈 채소, 75g)

드레싱
- 설탕 1큰술
- 다진 마늘 1/2큰술
- 식초 1큰술
- 양조간장 1큰술
- 올리브유 2큰술
- 참기름 1큰술

소시지 채소볶음
골뱅이무침

소시지 채소볶음

골뱅이무침

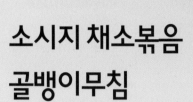

tip

골뱅이무침에 소면 곁들이기

소면 1줌(70g)을 삶아 곁들인다.
★ 소면 삶기 311쪽

**골뱅이무침의 미나리를
다른 재료로 대체하기**

양배추 2장(손바닥 크기, 60g),
또는 깻잎 10장(20g)으로 대체해도 좋다.

소시지 채소볶음의 채소 사용하기

양파, 피망, 당근 대신 양배추, 파프리카,
버섯 등으로 대체하거나 한 종류만 사용해도
좋다. 단, 총량이 150g이 되도록 한다.

고추기름 만들기

시판 제품을 사도 되지만 만들어도 좋다.
★ 고추기름 328쪽

소시지 채소볶음

1 소시지는 1cm 두께로 어슷 썬다.

2 피망, 양파는 한입 크기로 썬다.

3 당근은 길이로 4등분한 후 0.5cm 두께로 썬다. 작은 볼에 양념을 섞는다.

4 달군 팬에 고추기름, 소시지, 양파, 당근을 넣고 중간 불에서 2분간 볶는다.

5 피망, 양파를 넣고 2분간 볶는다.

골뱅이무침

1 미나리는 4cm 길이로 썬다.

2 양파는 0.3cm 두께로 채 썬다.
★ 채 썬 양파를 찬물에 10분간 담가 매운맛을 빼도 좋다.

3 골뱅이는 체에 밭쳐 국물을 뺀다.

4 크기가 큰 것은 2~3등분한다.

5 큰 볼에 양념을 섞고 골뱅이, 양파를 넣어 버무린다.

6 미나리를 넣고 가볍게 무친다.

소시지 채소볶음

🕐 20~25분 / 2인분
🧊 냉장 3일

- 프랑크 소시지 3개
  (또는 다른 소시지, 180g)
- 피망 1/2개(50g)
- 양파 1/4개(50g)
- 당근 1/4개(50g)
- 고추기름(또는 식용유) 2큰술

양념
- 고춧가루 1/2큰술
- 물 1큰술
- 양조간장 1/2큰술
- 토마토케첩 1큰술
- 고추장 1/2큰술
- 설탕 1작은술
- 다진 마늘 1작은술

골뱅이무침

🕐 15~20분 / 2인분
🧊 냉장 2일

- 통조림 골뱅이 1캔(235g)
- 미나리 1줌(70g)
- 양파 1/4개(50g)

양념
- 통깨 1큰술
- 고춧가루 1큰술
- 다진 마늘 1/2큰술
- 식초 1과 1/2큰술
- 맛술 1큰술
- 양조간장 1큰술
- 올리고당 1큰술
- 고추장 2큰술
- 참기름 1큰술

순대볶음

- 백순대볶음
- 매콤 순대볶음

백순대볶음

매콤 순대볶음

백순대볶음에 양념장 곁들이기

선택 1_ 겨자 양념장
송송 썬 대파 1큰술 + 송송 썬 청양고추 1큰술
+ 양조간장 1과 1/2큰술 + 식초 1큰술
+ 올리고당 1큰술 + 연겨자 1작은술

선택 2_ 고추장 양념장
설탕 1큰술 + 다진 청양고추 1큰술
+ 다진 견과류 1큰술 + 생수 1큰술
+ 고추장 2큰술 + 다진 마늘 1작은술

재료 썰기

1 양배추는 한입 크기로 썰고, 양파는 1cm 두께로 채 썬다. 당근은 0.5cm 두께로 썬다.

2 깻잎은 길이로 2등분한 후 1cm 두께로 썬다. 대파, 청양고추는 어슷 썬다.

3 순대는 1.5cm 두께로 썬다.
★ 냉동 순대, 딱딱한 순대는 전자레인지에 1~2분간 돌려 말랑하게 만든다.

백순대볶음

1 깊은 팬을 달궈 식용유 2큰술, 양배추, 양파, 당근, 다진 마늘, 소금을 넣어 센 불에서 1분간 볶는다.

2 순대, 대파, 청양고추, 식용유 2큰술을 넣고 2분간 볶는다.

3 깻잎, 들깻가루를 넣고 30초간 볶는다. 불을 끄고 후춧가루를 넣는다.

매콤 순대볶음

1 깊은 팬을 달궈 식용유 2큰술, 양배추, 양파, 당근, 다진 마늘, 소금을 넣어 센 불에서 1분간 볶는다.

2 식용유 2큰술, 순대, 양념을 넣고 중간 불에서 1분간 볶는다.

3 깻잎, 대파, 청양고추를 넣고 센 불에서 30초간 볶는다. 불을 끄고 후춧가루를 넣는다.

백순대볶음

🕐 25~30분 / 2인분
🔲 냉장 2일

- 순대 24~28cm(400g)
- 양배추 5장(손바닥 크기, 150g)
- 양파 1/4개(50g)
- 당근 1/4개(50g)
- 깻잎 15장(30g)
- 대파 10cm
- 청양고추 1개
- 다진 마늘 1/2큰술
- 식용유 2큰술 + 2큰술
- 들깻가루 4~5큰술 (기호에 따라 가감)
- 소금 1/2작은술
- 후춧가루 약간

매콤 순대볶음

🕐 25~30분 / 2인분
🔲 냉장 2일

- 순대 24~28cm(400g)
- 양배추 5장(손바닥 크기, 150g)
- 양파 1/4개(50g)
- 당근 1/4개(50g)
- 깻잎 15장(30g)
- 대파 10cm
- 청양고추 1개
- 다진 마늘 1/2큰술
- 식용유 2큰술 + 2큰술
- 소금 약간
- 후춧가루 약간

양념
- 고춧가루 2큰술
- 다진 마늘 1큰술
- 물 2큰술
- 양조간장 1큰술
- 올리고당 1큰술
- 고추장 2큰술

떡볶이
라볶이

라볶이

떡볶이

tip

치즈 떡볶이로 만들기
마지막에 슈레드 피자치즈 1컵(100g)을 넣고
뚜껑을 덮어 녹을 때까지 둔다.

라볶이를 쫄볶이로 만들기
재료의 라면사리를 생략한다.
쫄면 1과 1/3줌(200g)을 가닥가닥 뗀 후
과정 ⑤에서 재료와 함께 넣는다.

냉동이나 딱딱한 떡볶이 떡 사용하기
찬물에 20~30분간 담가 둔 후 사용한다.

떡볶이

1 대파는 5cm 두께로 썬 후 길이로 4등분한다.

2 양배추, 어묵은 한입 크기로 썰고, 양파는 1cm 두께로 채 썬다.

3 떡볶이 떡은 찬물에 헹군 다음 체에 받쳐 물기를 뺀다.

4 깊은 팬에 멸치 국물, 양념을 넣고 센 불에서 끓인다.

5 모든 재료를 넣고 중간 불에서 끓어오르면 7~8분간 저어가며 끓인다.

라볶이

1 떡볶이 떡은 찬물에 헹군 다음 체에 받쳐 물기를 뺀다. 양배추는 한입 크기로 썰고, 대파는 5cm 두께로 썬 후 길이로 4등분한다.

2 깻잎은 길이로 2등분한 후 2cm 두께로 썬다.

3 비엔나소시지는 어슷 썰고, 어묵은 한입 크기로 썬다.

4 깊은 팬에 멸치 국물, 양념을 넣고 센 불에서 끓인다.

5 끓어오르면 라면사리, 깻잎을 제외한 나머지 재료를 넣고 중간 불에서 7~8분간 끓인다.

6 라면사리를 넣고 3분간 저어가며 끓인 후 깻잎을 넣는다.

떡볶이

🕐 25~30분 / 2인분

- 떡볶이 떡 1컵(150g)
- 사각 어묵 2장 (또는 다른 어묵, 100g)
- 대파 20cm 2대
- 양배추 3장(손바닥 크기, 90g)
- 양파 1/4개(50g)
- 멸치 국물 3컵(600㎖, 234쪽)

양념
- 설탕 2큰술
- 고춧가루 1큰술
- 다진 마늘 1/2큰술
- 양조간장 1큰술
- 고추장 3큰술
- 후춧가루 약간

라볶이

🕐 30~35분 / 2인분

- 떡볶이 떡 1컵(150g)
- 라면사리 1개
- 비엔나소시지 12개(100g)
- 사각 어묵 2장 (또는 다른 어묵, 100g)
- 양배추 3장(손바닥 크기, 90g)
- 대파 20cm 2대
- 깻잎 5장(10g)
- 멸치 국물 4컵(800㎖, 234쪽)

양념
- 설탕 2큰술
- 고춧가루 2큰술
- 다진 마늘 1/2큰술
- 양조간장 1큰술
- 고추장 3큰술
- 후춧가루 약간

별미 떡볶이

- 짜장떡볶이
- 궁중떡볶이

짜장떡볶이

궁중떡볶이

짜장떡볶이

1 어묵, 양배추는 한입 크기로 썬다.

2 양파는 1cm 두께로 채 썰고, 대파는 5cm 길이로 썬 후 4등분한다.

3 떡볶이 떡은 찬물에 헹군 다음 체에 밭쳐 물기를 뺀다. 작은 볼에 양념을 섞는다.

4 깊은 팬을 달군 후 식용유, 어묵, 양배추, 양파를 넣어 중간 불에서 2분간 볶는다.

5 떡볶이 떡, 물 2컵(400㎖)을 넣고 센 불에서 끓인다.

6 끓어오르면 양념, 대파를 넣고 중약 불에서 5~6분간 끓인다.

궁중떡볶이

1 다진 쇠고기는 키친타월로 감싸 핏물을 없앤 후 쇠고기 양념과 섞는다.

2 양파, 당근은 0.3cm 두께로 채 썰고, 표고버섯은 0.3cm 두께로 썬다. 작은 볼에 양념을 섞는다.

3 끓는 물(3컵)에 떡볶이 떡을 넣고 1분간 데친 후 헹궈 체에 밭쳐 물기를 뺀다.

4 큰 볼에 떡볶이 떡, 참기름, 양조간장을 넣어 무친다.

5 달군 팬에 식용유, 쇠고기를 넣고 센 불에서 1분, 표고버섯, 양파, 당근을 넣고 1분간 볶는다.

6 떡볶이 떡, 양념을 넣고 중간 불에서 1분간 볶는다.

─ 짜장떡볶이

🕐 25~30분 / 2인분

- 떡볶이 떡 1컵(150g)
- 사각 어묵 2장 (또는 다른 어묵, 100g)
- 양배추 3장(손바닥 크기, 90g)
- 양파 1/2개(100g)
- 대파 20cm 2대
- 식용유 1큰술
- 물 2컵(400㎖)

양념

- 짜장가루 3큰술
- 고춧가루 1과 1/2큰술
- 다진 마늘 1큰술
- 올리고당 2큰술
- 고추장 1큰술
- 물 1/2컵(100㎖)

─ 궁중떡볶이

🕐 25~30분 / 2인분

- 떡볶이 떡 2컵(300g)
- 다진 쇠고기 100g
- 표고버섯 3개(또는 다른 버섯, 75g)
- 양파 1/4개(50g)
- 당근 1/4개(50g)
- 참기름 1작은술
- 양조간장 1/2작은술
- 식용유 1큰술

쇠고기 양념

- 다진 파 1큰술
- 설탕 1작은술
- 다진 마늘 1작은술
- 청주 1작은술
- 양조간장 1작은술
- 후춧가루 약간

양념

- 설탕 1큰술
- 양조간장 2큰술

깐쇼새우

tip

더 간편하게 만들기
새우 대신 동량(300g)의
냉동 생새우살로 대체해도 좋다.
잠길 만큼의 물에 10분간 담가
해동한 후 물기를 제거한다.
과정 ③부터 진행한다.

더 고소하게 즐기기
다진 견과류(캐슈너트, 땅콩 등) 2큰술을
마지막에 뿌린다.

고추기름 만들기
내열용기에 식용유(4큰술) + 고춧가루
(2큰술)를 넣고 전자레인지에서
1분간 돌린다. 꺼내 저어준 후
체에 키친타월을 깔고 걸러 식힌다.

1 새우는 두 번째와 세 번째 마디 사이에 이쑤시개를 넣어 내장을 제거한다.

꼬리 한 마디

머리

물총

2 머리, 물총을 제거한다. 꼬리 한 마디만 남기고 껍질을 벗긴다.
★ 물총을 제거해야 튀길 때 기름이 튀지 않는다.

3 새우에 소금, 후춧가루를 뿌린다. 피망, 대파는 굵게 다진다. 작은 볼에 양념을 섞는다.

4 볼에 반죽을 섞은 후 새우를 넣는다.

5 깊은 팬에 식용유를 넣고 센 불에서 180℃(반죽을 넣었을 때 가라앉았다가 2초 후 떠오르는 정도)로 끓인다.
★ 기름 온도 확인하기 16쪽

6 새우를 1마리씩 넣고 중간 불에서 2~3분간 노릇하게 튀긴 후 체에 받쳐 기름기를 뺀다.

7 센 불에서 한 번 더 1분간 튀긴 후 체에 받쳐 기름기를 뺀다.
★ 두 번 튀기면 속까지 더 바삭해진다.

8 깊은 팬에 고추기름, 피망, 대파를 넣고 중간 불에서 1분간 볶는다.

9 양념을 넣고 센 불에서 끓어오르면 새우를 넣고 1분간 볶는다.

🕐 30~35분 / 2인분
❄️ 냉장 1일

- 새우 10마리(중하, 300g)
- 피망 1/2개
  (또는 홍고추 3개, 50g)
- 대파 20cm
- 고추기름(또는 식용유) 2큰술
- 식용유 4컵(800㎖)
- 소금 약간
- 후춧가루 약간

양념
- 설탕 2큰술
- 다진 마늘 1/2큰술
- 식초 3큰술
- 물 2큰술
- 양조간장 1큰술
- 토마토케첩 3큰술

반죽
- 달걀 1개
- 물 5큰술
- 감자전분 약 1컵(150g)

탕수육

 tip

탕수 소스 다양하게 만들기

선택 1_ 토마토케첩 탕수 소스
설탕 3큰술 + 식초 3큰술
+ 토마토케첩 2큰술 + 소금 2/3작은술
+ 물 1/2컵(100㎖)

선택 2_ 매콤 탕수 소스
송송 썬 청양고추 1개분
+ 설탕 3큰술 + 식초 3큰술
+ 고추장 1큰술 + 소금 2/3작은술
+ 물 1/2컵(100㎖)

1 모둠 채소는 한입 크기로 썬다.

2 돼지고기는 키친타월로 감싸 핏물을 없앤 후 1cm 두께로 썬다. 소금, 후춧가루를 뿌린 후 감자전분과 버무린다.

3 다른 볼에 반죽 재료를 넣어 섞는다. ②의 돼지고기를 넣고 버무린다.

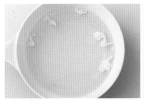

4 깊은 팬에 식용유를 넣고 센 불에서 180℃(반죽을 넣었을 때 가라앉았다가 2초 후 떠오르는 정도)로 끓인다.
★ 기름 온도 확인하기 16쪽

5 돼지고기를 1개씩 넣고 중간 불에서 4~5분간 노릇하게 튀긴 후 체에 밭쳐 기름기를 뺀다.

6 센 불에서 한번 더 1분간 튀긴 후 체에 밭쳐 기름기를 뺀다.
★ 두 번 튀기면 속까지 더 바삭해진다.

7 냄비에 소스 재료를 넣고 중간 불에서 끓어오르면 모둠 채소를 넣고 1분간 끓인다.

8 약한 불로 줄여 녹말물을 넣고 소스가 투명해질 때까지 30초간 저어가며 끓인다. 그릇에 모든 재료를 담는다.
★ 녹말물은 넣기 전에 한번 섞는다.

🕐 30~35 / 2인분
🧊 냉장 1일

- 돼지고기 등심 300g
- 모둠 채소(당근, 오이, 양파) 50g
- 감자전분 2큰술
- 식용유 4컵(800㎖)
- 녹말물
  (감자전분 2작은술 + 물 1큰술)
- 소금 약간
- 후춧가루 약간

반죽
- 감자전분 3/4컵(100g)
- 찬물 3/4컵(150㎖)
- 식용유 1큰술
- 소금 약간

소스
- 설탕 5큰술
- 식초 5큰술(기호에 따라 가감)
- 양조간장 1큰술
- 소금 1/2작은술
- 물 1/2컵(100㎖)

닭강정

- 매콤 닭강정
- 간장 닭강정

매콤 닭강정

간장 닭강정

닭고기 누린내 제거하기
닭고기의 누린내가 심하다면
볼에 닭고기, 잠길 만큼 우유를 붓고
20~30분간 둔 후 사용한다.

1 닭다릿살은 한입 크기로 썬 후 밑간과 버무린다.

매콤 양념   간장 양념

2 볼에 원하는 양념을 섞는다.

3 위생팩에 닭다릿살, 감자전분을 넣고 꾹꾹 눌러가며 묻힌다.

4 깊은 팬을 달군 후 식용유, 닭다릿살을 넣는다. 중간 불에서 9~10분간 뒤집어가며 노릇하게 구운 후 덜어둔다.
★ 기름이 부족할 경우 식용유 1~2큰술을 더해도 좋다.

5 ④의 팬을 닦고 원하는 양념을 넣어 센 불에서 끓어오르면 닭다릿살을 넣고 30초간 볶는다.

🕐 25~30분 / 2인분
🧊 냉장 2일

- 닭다릿살 4쪽
  (또는 닭가슴살 4쪽,
  닭안심 15쪽, 400g)
- 감자전분 5큰술(40g)
- 식용유 3큰술

밑간
- 청주 1큰술
- 소금 1/3작은술
- 후춧가루 약간

선택 1_ 매콤 양념
- 설탕 1큰술
- 고춧가루 1/2큰술
- 다진 마늘 1/2큰술
- 물 1큰술
- 토마토케첩 2큰술
- 꿀 2큰술
- 고추장 1큰술

선택 2_ 간장 양념
- 설탕 1큰술
- 물 2큰술
- 양조간장 2큰술
- 꿀 1과 1/2큰술
- 다진 마늘 1작은술

스테이크

- 안심스테이크
- 등심스테이크
- 양송이버섯 발사믹 소스
- 머스터드 크림 소스
- 가니쉬 & 곁들임

안심 스테이크 & 머스터드 크림 소스

등심 스테이크 & 양송이버섯 발사믹 소스

tip

소스 활용하기
양송이버섯 발사믹 소스는
함박스테이크에,
머스터드 크림 소스는 돈가스,
생선가스, 고로케에 곁들이기 좋다.

양송이버섯 발사믹 소스

1 양송이버섯은 0.5cm 두께로 썰고, 양파는 0.3cm 두께로 채 썬다.

2 약한 불로 달군 팬에 버터를 넣어 녹인다. 다진 마늘, 양파를 넣어 2분간 볶는다.

3 양송이버섯을 넣고 중약 불에서 3분간 볶는다.

4 설탕, 발사믹식초, 양조간장을 넣고 끓어오르면 약한 불에서 2분간 끓인다. 불을 끄고 통후추 간 것을 넣는다.

머스터드 크림 소스

1 양파는 굵게 다진다.

2 달군 팬에 올리브유, 양파를 넣어 중간 불에서 2분간 볶는다.

3 생크림을 넣고 끓어오르면 저어가며 3분, 홀그레인 머스터드를 넣고 섞은 후 불을 끈다.

양송이버섯 발사믹 소스

🕐 15~20분 / 2인분
🧊 냉장 2일

- 양송이버섯 3~4개
  (또는 다른 버섯, 120g)
- 양파 1/4개(50g)
- 다진 마늘 1작은술
- 버터 1과 1/2큰술
  (무염 또는 가염, 15g)
- 설탕 1과 1/2큰술
- 발사믹식초 3큰술
- 양조간장 2큰술
- 통후추 간 것 약간

머스터드 크림 소스

🕐 10~15분 / 2인분
🧊 냉장 2일

- 양파 1/4개(50g)
- 올리브유(또는 식용유) 1/2큰술
- 생크림 1컵(200㎖)
- 홀그레인 머스터드 1큰술
  (또는 머스터드)

안심 스테이크

🕐 25~30분 / 2인분
• 쇠고기 안심 2덩어리
  (스테이크용,
  두께 2.5cm, 300g)
• 올리브유 2큰술
• 소금 1/3작은술
• 후춧가루 약간

1 안심은 굽는 동안 고기가 풀어지지 않도록 실로 가장자리를 3~4번 두른 후 묶어 동그랗게 모양을 잡는다.

2 소금, 후춧가루를 앞뒤로 뿌린 후 올리브유를 앞뒤로 골고루 발라 밑간한다.

3 팬을 센 불에서 50초간 달군다. 안심을 올려 앞뒤로 각각 1분씩 굽는다.
★ 팬을 센 불에서 충분히 달군 후 구워야 고기의 겉면이 먼저 익으면서 육즙을 잘 품고 있는 상태가 된다.

4 뒤집어 약한 불로 줄이고 뚜껑을 덮어 원하는 정도에 따라 굽는다.

5 쿠킹 포일로 고기를 감싸 5~10분간 둔다.
그릇에 고기, 팬에 남은 육즙, 소스, 가니쉬를 올린다.

★ 이 과정을 레스팅(Resting) 이라고 하는데 가운데로 몰린 육즙이 전체에 고루 퍼지면서 고기가 더 촉촉해진다.

+recipe 스테이크 익은 정도 확인하기

미디엄(Medium)
겉은 회갈색을, 속은 분홍색을 띤다.
4분간 구운 후 다시 뒤집어 뚜껑을 덮고 2분간 굽는다.

미디엄 웰(Medium well)
속이 분홍색과 회색의 중간 색을 띤다. 많은 이들이 가장 선호하는 상태이다.
4분간 구운 후 다시 뒤집어 뚜껑을 덮고 3분간 굽는다.

웰던(Well – done)
속까지 잘 익어 갈색을 띤다.
4분간 구운 후 다시 뒤집어 뚜껑을 덮고 4분간 굽는다.

등심 스테이크

🕐 25~30분 / 2인분

- 쇠고기 등심 2덩어리
  (스테이크용,
  두께 2.5cm, 300g)
- 올리브유 2큰술
- 소금 1/2작은술
- 후춧가루 1/4작은술

1 소금, 후춧가루를 앞뒤로
뿌린 후 올리브유를 앞뒤로
골고루 발라 밑간한다.

2 팬을 센 불에서 50초간
달군다. 안심을 올려
앞뒤로 각각 1분씩 굽는다.

★ 팬을 센 불에서 충분히 달군 후
구워야 고기의 겉면이 먼저 익으면서
육즙을 잘 품고 있는 상태가 된다.

3 뒤집어 약한 불로 줄이고
뚜껑을 덮어 원하는 정도에
따라 굽는다.
　★ 익은 정도 확인하기 336쪽

4 쿠킹 포일로 고기를 감싸
5~10분간 둔다.
그릇에 고기, 팬에 남은 육즙,
소스, 가니쉬를 올린다.

★ 이 과정을 레스팅(Resting)
이라고 하는데 가운데로 몰린
육즙이 전체에 고루 퍼지면서
고기가 더 촉촉해진다.

tip

오븐으로 스테이크 굽기

오븐을 이용하면 많은 양을 한 번에 구울 수 있다.

1 오븐을 200℃로 예열한다.
2 팬을 센 불에서 50초간 달군 후 기름을 두르지 않고
고기를 올려 앞뒤로 1분씩 굽는다.
3 구운 고기를 오븐 팬에 올린다.
4 예열된 오븐의 가운데 칸에서 7~8분간(미디엄) 굽는다.

★ 가니쉬 & 곁들임

아스파라거스 방울토마토볶음

⏱ 10~15분 / 2인분

- 아스파라거스 8줄기(160g)
- 방울토마토 8개
- 버터 2큰술(무염 또는 가염, 또는 식용유)
- 소금 1/3작은술
- 통후추 간 것(또는 후춧가루) 약간

마늘 올리브구이

⏱ 10~15분 / 2인분

- 마늘 10개(50g)
- 블랙 올리브 10개(50g)
- 올리브유(또는 식용유) 1큰술
- 소금 약간
- 통후추 간 것 약간

쪽파구이

⏱ 10~15분 / 2인분

- 쪽파 1줌(50g)
- 식용유 1큰술
- 소금 약간
- 후춧가루 약간

아스파라거스 방울토마토볶음

1 아스파라거스는 필러로 껍질을 벗긴다. 어슷 썰어 2~3등분한다.

2 방울토마토는 꼭지를 뗀다. 꼭지 반대편에 열십(+)자로 칼집을 넣는다.

3 달군 팬에 모든 재료를 넣고 센 불에서 2~3분간 볶는다.

마늘 올리브구이

1 마늘, 올리브는 2등분한다.

2 달군 팬에 올리브유, 마늘, 소금을 넣고 중약 불에서 5분간 노릇하게 볶는다.

3 올리브를 넣고 1분간 볶듯이 굽는다. 불을 끄고 통후추 간 것을 넣는다.

쪽파구이

1 쪽파는 5cm 길이로 썬다.

2 달군 팬에 식용유, 쪽파, 소금을 넣고 센 불에서 1분간 볶는다. 불을 끄고 후춧가루를 넣는다.

---

tip

가니쉬

완성된 요리의 모양, 색을 좋게 하기 위해 함께 곁들이는 장식을 말한다. 주로 간단하게 만들거나, 레몬이나 허브류를 더한다.

매쉬드 포테이토

1 볼에 삶은 감자를 넣고
뜨거울 때 으깬다.
★ 감자 삶기 40쪽

2 나머지 모든 재료를 넣는다.
이때, 우유는 2번에 나눠서 넣는다.
★ 감자마다 가지고 있는 수분의
함량이 다르므로 우유 1/2분량을
먼저 넣은 후 농도를 확인하며
조금씩 더한다.

코울슬로

1 양배추는 1×1cm 크기로 썰고,
당근은 길이로 4등분한 후
0.5cm 두께로 썬다.

2 큰 볼에 드레싱 재료를 섞은 후
양배추, 당근을 넣고 버무린다.
★ 랩을 씌워 냉장실에 30분간
둔 후 먹으면 더 맛있다.

콘샐러드

1 옥수수는 체에 밭쳐
물기를 뺀다.
★ 물에 한번 씻어도 좋다.

2 파프리카, 양파는 굵게 다진다.

3 볼에 모든 재료를 넣고 섞는다.

매쉬드 포테이토

🕐 10~15분 / 2인분
🔲 냉장 2일

• 삶은 감자 2개(400g)
• 버터(무염 또는 가염) 1큰술
• 우유 1/2컵(100mℓ,
  농도에 따라 가감)
• 소금 약간
• 후춧가루 약간

코울슬로

🕐 10~15분 / 2인분
🔲 냉장 2일

• 양배추 6장
  (손바닥 크기, 180g)
• 당근 1/4개(50g)

드레싱
• 설탕 1큰술
• 식초 1큰술
• 마요네즈 4큰술
• 소금 1/2작은술

콘샐러드

🕐 10~15분 / 2인분
🔲 냉장 2일

• 통조림 옥수수 1캔
  (작은 것, 195g)
• 파프리카 1/2개
  (또는 피망 1개, 100g)
• 양파 1/4개(50g)

드레싱
• 레몬즙(또는 식초) 1큰술
• 마요네즈 2큰술
• 핫소스 1작은술
• 소금 약간
• 통후추 간 것 약간

바비큐립

tip

매콤하게 즐기기
소스에 다진 청양고추 1개를 더한다.

곁들이기 좋은 오븐 채소구이 만들기

1 삶은 옥수수, 아스파라거스는 3~4등분,
   통마늘은 2등분, 레몬은 4~6등분한다.
   ★ 옥수수 삶기 40쪽

2 볼에 ①의 손질한 채소 100g, 올리브유 2큰술,
   소금 약간, 통후추 간 것 약간을 넣고 버무린 후
   오븐 팬에 펼쳐 담는다.

3 180℃로 예열한 오븐의 가운데 칸에서
   10분간 노릇하게 굽는다.

1 등갈비는 1마디씩 썬다.
볼에 등갈비, 잠길 만큼의 물을
담고 30분간 둬 핏물을 뺀다.
이때, 중간중간 물을 갈아준다.

2 끓는 물(6컵)에 등갈비,
청주(2큰술)를 넣고
센 불에서 끓어오르면
중간 불로 줄여 30분간 삶는다.

3 씻은 후 체에 밭쳐 물기를 뺀다.

4 앞뒤로 깊게 2~3번 칼집을 낸다.
작은 볼에 소스를 섞는다.

5 깊은 팬에 소스를 넣고 센 불에서
끓어오르면 등갈비를 넣고
중간 불로 줄여 3분간 볶는다.

6 설탕을 넣고 센 불에서 30초간
볶는다. 불을 끄고 통후추
간 것을 넣는다. ★ 마지막에
설탕을 넣으면 윤기가 난다.

⏱ **40~45분**
   (+ 핏물 빼기 30분)
   / 2인분
🧊 **냉장 2일**

- 등갈비 600g
- 설탕 1/2큰술
- 통후추 간 것 약간

소스

- 설탕 2큰술
- 식초 3큰술
- 양조간장 2큰술
- 토마토케첩 2큰술
- 물 1/4컵(50㎖)
- 소금 약간

돈가스
돈가스덮밥

돈가스덮밥

돈가스

 tip

돈가스 냉동 보관하기

1 과정 ⑤까지 진행한 후
　돼지고기 사이사이에 종이 포일을
　한 겹씩 깔면서 겹겹이 쌓는다.
2 밀폐용기나 지퍼백에 담아 냉동(1개월)
3 해동 없이 과정 ⑥부터 진행한다.

돈가스 더 푸짐하게 즐기기
339쪽의 가니쉬 & 곁들임을 함께 담는다.

돈가스 소스 대체하기
시판 돈가스 소스나 머스터드 크림 소스
(334쪽)로 대체해도 좋다.

1 돼지고기는 칼등으로 충분히 두드린 후 밑간을 뿌려 10분간 둔다. ★ 돈가스용으로 파는 고기는 이 과정을 생략해도 좋다.

2 양파는 0.3cm 두께로 채 썬다. 달군 팬에 소스 재료의 식용유 1큰술, 다진 마늘, 양파를 넣고 중약 불에서 1분간 볶는다.

3 토마토케첩을 넣고 1분, 올리고당, 레드와인을 넣고 센 불에서 끓어오르면 5분간 끓여 소스를 만든다.

4 밀가루, 달걀, 빵가루를 각각 담는다. 달걀은 푼다.

5 ①의 돼지고기에 밀가루 → 달걀물 → 빵가루 순으로 입힌다. ★ 밀가루를 입힌 후 가볍게 털어내야 달걀물이 잘 묻는다. 빵가루는 꾹꾹 눌러가며 입힌다.

6 냄비에 식용유를 붓고 170℃(반죽을 넣었을 때 가라앉았다가 3초 후 떠오르는 정도)로 끓인다. 돼지고기를 넣어 중약 불에서 5~6분간 튀긴다. 그릇에 소스와 함께 담는다. ★ 기름 온도 확인하기 16쪽

돈가스덮밥

1 양파는 0.5cm 두께로 채 썰고, 대파는 송송 썬다. 김치는 속을 털어내고 1cm 두께로 썬다.

2 볼에 달걀을 풀고 소금, 후춧가루로 간을 더한다.

3 볼에 뜨거운 물 2컵(400㎖), 가쓰오부시를 넣어 5분간 둔다. 체에 밭쳐 국물을 거른 후 맛술, 양조간장을 섞는다.

4 달군 팬에 식용유, 양파를 넣어 중간 불에서 1분, 김치를 넣고 1분간 볶는다.

5 ③의 국물을 붓고 센 불에서 끓어오르면 중간 불로 줄여 5분간 끓인다.

6 튀긴 돈가스를 넣고 달걀물을 두른 후 중간 불에서 1분간 끓인다. 2개의 그릇에 밥, 돈가스, 국물, 대파를 나눠 담는다. ★ 돈가스는 썰어서 올려도 좋다.

돈가스

🕐 25~30분 / 2인분

- 돼지고기 등심 2장 (또는 안심, 두께 1cm, 200g)
- 밀가루 3큰술
- 달걀 1개
- 빵가루 2/3컵(35g)
- 식용유 3컵(600㎖)

밑간
- 청주 1큰술
- 소금 1/2작은술
- 후춧가루 약간

소스
- 양파 1/2개(100g)
- 토마토케첩 6큰술
- 올리고당 1큰술
- 식용유 1큰술
- 다진 마늘 2작은술
- 레드와인 1컵(200㎖)

돈가스덮밥

🕐 30~35분 / 2인분

- 따뜻한 밥 2공기(400g)
- 돈가스 2장(200g)
- 익은 배추김치 1/2컵(75g)
- 양파 1/4개(50g)
- 대파 10cm
- 달걀 2개
- 소금 약간
- 후춧가루 약간
- 식용유 1큰술

국물
- 뜨거운 물 2컵(400㎖)
- 가쓰오부시 1컵(5g)
- 맛술 2큰술
- 양조간장 2와 1/2큰술

삼계탕

국물 더 진하게 만들기

황기, 당귀, 엄나무 등 삼계탕에 필요한
약초를 1회 분량씩 포장한
'삼계탕용 국물 재료 티백'을 과정 ⑦에서
함께 넣고 끓인다. 단, 제품에 따라
구성이 다양하므로 확인한다.
대형 마트, 인터넷에서 구매 가능하다.

가스 압력밥솥으로 만들기

1 과정 ⑥까지 진행한 후 압력밥솥에
　대파를 제외한 모든 재료를 넣는다.

2 센 불에서 끓여 추 소리가 나면
　중약 불로 줄인 후 30분간 끓인다.

3 불을 끄고 추의 김이 빠지면
　뚜껑을 열고 대파를 넣는다.

1 볼에 찹쌀, 잠길 만큼의 물을 담고
1시간 동안 불린 후
체에 받쳐 물기를 뺀다.

2 수삼은 조리용 솔로 문질러
씻은 후 윗부분을 제거하고
2~3등분한다.

3 닭의 배 속에 손을 넣어
불순물을 없앤다.

4 가위로 꽁지, 꽁지 근처의
기름 덩어리를 제거한다.

5 속재료를 섞은 후
손질한 닭의 배 속에 넣는다.

6 양쪽 다리에 칼집을 낸다.
각각의 다리를 반대쪽 칼집에
끼워 속재료가 빠지지 않도록
오므린다. ★ 다리를 오므려
실로 묶어도 좋다.

7 냄비에 닭, 물 7컵(1.4ℓ), 마늘,
대추, 수삼, 소금 1/2큰술을 넣고
센 불에서 끓어오르면
중약 불로 줄인다.
뚜껑을 덮고 45분간 끓인다.
★ 떠오르는 거품은 걷어낸다.

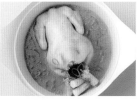

8 대파를 넣어 5분간 끓인다.
후춧가루를 넣고
소금으로 부족한 간을 더한다.
★ 마늘, 대추, 수삼은 먹기 전에
건져내도 좋다.

⏱ 1시간~1시간 5분
(+ 찹쌀 불리기 1시간)
/ 2인분
🧊 냉장 2일

- 삼계탕용 닭 1마리
  (작은 것, 500g)
- 마늘 5쪽(25g)
- 대추 4개
- 수삼 1뿌리(작은 것, 10g)
- 송송 썬 대파 10cm
- 소금 1/2큰술 + 약간
- 후춧가루 약간
- 물 7컵(1.4ℓ)

속재료
- 찹쌀 1/2컵
  (80g, 불린 후 100g)
- 다진 마늘 1작은술
- 소금 약간

닭다리 누룽지탕

tip

부추겉절이 곁들이기

1 부추 1줌(50g)을 5cm 길이로 썬다.
2 큰 볼에 고춧가루 1큰술, 통깨
　1/2큰술, 식초 1큰술, 양조간장
　1/2큰술, 매실청 2작은술,
　참기름 1작은술을 넣고 섞는다.
3 먹기 직전에 부추를 넣고
　살살 무친다.

누룽지를 밥으로 대체하기

밥 1공기(200g)로 대체해도 좋다.
단, 과정 ⑥에서 끓이는 시간을
5분으로 줄인다.

1 끓는 물(5컵)에 닭다리,
청주(2큰술)를 넣고
센 불에서 3분간 데친다.

2 씻은 후 체에 밭쳐 물기를 뺀다.

3 감자는 사방 3cm 크기로
큼직하게 썬다.

4 냄비에 물 6컵(1.2ℓ), 닭다리,
감자, 마늘, 소금을 넣고
센 불에서 끓인다.

5 끓어오르면 뚜껑을 덮고
중약 불에서 40분간 끓인다.

6 누룽지를 넣고 뚜껑을 덮어
중간중간 저어가며 누룽지가
퍼질 때까지 10분간 끓인다.
소금으로 부족한 간을 더한다.

🕐 50~55분 / 2인분
🔲 냉장 3일

- 닭다리 6개(600g)
- 누룽지 100g
- 감자 2개(400g)
- 마늘 10쪽(50g)
- 소금 1작은술
- 물 6컵(1.2ℓ)

잡채

tip

잡채 재료 대체하기

목이버섯 대신 다른 버섯을 사용하되
불리는 과정은 생략한다. 시금치 대신
미나리나 부추를, 양파나 당근 대신
피망을 사용해도 좋다. 또는 어묵을
채 썰어 볶은 후 넣어도 맛있다.

1 볼에 당면, 잠길 만큼의 찬물을 넣고 1시간 정도 불린다.

★ 길이가 긴 것은 불린 후 잘라도 좋다.

2 다른 볼에 쇠고기, 쇠고기 양념을 넣고 버무려 30분간 둔다.

3 또 다른 볼에 말린 목이버섯, 잠길 만큼의 따뜻한 물을 담고 30분간 둔다. 딱딱한 부분을 떼고 3~4등분한다.

4 끓는 물(5컵)+ 소금(1/2작은술)에 시금치를 넣고 30초간 데친다. 헹군 후 물기를 꼭 짠다.

★ 시금치 손질하기 59쪽

5 시금치는 5cm 길이로 썬 후 시금치 양념과 무친다.

6 양파, 당근은 0.5cm 두께로 채 썬다.

7 달군 팬에 식용유 1작은술, 양파, 소금 약간을 넣어 중간 불에서 1분간 볶은 후 덜어둔다.

8 식용유 1작은술, 당근, 소금 약간을 넣어 1분간 볶은 후 덜어둔다.

9 식용유 1작은술. 쇠고기를 넣어 1분, 목이버섯을 넣어 30초간 볶은 후 덜어둔다.

10 끓는 물(5컵)에 당면, 당면 양념을 넣고 1분 30초간 삶은 후 체에 밭쳐 물기를 뺀다.

11 식용유 1작은술, ⑩의 당면, 양념을 넣어 중간 불에서 30초간 볶는다.

12 큰 볼에 모든 재료를 넣고 버무린다.

🕐 30~35분
　(+ 재료 불리기 1시간)
　/ 2인분

🧊 냉장 1일

- 당면 1줌(불리기 전, 100g)
- 쇠고기 잡채용 100g
- 말린 목이버섯 6개(생략 가능)
- 시금치 2줌(100g)
- 양파 1/4개(50g)
- 당근 1/4개(50g)
- 식용유 1작은술＋1작은술
　＋1작은술＋1작은술
- 다진 마늘 1작은술
- 참기름 1큰술
- 통깨 약간
- 소금 약간

쇠고기 양념
- 양조간장 1/2큰술
- 통깨 1/3작은술
- 설탕 2/3작은술
- 다진 마늘 1/2작은술
- 청주 1/2작은술
- 참기름 1/2작은술
- 후춧가루 약간

시금치 양념
- 소금 1/4작은술
- 다진 마늘 1/2작은술
- 참기름 1/2작은술

당면 양념
- 설탕 1/2큰술
- 양조간장 1큰술

양념
- 설탕 1과 1/2큰술
- 양조간장 3큰술

자주 접하는 **가공식품, 배달음식 보관 & 활용하기**

가공식품 보관하기

통조림 참치 & 통조림 닭가슴살
뚜껑을 딴 통조림 캔은 산소와 만나면서 부식이 시작된다.
그 결과, 캔에 담아둔 음식에서 쇳가루 맛이 나고, 더불어
몸에도 좋지 않다. 따라서 기름과 국물을 제거한 후
밀폐용기에 옮겨 담아 냉장(2일)하는 것이 좋다.

통조림 햄 & 육가공품
칼이 닿은 단면은 빨리 산화되니
랩으로 썬 단면을 감싼 후 위생팩에 넣어 냉장(2일).
또는 한 번 먹을 분량씩 위생팩에 담아 냉동(1개월).
해동한 후 요리에 활용한다.

통조림 과일 & 절임류
국물에 당처리가 되어 있는 통조림은 국물째 밀폐용기에
옮겨 담아 냉장(2일) 보관해야 맛이 유지된다.

병에 담긴 소스류
물기가 없는 숟가락으로 필요한 만큼 덜어서 사용하고,
사용한 후에는 입구를 닦아 뚜껑을 닫는다.

배달음식 보관 & 데우기

치킨
`보관`
밀폐용기에 옮겨 담아 냉장(2일).
또는 살만 발라낸 후 한 번 먹을 분량씩 지퍼백에 담아 냉동(7일).

`데우기`
냉장한 경우 200℃로 예열한 오븐의 가운데 칸에서 5~7분간 익힌다.
치킨의 기름기가 빠져 더욱 담백하고 바삭하게 즐길 수 있다.
또는 위생팩에 넣고 전자레인지에서 2분 30초~3분간 익힌다.
바삭하진 않지만, 촉촉하게 즐길 수 있다.
냉동한 경우 자연해동한 후 볶음, 조림 등에 활용한다.

피자
`보관`
뜨거울 때 위생팩에 한 조각씩 담아 냉동(1개월).

`데우기`
방법 1_ 위생팩을 열고 물을 조금 뿌린 후 전자레인지에서 해동한다.
방법 2_ 170℃로 예열한 오븐의 가운데 칸에서 치즈가 녹을 정도로만
익힌다. 취향에 따라 피자치즈를 더 올려서 익혀도 좋다.
방법 3_ 팬에 피자를 올리고 피자에 닿지 않도록 옆에 물 1큰술을 붓는다.
뚜껑을 덮어 약한 불에서 물이 없어질 때까지 3~4분간 익힌다.

탕수육
`보관` 소스와 튀김을 각각 밀폐용기에 담아 냉장(2일).

족발
`보관` 지퍼백에 담아 냉장(2일).
또는 한 번 먹을 분량씩 지퍼백에 담아 냉동(1개월).
자연해동한 후 볶음, 조림 등에 활용한다.

남은 배달음식 요리에 활용하기

+recipe 양념 족발무침

🕐 15~20분 / 2인분

족발 300g, 양배추 5장(손바닥 크기, 150g), 깻잎 15장(30g), 오이 1/2개(100g), 고추 2개

양념 고춧가루 2큰술, 식초 2큰술, 연겨자 1큰술(기호에 따라 가감),
올리고당 2큰술, 고추장 1큰술, 통깨 1작은술, 양조간장 2작은술, 참기름 1작은술,
사이다 1/4컵(50㎖), 다진 청양고추 1개

1 양배추는 1×5cm 크기로 썰고, 깻잎은 1cm 두께로 썬다.
2 오이는 칼로 튀어나온 돌기를 긁어낸다.
　길이로 2등분한 후 0.3cm 두께로 어슷 썬다. 고추는 어슷 썬다.
3 큰 볼에 양념 재료의 연겨자, 올리고당을 먼저 섞은 후 나머지 재료를 넣어 섞는다.
　★ 연겨자, 올리고당을 먼저 섞어야 연겨자가 잘 풀어진다.
4 ③의 볼에 족발, 채소를 넣고 무친다.

+recipe 치킨샐러드

🕐 15~20분 / 2인분

후라이드 치킨 5~7조각, 샐러드 채소 100g

드레싱 양파 1/4개(50g), 맛술 1큰술, 식초 1큰술, 양조간장 1큰술,
고춧가루 1/2작은술, 다진 마늘 1작은술, 참기름 1작은술

1 샐러드 채소는 씻어 체에 밭쳐 물기를 없앤다.
　후라이드 치킨은 살만 발라낸다. ★ 치킨이 차갑다면 데워도 좋다(350쪽).
2 양파는 잘게 다져 나머지 드레싱 재료와 섞는다.
3 그릇에 모든 재료를 담는다.

Index

< 진짜 기본 요리책 : 응용편 >
월간 수퍼레시피, 정민 지음 / 352쪽

"간장맛 채소닭갈비, 강원도식 물닭갈비,
해물닭갈비, 까르보나라 닭갈비까지.
한 가지 메뉴를 여러 가지로 완전히 다르게,
집밥을 지루하지 않게 만들어 먹을 수 있어요"

- 온라인 서점 예스24 o*********7 독자님

< 진짜 기본 세계 요리책 >
김현숙 지음 / 356쪽

"가장 대표적인 전 세계 요리들이
담겨 있어 흥미로운데다
따라 하기 쉬워 하나씩 만들어 보고 있어요.
정말 재밌는 책이에요."

- 온라인 서점 예스24 s******3 독자님

< 진짜 기본 베이킹책 >
월간 수퍼레시피 지음 / 296쪽

"제가 찾던 베이킹의 진짜 기본을
배울 수 있는 책이에요.
이 책 한 권만으로도 베이킹을 하기에는
충분할 것 같아요. 정말 감사합니다."

- 온라인 서점 교보문고 kc****** 독자님

< 진짜 기본 베이킹책 2탄 >
베이킹팀 굽ㄷa 지음 / 196쪽

"1탄이 탄탄한 기본기를 알려준다면
2탄은 1탄을 발판으로 삼아
조금 더 트렌디하고 업그레이드 된 베이킹을
시도해 볼 수 있어 소장가치 있어요."

- 온라인 서점 알라딘 t****l 독자님

매일 만들어 먹고 싶은 별식 메뉴들

**평범했던 집밥, 비슷했던 도시락을
더욱 맛있고 특별하게 해줄 별미 한입밥**
< 매일 만들어 먹고 싶은 별미김밥 /
주먹밥 / 토핑유부초밥 >

**카페에서 먹었던 그 맛 그대로
속이 꽉~찬 샌드위치와 핫도그**
< 매일 만들어 먹고 싶은 식빵 샌드위치 & 토핑 핫도그 >

**샐러드 전문 셰프의 노하우를 담아
한 끼 식사로 충분한**
< 매일 만들어 먹고 싶은 식사샐러드 >

나와 가족의 건강을 걱정하는 당신에게

**당뇨와 고혈압을 정상으로 되돌린
셰프의 맛보장 저탄수 균형식 레시피**
< 당뇨와 고혈압 잡는 저탄수 균형식 다이어트 >

**채소를 다채롭게 즐기고자 하는 채식 지향자를
위한 요리 월간지 같은 제철 채소요리책**
< 월간 채소 : 채소 미식가의 신新박한 열두 달 채소요리 >

**사찰 음식을 모티브로 쉽고 친근한 레시피를 담은
매일의 밥상이 즐거운 채식 집밥**
< 매일 만들어 먹고 싶은 비건 한식 >

소중한 우리 아이를 건강하게 키우는 방법

**배 속에서부터 잘 먹이고 싶은
엄마의 마음을 담은**
< 아기와 함께 10개월 잘 먹기 태교음식 >

**초보 엄마들도 쉽게 따라 하는
국민 이유식책**
< 아기가 잘 먹는 이유식은 따로 있다 >
완전 개정판

**아이는 잘 먹고 엄마는 쉽게 조리하는
영양 & 식단 & 조리 전략**
< 이유식 끝나자마자 시작하는 15~50개월 기본 유아식 >

진짜 쉽~고
진짜 맛있고
진짜 정확한
기본 레시피 320개

진짜 기본 요리책

개정판 13쇄(구판 포함 총 50쇄) **펴낸 날** 2024년 6월 26일

편집장	김상애
편집	윤채선
메뉴 개발	배정은·장연희·송영은
디자인	원유경
사진	김덕창(StudioDA, 어시스턴트 권석준)·박형인
스타일링	김미은(어시스턴트 김미희)
일러스트	박경연
기획·마케팅	내도우리·엄지혜

편집주간	박성주
펴낸이	조준일

펴낸곳	(주)레시피팩토리
주소	서울특별시 용산구 한강대로 95 래미안용산더센트럴 A동 509호
대표번호	02-534-7011
팩스	02-6969-5100
홈페이지	www.recipefactory.co.kr
독자카페	cafe.naver.com/superecipe
출판신고	2009년 1월 28일 제25100-2009-000038호

제작·인쇄	(주)대한프린테크

값 18,800원

ISBN 979-11-85473-43-7

그릇 협찬 twl, 감성피클, 광주요, 살롱드도화, 위승용도자기, 장소(JAHNGSO), 지승민의 공기

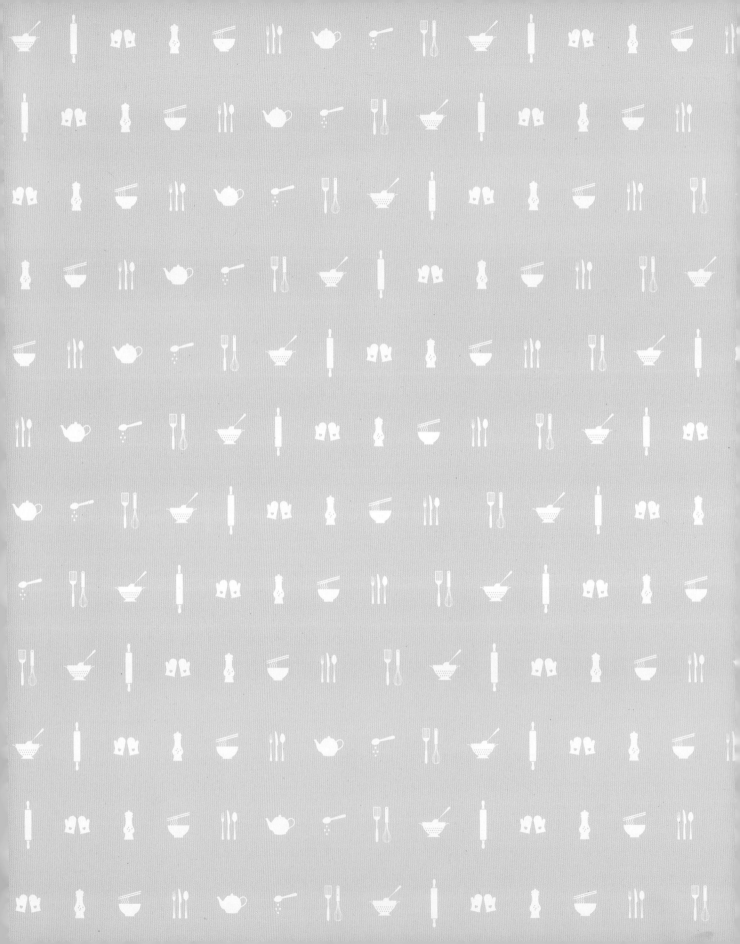